遊戲腳本教科書

掌握故事組織×遊戲元素×開發產製各面向
深入日本電玩遊戲敘事設計專業實戰寶典

川上大典、北野不凡、都乃河勇人、長山豐
HASAMA、平川RAIAN、米光一成◎著
劉人瑋◎譯

●編輯說明：

有關本書出現的「腳本」、「腳本指令」、「腳本演出」定義如下：

・腳本（シナリオ）：純角色、台詞的文本。

・腳本指令（スクリプト）：台詞之外還會用簡單的文字說明要插入的音樂、角色
　表情等遊戲效果。涉及簡單的程式語言。

・腳本演出（脚本演出、スクリプター）：以宏觀的角度規劃編排整體故事走向、
　角色設定，和上述音樂、角色表情效果等。有時涉及簡單的程式語言。腳本演
　出可以指人或職稱，也可以指統籌前述總體的事務。

前言

您是否曾經覺得遊戲真好玩、遊戲劇情好感人；想自己撰寫遊戲腳本、想了解如何製作遊戲呢？這本書獻給有此念頭並立志成為遊戲製作者的每一位讀者。

但是，

「沒有人在教遊戲腳本怎麼寫啦，大家都是用自己的方式在創作。」

若聽到專業的遊戲製作者這麼說，還是會令人氣餒。

是的，與學校的考試不同，創意並沒有所謂的標準答案。每一位創作者都是依照自己擅長的方式在創作。本書的立意便是要讓讀者一窺「頂尖遊戲製作者如何撰寫遊戲腳本」的奧祕。

閱讀時您可以自行檢視哪些實務技巧適合自己，用跳躍式閱讀的方式汲取適合自己的段落閱讀。只要能在腦海中留下相關的知識印象即可。

本書可能會出現相互矛盾的內容，這是因為遊戲有各種不同類型，而每一位遊戲製作者活躍的領域類型也各有不同。

例如：「視覺小說」、「角色扮演遊戲（RPG）」、「冒險遊戲（AVG）」、「益智遊戲」、「手機遊戲」、「家機遊戲」。市面上有各種類型的遊戲，而每一種類型的遊戲為了幫助玩家深度體會遊戲的樂趣，都會有自己的腳本、故事。

本書是一本提供多元遊戲製作技法的遊戲腳本教科書，讀者能視自身需求從中汲取所需的內容。

除此之外，遊戲腳本也有基礎的書寫方法。因此本書不僅匯聚了相關基本知識，還收錄許多想成為遊戲製作者不可不知的資訊。

我們期許讀者能從本書學習遊戲腳本的基礎知識，並藉由認識頂尖遊戲製作者的獨門技法，摸索出自己的一套創作方式，最終朝遊戲製作者之路邁進。

衷心期待各位有朝一日都能創作出一款前所未見的遊戲。

目錄

第2章　創作故事 057
角色、場景、世界觀、故事大綱、調性、執行原理與感動

✒ 腳本的寫法 058

第4章　遊戲形象的製作方法

想做的遊戲、必要的遊戲素材、必要的故事、企劃書以及重要的開發團隊成員

遊戲腳本與遊戲基本知識 1

遊戲產業最新資訊、遊戲故事、團隊成員、
遊戲開發、實現夢想中的世界

遊戲開發產業的發展

遊戲產業在這10年有著飛躍性的發展。

在開始編寫遊戲腳本之前，我們先來認識遊戲製作產業的現況、以及如何從零製作一款遊戲吧！

 ## 遊戲產業的現況

近年來日本遊戲產業出現了天翻地覆的變化。在開始介紹遊戲產業現況之前，先一起回顧10至15年前遊戲產業的情況。

當時遊戲公司想要製作、販售遊戲，面臨許多困難。舉例來說：如果遊戲公司想在行動電話販售遊戲軟體，必須先通過電信公司的嚴格審查。為了通過審查，遊戲公司需要向電信公司提交遊戲軟體的詳細規格書。這些審查資料動輒有10公分厚，準備起來可得費上一番功夫。

除此之外，遊戲公司還要確保自家軟體能適用各家廠商不同型號的行動電話。

如果遊戲製作者的目標是製作出一款有趣的遊戲，那這些旁支業務不僅與目標無關，還必須花費一番勞力與成本。

假如我們想開發電視遊戲機的遊戲，遊戲製作者則需要投入更高額的成本來採購開發用的設備（金額都是數千萬日圓單位起跳），在這種情況下，遊戲製作者想要獨立製作遊戲、販售遊戲維持生活，根本就是不可能的任務。因此開發遊戲變成企業與企業合作才有可能實現。

不製作遊戲機，只專門製作、販售遊戲軟體的企業，稱為「第三方開發商（Third party）」。舉例來說，相較於隸屬主機廠商的SONY、任天堂，Square Enix、LEVEL-5就屬於第三方開發商。

這類型公司透過銷售遊戲獲得莫大利潤，因此通常財力雄厚。他們可以與遊戲主機公司簽訂直接契約，採購遊戲開發設備。而與第三方開發商相比，財力與

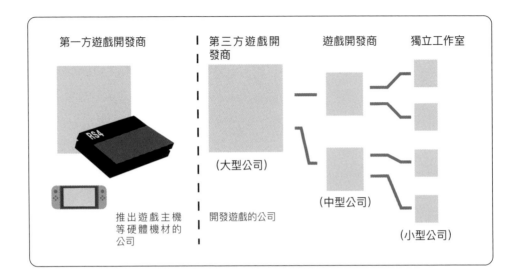

第一方遊戲開發商

第三方遊戲開發商

遊戲開發商

獨立工作室

PS4

（大型公司）

（中型公司）

（小型公司）

推出遊戲主機等硬體機材的公司

開發遊戲的公司

信用較低的公司則屬於遊戲開發商（Developer），他們會與第三方開發商簽訂契約開發遊戲。在這之下還有一種規模更小的個人單位或公司稱為「獨立工作室」，主要負責製作遊戲中較片段的部分。

　　過去銷售遊戲的方式也和現在大不相同。當時電腦遊戲屬於小型企業也有機會參與競爭的領域，但由於遊戲產業中有中間商制度，企業的銷售額皆取決於中間商的進貨量。

　　是的，10多年前的遊戲產業可說是多重企業利益角力的產業。因此想獨自開發遊戲來銷售，簡直就是天方夜譚。

　　但是現在遊戲產業有了翻天覆地的變化，讓我們來細數有哪些變化吧！

夢幻的世界降臨

　　如果要用一句話形容現在的遊戲產業，或許可以稱為「與時俱進的遊戲開發之民主化浪潮」。

　　如今遊戲人口數顯著上升，製作遊戲的門檻也大幅降低。日本遊戲軟體產業的銷售額有超過70%來自手機遊戲。使用智慧型手機玩遊戲的比例，早已遠勝過去使用遊戲主機、電腦遊玩的比例。前面提到，以前要開發遊戲必須簽訂各式各

樣的契約並在初期投入高額資金，現在則截然不同。

在現代，人人皆能輕鬆憑一紙契約在應用程式商店、獨立平台上架自己發行的應用程式，創造銷售額。遊戲製作者再也不需要購買專業設備，只需一台普通電腦即可開發遊戲。雖然市面上不乏高價的遊戲開發軟體，但價格頂多落在數萬至數十萬日圓。

對於剛開始想製作遊戲的學生來說，或許這仍舊要價不斐，但與過往動輒數千萬日圓的投資成本相比，這真的十分平價了。再者市面上也有眾多免費遊戲開發工具可供選擇。換句話說，只要有一台電腦及手機，人人都能輕鬆開發遊戲，並在智慧型手機市場推出個人商品。

另一方面，如果想開發電視遊戲機類的遊戲，還是需要先和遊戲主機公司簽訂特殊契約、並採購部分遊戲開發設備。但與過往的開發門檻相比仍十分平易近人。

實際遊戲開發的困難度也大幅下降，如今每個人都可以免費使用專業等級的遊戲引擎（例如：Unity 或 Unreal），網路上也可搜尋到大量遊戲開發的資訊。再加上現代除了平板電腦之外，還有許多用軟體驅動的裝置，諸如頭戴式裝置：VR ／ AR ／ MR、手錶型的穿戴式裝置等等。因為這類遊戲裝置而擴大了遊戲領域的類別。

只要使用免費遊戲引擎，針對這些現成裝置開發遊戲，任何人都有機會零風險地向世界販售自製遊戲。倒回到 10 年前，根本沒有人能預見遊戲界會出現這番變化。

如今遊戲玩家遍及全球，遊戲製作者亦遍布世界每一個角落。在遊戲人口數迅速擴張、遊戲開發環境民主化、遊戲販售平台機制完善等外因影響下，遊戲產業的環境產生了巨大變化。

許多年輕人搭上這波變化浪潮，期待能以此為契機，打造一款優秀的遊戲或創作一部曠世巨作。

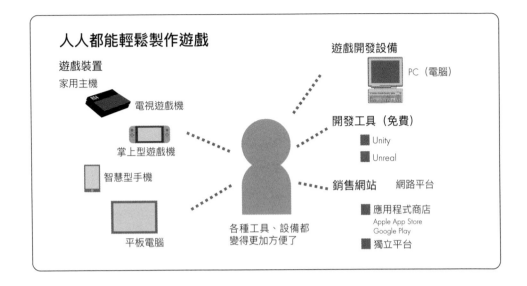

人人都能輕鬆製作遊戲

遊戲裝置
家用主機

電視遊戲機

掌上型遊戲機

智慧型手機

平板電腦

各種工具、設備都
變得更加方便了

遊戲開發設備
PC（電腦）

開發工具（免費）
■ Unity
■ Unreal

銷售網站　　網路平台
■ 應用程式商店
Apple App Store
Google Play
■ 獨立平台

 製作遊戲的流程

講到「開發遊戲」，世界上其實有各種類型的遊戲，並有各種遊戲製作方式。所謂的遊戲主要由數種要素組織而成。

以視覺小說為例，這類遊戲的主要元素有「腳本」、「美術（立繪（編註：指獨立於背景的角色畫像）、場景圖等）」、「BGM」、「音效」、「語音」、「動畫」、「腳本指令」。這些內容通常需要團隊通力合作才能完成，但也能一個人獨立完成。

就以RPG遊戲的名作《勇者鬥惡龍》來舉例吧！獨立製作遊戲就好比等級99的勇者獨自出發討伐魔王，誠然也有機會打贏戰鬥。但大部分的情況下，主角都是與賢者、戰士、僧侶、魔法使等伙伴組隊展開冒險旅途。

同樣的道理，勇者通常會與遊戲企劃、遊戲編劇、程式設計師、原畫師、美術人員、音效設計師、遊戲測試師一起製作遊戲。而遊戲公司的社長、製作人、總監等上級長官，大約等同遊戲中的國王、大臣。

遊戲開發

各領域的專家齊聚一堂
（組隊）

遊戲企劃

程式設計師

BOSS

美術人員

遊戲編劇

故事

插圖

角色圖

聲音

BGM

SE
（音效）

世界觀

場景圖

台詞

語音

角色設定

畫面設計

程式

互動

遊戲音效

音效設計師

　　閱讀本書的讀者，應該都是想成為遊戲編劇、或對遊戲腳本感興趣的人吧？可是在遊戲公司裡，遊戲編劇通常需要身兼多職。另外，如果您是立志成為遊戲企劃、遊戲設計師，那麼擁有豐富的遊戲知識將讓您如虎添翼。因此不論哪一種情況，都建議您要對遊戲的製作方式有個基本概念。

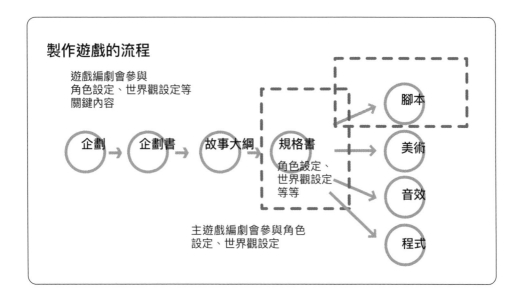

製作遊戲的流程

遊戲編劇會參與
角色設定、世界觀設定等
關鍵內容

企劃 → 企劃書 → 故事大綱 → 規格書 → 腳本

規格書
角色設定、
世界觀設定
等等

美術

音效

程式

主遊戲編劇會參與角色
設定、世界觀設定

　第1章會簡單地說明製作遊戲的所有必要元素（基本介紹）。

　如果您已經熟悉這些遊戲知識，也可以選擇跳過這個章節。第2章開始，則會
介紹實務內容（訣竅、技巧），有興趣的讀者請千萬不要錯過。

創作故事

　　在成為遊戲編劇之前，首先需要具備構思、完整一個故事的能力。讓我們來看看要如何創作一個故事吧。

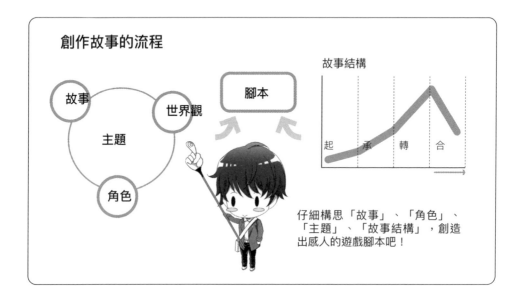

創作故事的流程

故事　世界觀　主題　角色

腳本

故事結構

起　承　轉　合

仔細構思「故事」、「角色」、「主題」、「故事結構」，創造出感人的遊戲腳本吧！

故事結構

　　在探討故事創作時，不時會聽到「故事結構」一詞。究竟什麼是「故事結構」呢？這個詞語有數種涵義，本書會以我個人認定的定義、授課時介紹的定義來進行說明。

　　要介紹故事內容時，最迅速的方式就是直接說明故事大綱。可是只說明故事大綱，聽眾、讀者其實很難一次就掌握故事內容。因此我習慣從較抽象的「故事

結構」開始說明。換句話說，我會先介紹故事主題、背景設定，接著才開始說明故事會如何發展。

在學校和補習班上課時，如果老師有先介紹課程目的、課程大綱，正式上課時學生就能更快掌握課程內容，對吧？撰寫故事也是如此。如果能描述出故事大綱、故事目標，這時候再開始動筆創作會更容易。

我通常會先抽象地勾勒故事的發展與目的，再以此為基礎找尋靈感。這個階段勾勒出的內容，就是故事結構。

首先，應先決定讀者要從這個故事感受、學習什麼道理，這就是故事主題。而為了表達這個主題，遊戲編劇必須大致確定要用哪些有效方式（舞台、角色、事件）進行呈現，這就是故事背景。

該如何勾勒故事發展（故事結構）呢？故事的發展方式有許多模式，每種模式也各有特色。大家應該都在學校作文課學過「起、承、轉、合」吧？這就是一種傳統的故事結構。

近年的漫畫、連續劇、電影，時常採用「Three-act structure」。又稱「三幕式結構」、「三幕劇結構」，您可在網路上找到許多專家撰文介紹這種敘事手法。

三幕劇結構將故事按照25%的比例切割成4等分，並制定各個階段的劇情目的。接著才從劇情目的延伸思考，如何規劃各個段落的情節。

- 第1幕：介紹故事背景、主要人物，並為後續發展鋪陳。
- 第2幕前半：安排事件場景，讓注意力聚焦到主角身上。
  中間點時（故事約走過一半劇情）開始引導故事迎向結局。
- 第2幕後半：製造懸念，並往結局衝刺。
- 第3幕：收回伏筆，打造令人愉悅的結局。

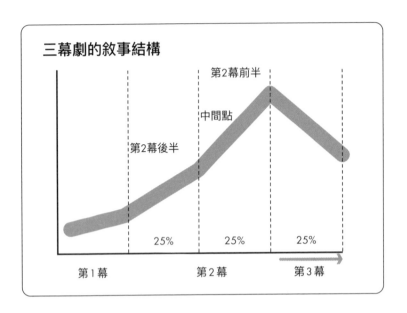

三幕劇的敘事結構

第2幕前半

中間點

第2幕後半

25%   25%   25%

第1幕   第2幕   第3幕

您可以依照上圖的結構，在圖表註記要在哪個時間點、位置發生何種事件或實踐何種目的。一連串的階段性目的與最終結局兩相結合後，整個故事的架構就完成了。下次動筆撰寫具體故事橋段前，不妨先停下來試著組織故事架構，再配合故事架構著手書寫。這種寫作方式能幫助創作者激發寫作靈感，我個人十分推薦。

故事

故事是由「場景」累積而成。說得極端一點，只要持續累積故事場景，故事沒有起承轉合也無所謂。

當然，如果故事結構太散亂，讀者很可能會判斷這是超現實主義的故事（奇異、不可思議故事）。就算您的故事是虛構作品（非現實創作、憑空想像之作），故事結構仍十分重要。

有些創作者雖然已經確定故事「主題」，但仍不知道該如何延伸故事內容。針對這類創作者，推薦您可以嘗試「展開法」。

「展開法」是先訂定故事設定，才往下延伸故事的寫作方式（按照時間線書寫）。另一種方法則是「歸納法」，也就是先決定故事結尾（結局），再倒著構思故事的寫作手法。或者您也可以選擇從故事中的任一場景延伸書寫。

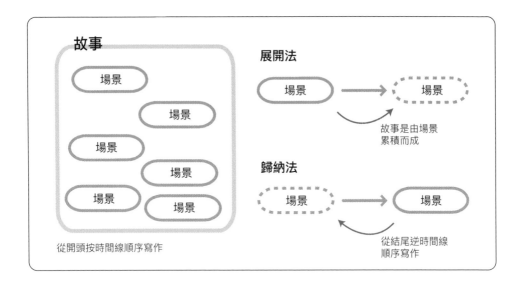

如果您想好了要書寫的主題、故事的類型，下一步就該開始蒐集故事資料了。許多遊戲編劇都是書癡，但世界上的人百百種，或許真的有人很討厭讀書吧！但總有些人喜歡玩遊戲、看影視作品、聽音樂（例如特別中意某句歌詞、或喜愛歌詞中的故事）、歷史狂或是喜愛漫畫。而這些內容，其實都能刺激創作者的寫作靈感。

確定好想寫的作品類型後，不妨試著蒐集同類型的遊戲、影視作品、漫畫等相關書籍與工具書，如有必要也可以搜尋有興趣的新聞、採訪報導。

一流的遊戲編劇會頻繁接觸、研究市面上的娛樂產業「名作」（諸如：遊戲、影視作品、文學、漫畫、喜劇、落語、音樂等等）。也有不少遊戲編劇時常關心新聞時事，並從中尋求故事主題。

蒐集資料

魔王

要打倒大魔王，就得先蒐集適合的武器道具。

該挑哪個？

要編寫遊戲腳本，就得先蒐集可用的資料。

　　記錄個人經驗或日常趣事也是一種好方法。編寫遊戲腳本時，這種日常生活中累積的底蘊（＝累積專業的學問知識）或小趣事（＝短而有趣的故事、精練的故事）其實十分重要。您可以整理這些內容的詳細設定、人物關係圖、流程圖，並從這些資料挖掘創作靈感。也可以整合各個故事的資訊，勾勒一個故事架構。

　　具體的故事設定能幫助角色設定更為立體，只要故事設定足夠完善，角色自然而然就會浮現自己的性格，故事也能不斷延展下去。

　　再來看一個案例吧。在古早的冒險遊戲中，時常會將故事主角設定為偵探。只要主角逐一解開案件，就能釐清黑暗組織的真相、發現背後的惡勢力。

　　要設計這類型故事，必須對解謎、懸疑有一定知識，有時甚至需要了解槍械、軍事知識。另外，假如故事背景設定在國外，那麼遊戲編劇也必須對該國民情有一番理解。這些創作的事前準備與「採訪調查」十分相似。

　　如果您不知道該如何開始創作故事，不妨就先從事前調查開始吧。

主角

　　遊戲的主角有多重要呢？即使說主角的魅力能左右玩家對遊戲的興趣也不為過。尤其過去曾有數據顯示，女性玩家會因為扮演的角色不好看而不玩某款遊戲。

　　主角是玩家在遊戲中驅動的角色。如果想讓玩家對角色產生移情作用，角色背後需要明確的角色設定，這絕非易事。

　　遊戲編劇需要仔細刻劃角色骨幹，設定主角身分、冒險的動機，讓主角成為玩家能產生共鳴且想驅動的人物。在創造人物時，建議可以多聆聽其他人的意見，再慢慢調整角色性格臻至完善。

　　從遊戲編劇的觀點來說，主角的模式大約可分為2種。而這2種模式的腳本編寫技巧截然不同。

① 玩家即是遊戲主角
② 玩家僅是驅使主角角色

　　模式①通常是「第一人稱」遊戲，模式②通常是「第三人稱」遊戲。第一人稱顧名思義是從角色的觀點參與遊戲，第三人稱則是從第三者觀點參與遊戲。第三人稱觀點也可稱為上帝視角。

　　模式①中，玩家等同於主角，因此其他角色會直接向玩家進行對話。模式②中，其他角色僅會與玩家驅使的主角對話。這2種模式，將影響角色的對話形式。

　　玩家即是主角的模式中，玩家可自行為主角命名、選擇性別。既然遊戲可讓玩家選擇性別，那麼編劇在創作時，就必須留意台詞是否男女皆通用。舉例：須留意性別而有不同稱謂的特定詞語，如「他」、「她」。

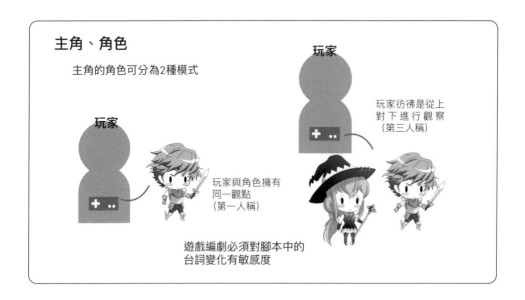

主角、角色

主角的角色可分為2種模式

玩家

玩家與角色擁有
同一觀點
（第一人稱）

玩家

玩家彷彿是從上
對下進行觀察
（第三人稱）

遊戲編劇必須對腳本中的
台詞變化有敏感度

模式①中，又分成主角會說話與不會說話2種類型。《勇者鬥惡龍》即是一個著名案例，在遊戲中主角並不會說台詞，遊戲選項也幾乎只有「是」、「否」。因此玩家可以徹底化身為主角，沉浸到遊戲世界中。

得益於遊戲美術設計愈來愈精美，近年主角不說話的遊戲急遽減少。這是因為在角色如此逼真的情況下，如果主角不說話難免令人覺得詭異。所以遊戲編劇在創作時，除了要注意主角的角色設定，也要確實掌握遊戲系統與遊戲概念。

角色

「角色」是遊戲與故事不可或缺的元素。如果沒有角色，根本寫不出一部腳本。有趣的遊戲腳本，絕不能缺少充滿人格魅力的角色。尤其在遊戲裡玩家會操縱角色行動，因此創造具有魅力的角色可說是腳本創作十分重要的一環。

編寫腳本前，一定要先訂好角色設定。對小說作者這種獨立創作者來說，如果是簡單明瞭的故事，多數情況下並不需要特別撰寫角色設定，但對遊戲編劇來說則非如此。遊戲腳本通常由多位編劇協力創作，因此每個人都必須對角色有共同認知。另外，當美術人員要繪製角色圖時，也必須先了解角色形象。

　　角色設定通常由遊戲編劇撰寫，所以除了學習腳本的編寫方法之外，建議也要學習如何編寫角色設定。

　　設定角色時最低限度的必要項目如下：

「姓名」	「臉」	「性格」
「性別」	「髮型」	「說話語氣」
「年齡」	「體格」	「腳本上的指令」
「職業」	「服裝」	

　　如果想仔細寫出「腳本設定」，那是寫不完的。請簡單總結「角色職責」、「角色在腳本上的行動與目的」即可。隨著腳本內容日益完善，角色的設定也會不斷更新。請確實管理角色設定的內容，並留意不要搞錯版本。

　　何謂角色職責呢？角色職責指的是「主角」、「女主角」、「反派角色」在腳本上的定位。只要安排好每個角色的職責，角色的形象就會更加立體。遊戲中尤其重要的是「解說的角色」。只要在主角身邊安排一位博學多聞的輔助角色，就能不動聲色地在遊戲中介紹故事世界觀、解釋遊戲的玩法，讓故事發展更順暢。

角色與角色職責

女主角

主角

解說的角色

反派角色

衝啊！

加油！

遊戲編劇應不動聲色地，在腳本呈現出每個角色在遊戲中的不同職責。

讓我們一決高下吧！

千萬不要去那裡，那裡超出遊戲範圍了。

「角色」大致又分為「主要角色」、「配角」、「閒角」。

「主要角色」是會貫穿全劇的角色，如主角與其伙伴。這類角色出場次數頻繁，不僅容易讓玩家產生移情作用，也是遊戲中容易令人信賴的角色。

「配角」是在部分情節中登場的角色，又或者是負責解說的角色。他們雖然出場頻率不高，但因為位居重要位置，通常會成為令人印象深刻的角色。

「閒角」（mob character）是與腳本劇情無關的普通角色，用電影、連續劇來比喻就是群眾演員。「mob character」一詞來自英文「mob」，為「群眾、大眾」之意。

對遊戲來說，安排幾位「閒角」十分重要。尤其在RPG遊戲中，玩家可與每一位角色展開對話，因此閒角也有專屬的台詞。既然能說話，遊戲編劇在設定角色時，自然也必須設定最低限度的角色輪廓，諸如：角色的性別、大概的性格、說話語氣。

遊戲編劇是賦予角色生命的人，請試著創造充滿魅力、令人喜愛的遊戲角色吧！要打造出這樣的角色，扎實的角色設定與美麗的造型設計固然不可或缺，但腳本也占據至關重要的位置。精心雕琢角色的台詞、成長、改變、行為，刻劃一個有靈魂的遊戲角色吧！

純文字檔

純文字檔是編寫故事、腳本時使用的檔案類型。純文字檔顧名思義是只有文字的資料，檔案中不會出現文字以外的多餘格式。

一般常用的Word等文書軟體，都可在文字添增許多格式。例如：改變字型、字體。換句話說，一般文書軟體創建的檔案並非純文字檔，其中包含了許多文字的格式。

這類型軟體因為要處理輸入文字以外的其他需求，程式本身資料就很大，再加上檔案內含文字與其他格式，整個檔案內容就變得更龐大了。

純文字檔與文書軟體檔案

純文字檔

剑與魔法的世界
RPG遊戲
玩家會扮演勇者在幻想世界中冒險
並要打倒想毀滅世界的魔王

文書軟體檔案

剑與魔法的世界
RPG遊戲
玩家會扮演**勇者**在幻想世界中冒險
並要打倒想毀滅世界的**魔王**

文書軟體的檔案內含許多文字格式，
不符合遊戲編劇的需求。

撰寫故事、腳本時，並不需要這些文字格式。創作的重點是要能快速、正確地輸入文字，並可輕鬆不費力地編輯檔案。這種只記錄純文字的檔案稱為「純文字檔」或「純文字資料」。

純文字檔中雖然不含多餘文字格式，但檔案內仍含有最低限度的必要格式，那就是「換行字元」。換行字元是一種標示文字換行位置的特殊字元。比較麻煩的是，根據不同的作業系統換行字元的編碼方式也有不同。舉例來說：Windows會在文字的最後位置綴上看不見的CR+LF字元；mac的換行字元則是CR。

另外，純文字檔內還含有「字元編碼」。電腦的每個文字都有自己的編號，電腦運算後會根據編號在畫面顯示對應文字，這種字元編碼體系繁多，並被廣泛使用。

近年，UTF-8字元編碼最為普遍，基本上使用這組字元編碼絕不會出錯。但假如是其他人製作的檔案或較為老舊的檔案，很可能會使用其他字元編碼，就會導致檔案文字呈現亂碼或不正確換行。這時只要冷靜下來，修正軟體設定，更換符合該檔案的換行字元與字元編碼即可。

編輯純文字檔的專用程式為「文字編輯器」。Windows系統與mac系統有各自慣用的程式，建議大家一定要學好其中一種編輯器的使用方式。文字編輯器有許多客製化功能，可依使用者習慣自由調整，是人人不可或缺的工具。

純文字檔的敘事規則

　　以下是日本撰寫遊戲腳本的常見敘事規則（也就是約定俗成的規則），其中雖有部分規則與小說等文字創作規則相同，但也有些不盡相同之處，在寫作時請多留意。

▼日本常見的遊戲腳本敘事規則

- ●「。」是句號，加在句末。「，」是逗號，能幫助語句更易閱讀。
- ● 小說中會使用「……」（刪節號），但在遊戲中通常會標記為「..」、「...」、「……」、「．．．」，每一種標記方式都正確。
- ●「—」（連接號），通常會兩個為一組出現，即「——」。
- ● 日本的視覺小說須在句首空出一格，但如果是冒險遊戲或者句首是角色名字，則不必在句首空格。如：【拓也】。
- ● 針對「～～。」符號，一般來說，小說不建議在波浪號後加上「。」，但遊戲對此並無特別規範。
- ● 為了增加遊戲台詞的趣味性，遊戲腳本時常會使用顏文字，這部分可靈活應用。
- ● 在「！」、「？」後空出一格，能幫助讀者閱讀更方便。但如因字數限制句子塞不下對話框，那麼不特別留空格也沒關係。
- ● 第一人稱須從我、本大爺、俺等個人觀點撰寫，第三人稱（角色有姓名時），須從第三者觀點（全知觀點）撰寫。
- ●「」中須填入角色台詞。如果句首是直接以角色名開頭如【拓也】，則不需特別將台詞放入「」中。範例：【澪】幸好有馬是個笨蛋。
- ● () 中可寫入角色在腦海想著（思考著）的台詞。
- ●『』可寫入作品名稱，或當做回憶模式中的引號使用。
- ● 原則上來說，在直書時數字會寫成大寫，例：二〇一七年。橫書時，數字則為半形數字，例：1234（偶爾也有例外）。

以上就是常見的遊戲腳本敘事規則。

腳本讀者大多也玩過其他遊戲，因此按照常見敘事規則撰寫腳本，能讓讀者專注在腳本內容，而不會因為腳本細節感到突兀。

怎麼編寫腳本是個人自由，但建議您在隨心所欲創作之餘，也要致力讓讀者覺得通順易懂。

Column

遊戲開發團隊與遊戲營運大小事

現在的遊戲開發團隊通常會分為「開發部門」和「營運部門」。

舉例來說，手機遊戲推出之後，後續還會追加劇情故事。因此手機遊戲並不是開發完畢就結束了，每天的「營運經營」可謂十分重要。

另外，有些手機遊戲在初期開發時僅有幾個核心成員，待收到好評後才擴編團隊。由此可知，遊戲開發團隊的類型也是形形色色。

大型遊戲開發

此為大型手機遊戲的團隊組織範例，
營運部門與開發部門皆各自獨立。

營運

製作人

開發

遊戲企劃

※ 名稱與職稱依
各公司而有不同

遊戲客服　　　　數據分析

遊戲編劇　　　　音效設計師

活動企劃　　伺服器管理
　　　　　　　　等等

美術人員　　　　程式設計師
　　　　　　　　　　　等等

身為遊戲製作團隊的一員

本節將介紹身為團隊一員的遊戲編劇,需要編寫的相關文件。請試著想像,遊戲編劇應該需要處理什麼呢?

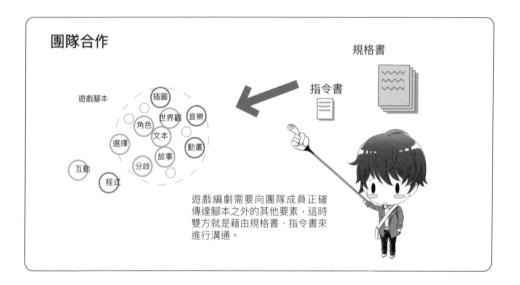

團隊合作

規格書

指令書

遊戲腳本

插圖
世界觀　音樂
角色　文本
選擇　動畫
故事
互動　分歧
程式

遊戲編劇需要向團隊成員正確傳達腳本之外的其他要素,這時雙方就是藉由規格書、指令書來進行溝通。

企劃書

企劃書就好比是製作遊戲時的指南針,會主宰整個遊戲的執行方向。遊戲企劃藉由企劃書,能讓團隊成員了解這次究竟要製作什麼樣的遊戲。

依照個人習慣與遊戲類型不同,企劃書的寫法亦不盡相同。以視覺小說來說,企劃書必須包含「遊戲名稱」、「主題」、「故事(大綱)」、「角色」、「故事背景」、「遊戲系統」、「遊戲流程」、「流程圖」。

企劃書通常是由數頁（1至5頁）A4紙組成。好的企劃書會具備3項特色，分別是「重點明確」、「通順易讀」、「清晰明瞭」。

有些遊戲公司有既定「格式」，這時只要依照格式書寫即可。

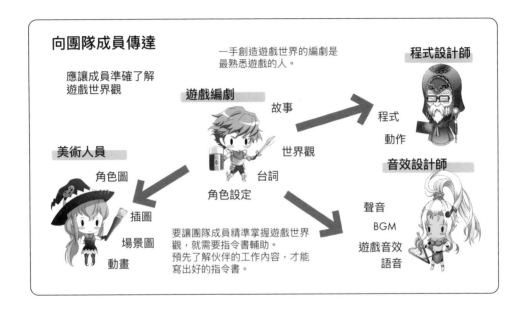

故事大綱

故事大綱就像是一個故事的設計圖，裡面會包含故事設定、概要、重點。但也有些作品的故事大綱只會寫出概要、重點。

換句話說，故事大綱就是遊戲故事的重點事件。最理想的情況，只要閱讀故事大綱就能大致掌握遊戲故事。

故事大綱通常力求在幾百字內簡單扼要地節錄劇情事件。但也有些編劇習慣按照「第1章」、「第2章」、「第3章」的順序，細緻地為每個章節做劇情摘要。

遊戲腳本的結構通常會依照「起承轉合」、「序破急」等手法來書寫。

您可以用四格漫畫的構思方式，套用在起承轉合的敘事手法。

「起」是故事的起因（動機）、「承」是發生事件後進一步的鋪陳、「轉」是足以翻轉故事的轉變（發生事件、掉入圈套等）、「合」是收回伏筆後收尾。

在序破急的敘述手法中，序即為「起、承」、破為「轉」、急為「合」。

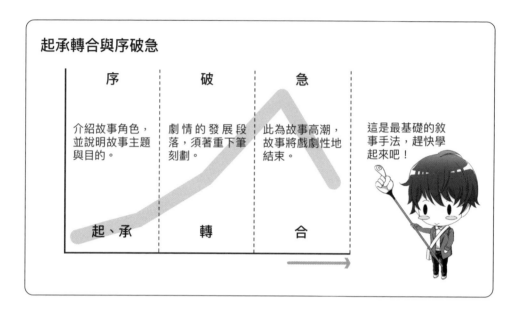

起承轉合與序破急

序	破	急
介紹故事角色，並說明故事主題與目的。	劇情的發展段落，須著重下筆刻劃。	此為故事高潮，故事將戲劇性地結束。
起、承	轉	合

這是最基礎的敘事手法，趕快學起來吧！

腳本

遊戲腳本的撰寫沒有既定公式。這就好像要教人騎腳踏車，由於感覺很重要，因此很難用語言或文章說明。

如果一味依賴現成的訣竅，個人的技巧就會退化（建議您要找出自己的獨門訣竅）。當然，世上早已歸納出一些國文常識、寫作規範（也就是約定俗成的規則），但現今遊戲內容與時俱進、日新月異，遊戲腳本的書寫方式也是時時刻刻在變化，因此現在腳本的創作方式可說是十分多元。

世界上也有一部分人習慣憑感覺創作，其實無形之中也累積出不少個人技術與訣竅。但首要之務還是要先玩過各種遊戲，並自己試著撰寫遊戲腳本。

想寫好遊戲腳本，「臨摹」是一種很好的練習方式。換句話說，就是抄寫自己

喜歡的遊戲、小說台詞，或是抄寫書籍的文章段落，又或者是抄寫電影、戲劇的腳本與漫畫台詞。

　　這項練習能幫助您觀察喜歡的作家的敘事速度、節奏、故事結構，並且認識遊戲腳本的撰寫規則（如：書寫形式），以及他們優美的修辭方式（如：精妙地用語、幽默、譬喻等修辭技法）。

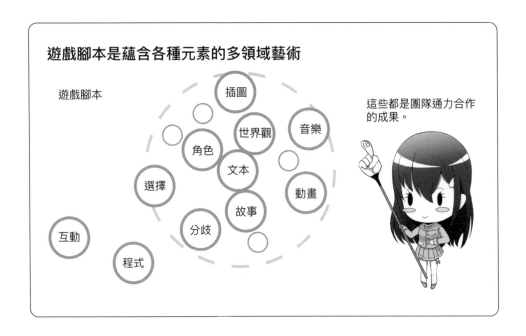

　　遊戲腳本即是「組成遊戲故事的文本」。遊戲腳本雖然與小說、電影、戲劇腳本十分相似，但又不盡相同。這些差異，正是遊戲腳本針對遊戲特性特化的結果。

　　遊戲腳本會在台詞、描述旁綴上圖像、聲音。撰寫遊戲腳本時，通常會想像相應的「美術設計」、「音效」，思考表演形式並記錄在腳本上。

　　有些腳本內容還包含「選項」，這是因為遊戲編劇也負責規劃遊戲中的把戲。更甚者，還必須在文本寫上腳本指令（只需要學會簡單的程式語言即可）。

　　上述工作無須由遊戲編劇一個人承擔，不過從這些內容可得知，遊戲編劇在構思遊戲腳本時，就必須設想好遊戲最終呈現的畫面效果。

台詞

　在遊戲腳本中，要推動故事劇情仰賴數量龐大的「台詞」，因此「台詞」可說是極為重要。不同於小說，RPG遊戲沒有「陳述句」，想要精準傳達故事劇情的發展，就只能依靠台詞、角色的行動、場景圖。

　「陳述句」即是說明情境的文句，例如「為了營救被擄走的公主，勇者一行人出發前往洞窟」。

　在遊戲中蒐集情報，獲知「公主遭綁架」、「公主疑似被擄到城鎮外的洞窟中」，正是RPG遊戲的醍醐味。

　綜上所述，RPG遊戲的特色，就是藉由眾多角色的台詞與行動讓玩家得知遊戲劇情。但在冒險遊戲中，偶爾還是會需要「陳述句」幫助玩家理解遊戲背景。

　在開始遊戲之前，應先讓玩家了解遊戲的遊玩方式。話雖如此，遊戲內容如此龐雜，一旦要解釋遊戲的遊玩方式，很容易會變成一篇落落長的文章，甚至破壞遊戲的世界觀。最好的方式是藉由角色的台詞，若無其事地安插遊戲說明。因此，製作者在設定遊戲角色時，應該安排一個專門解說遊戲的角色，如此一來就能自然地在遊戲中講解遊玩方式。

負責解說遊戲的角色

默默地輔助、引導勇者的角色。

賢者

奇幻世界的居民。

妖精

在設定遊戲角色時，應該安排一個專門解說遊戲的角色，如此一來就能自然地在遊戲中講解遊玩方式。

編寫台詞時，要注意「一個畫面內可顯示的總字數」以及「一行文字的字數上限」。台詞過長時，文字會被畫面截斷。這時不僅無法傳達台詞意涵，玩家也難以閱讀。因此，遊戲編劇應時時留心，要寫出具有「可讀性的台詞」。

近年來，全語音配音的遊戲愈來愈多，編寫這類遊戲台詞時，應注意遊戲是否會同步顯示台詞字幕。如果遊戲只有語音配音，沒有搭配台詞字幕，台詞應該短而簡潔為佳，否則會影響理解內容。如果語音與台詞會同步顯示，在視覺資訊輔助下，玩家輕鬆就能讀懂台詞內容，因此台詞稍長一點也無妨。

主要藉由台詞推動劇情的遊戲，台詞必須表現出角色性格與角色設定。建議創作時就定義出各個角色的語氣、口頭禪，如此一來，玩家透過台詞就能輕鬆辨識角色。尤其在遊戲規格限制下，一個畫面可顯示的角色人數有限。如果玩家能從台詞特色辨識說話的角色是誰，那麼即使在緊湊的劇情中不斷切換畫面角色，也不會影響玩家的遊戲體驗。

如果是多人一起編寫腳本，請別忘了要統一角色的說話語氣。因為角色一旦變換語氣，就會給人完全不同的印象，會造成好像現在是別的角色在說話的錯覺。

遊戲台詞是藉由遊戲角色之口，讓遊戲編劇表達意見與主張的大好機會。充滿魅力、令人難忘的經典台詞，將讓這款遊戲在玩家心中留下不可磨滅的記憶。從日常生活中累積想闡述的主張，進而發想出撼動人心的經典台詞吧！

提供團隊成員的指令書、規格書

遊戲是結合各領域創作者之力完成的作品，因此事前需要製作「指令書」、「規格書」，幫助團隊成員理解遊戲的製作方向，避免彼此產生認知落差。

「指令書」是提供給美術設計師、音效設計師、遊戲編劇等各領域創作者作業時的參考資料。

針對美術設計師的指令書，內容須包含所有與美術相關的委託指令，諸如：角色插圖、3D模型、使用者介面設計（遊戲介面）、圖示。

針對音效設計師的指令書，內容須包含對聲音、音效、短配樂的指示。由於音效需求很難用口頭說明，因此這份指令書通常會彙整符合形象需求的參考歌曲，以便雙方邊聽邊討論。

　　針對遊戲編劇的指令書，內容須包含「劇情摘要」、「角色設定」、「人物關係圖」等資訊。

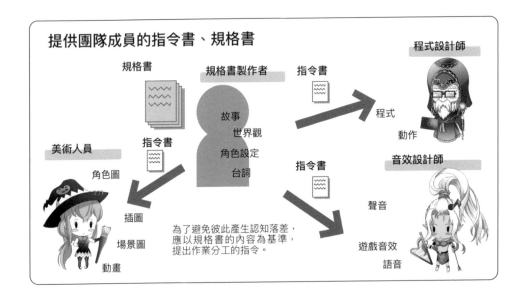

　　遊戲編劇的指令書又是怎麼來的呢？通常「指令書」多由企劃與總監製作。但在部分案例中，企劃、總監會將遊戲的想法告訴主遊戲編劇，接著再由主遊戲編劇撰寫遊戲編劇指令書。
　　多位編劇共同創作時，主遊戲編劇會給各個遊戲編劇所屬的指令書、並提供共同撰寫的故事大綱。

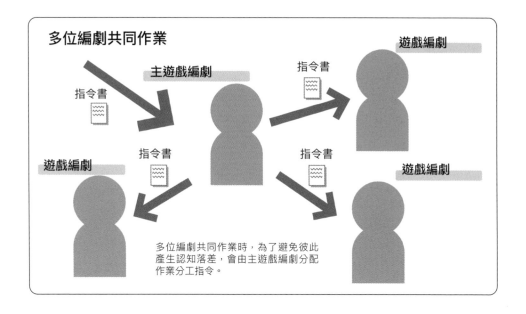

多位編劇共同作業

指令書

主遊戲編劇

遊戲編劇

指令書

指令書

遊戲編劇

指令書

遊戲編劇

多位編劇共同作業時，為了避免彼此
產生認知落差，會由主遊戲編劇分配
作業分工指令。

　　「規格書」就是遊戲設計圖，內容包含各種遊戲畫面，還會呈現遊戲動畫與轉場方式。換句話說，規格書主要會介紹「遊戲畫面規格」、「遊戲流程圖」。

　　製作團隊的每一個人都應共享「規格書」資訊，同時這也是針對程式設計師的指令書。程式設計師會邊確認「規格書」內容，並將各領域創作者完成的素材整合到遊戲中。

　　這項作業的內容，必須考慮到圖像的顯示位置與圖像解析度、角色移動的影格、文字位置與文字浮現速度等資訊，並細心地將每個素材整合在一起。

　　整合完畢後，有時呈現效果會不如預期，這時就必須與程式設計師討論該如何修正遊戲規格書。接著，如果要補充新的素材內容，就要提供委託部門新版「指令書」，並再次請各部門創作者協助。遊戲就是這樣一點一滴完成的。

　　規格書一定會多次修改細節，因此請務必確實更新規格書版本，並通知所有人。

　　以腳本為例，如果規格書中修正了畫面的限制字數，將大大影響到後續的編劇作業。所以特別提醒，千萬別忘記時時確認最新版本的規格書，以及過往的修訂紀錄。

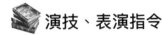 演技、表演指令

演技指令

　　遊戲是集眾人之力的作品，團體合作的優點就是每個人都能發揮所長，達到1+1＝3、甚至4的效果。不過，有時候也會因為雙方意見不合，出現1+1＜2的結果。這時就需要演技指示來避免這種情形發生。

　　假設我們今天想出一個巨人族女孩與矮人族男孩的愛情故事。對遊戲編劇來說，在如此有趣的角色設定、故事背景之下，接著只要完成角色台詞就能交出滿分的成績單了吧。可是，從遊戲製作團隊的角度來說，這樣的遊戲編劇只能算是零分。

　　這是因為並沒有考慮到遊戲整體該如何呈現。例如單就立繪來說，正常的立繪方式根本無法如實傳達巨人族和矮人族的體型差異。那麼遊戲編劇這時該怎麼辦呢？舉例來說，編劇可以在指令書上備註：「請補上女孩手捧著男孩，兩人互相凝視的事件圖（附上表情變化圖）」，如此一來就能解決這個問題。

　　所謂的遊戲編劇除了創作腳本之外，還要持續思考腳本應該如何在遊戲裡呈現，並將想法確實傳達給美術人員、腳本演出。

　　要傳遞腳本想法時會動用的資料稱為素材表，素材表會條列立繪、場景、事件圖的內容與張數。接著便可用素材表換算出報價，換句話說，素材表可以計算出製作遊戲應動員的人數、所需工時與成本。所以素材表的數值是愈精確愈好。

何謂遊戲編劇的表演指令

純文字檔無法展現角色的情緒。
而最清楚這些台詞該如何表演的人，
就是負責撰寫台詞的遊戲編劇。

我要生氣囉！

我要生氣囉～

氣呼呼

笑瞇瞇

從表情與動作，
可看出表演情緒
的差異。

　　另外，圖像的內容說明也需要遊戲編劇提供精確的指令。光是要求一張「主角與女主角接吻」的事件圖，遊戲編劇就必須明列親吻的場景，以及當下兩人的親密度、時間、服裝、表情為何。如果您理所當然地認為只要讀過腳本就能清楚這些資訊，那可就犯下大忌啦。

表演指令

　　近年來，附帶語音的遊戲已不稀奇。不……在現代，掌上型遊戲機、手機遊戲、同人遊戲的角色如果不會說話，那才叫怪事。

　　製作附帶語音的遊戲時，遊戲編劇的首要之務就是要寫出配音腳本。接著從腳本篩選出要配音的片段後，將台詞列印出來（或裝訂成冊）。

　　配音腳本的書寫關鍵是台詞的順口度。編寫配音腳本時，建議可帶入聲優的心情，並親自朗讀寫好的台詞。

　　正式錄音時，一般也會請遊戲編劇到錄音室確認錄音情況。雖然現場是由聲音導演指導聲優的表演，但有些情緒只有撰寫腳本的遊戲編劇才明白。

　　最關鍵的，就是台詞在物理上、心理上產生的距離感。

「物理的距離感」,指的是對話者之間相隔的距離。假如兩人是站在一起說話,錄音時只要正常說話即可;角色之間如果間隔著5公尺,那就要演出呼喊的樣子;如果兩人間距離更遠,那就又要演出不同的效果了。

「心理的距離感」,指的是對話者之間的關係。這兩個人是第一次見面嗎?是朋友嗎?還是有更親密的關係呢?……這些都是只有遊戲編劇才清楚的細節。

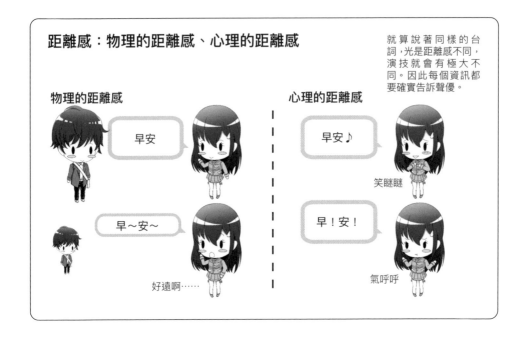

距離感:物理的距離感、心理的距離感

就算說著同樣的台詞,光是距離感不同,演技就會有極大不同。因此每個資訊都要確實告訴聲優。

物理的距離感

早安

早～安～

好遠啊……

心理的距離感

早安♪

笑瞇瞇

早!安!

氣呼呼

除此之外,日文的「再見(sayonara)」有馬上會相見、再也不相見的2種情境,如果聲優不知道需要演出哪一種情緒,將會十分困擾。因此,愈簡單的台詞,愈需要遊戲編劇完整說明台詞背後的故事情境。

遊戲的故事特色

　　遊戲故事不同於小說、漫畫，有自己獨特的特色。本節會聚焦在如何編寫遊戲專用的故事，並介紹寫故事所需的相關知識。

故事的開始與結束

開場   →   高潮   →   結局

這是玩家體驗遊戲的起點。
這款遊戲與現實相差甚遠嗎？

要說明遊戲背景到什麼程度？

預先想好符合
該遊戲類型的開場、結局，
並改編相關的腳本內容。

結局只有1個？2個？
還是要設定多重結局？
要有悲劇結局嗎？結局該如何感動玩家？
希望玩家從這款遊戲學到什麼？

主角
要讓玩家移情到
遊戲角色上嗎？

設定強烈的角色個性？
或是不設定角色個性，提升玩家遊玩的自由度？

 開場

　　「開場」是正式遊戲開始前，刺激玩家遊玩的動機、介紹世界觀、角色的重要段落。

　　遊戲有2種開場形式，分別是「開啟遊戲模式」與「開始遊戲模式」。

　　「開啟遊戲模式」：為了刺激玩家遊玩的動機，會在開場加入酷炫、華麗的內容，吸引玩家注意力、提升玩家期待值。但是為了避免看太多次開場讓玩家的感官疲乏，在內容設計需要下一番苦工。有些遊戲會在不爆雷的範圍內拋出許多故

事謎題，或者依照遊戲進度變更開場的內容。

「開始遊戲模式」：內容通常是遊戲的序幕，並兼具介紹遊戲世界觀、遊戲角色、遊戲目的等功能。有不少遊戲會利用教學模式，趁機講解遊戲的遊玩方式。這個模式的開場只能觀看1次，所以如果有重要的傳達事項，請務必確保都沒有遺漏。

開場多半是用影片呈現，這段內容因為時常應用在演示、遊戲宣傳，因此必定是製作團隊的傾力之作。有些創作者為了這段遊戲開場，甚至會投入3D技術耗時3年製作。也曾聽聞遊戲開發團隊為了開場影片，投入一半以上的遊戲製作經費。

即使在遊戲機規格有限、無法插入開場影片的年代，遊戲公司為了勾起玩家的期待之情，會專門繪製開場專用圖、編寫序幕腳本、或是精心設計遊戲標題畫面。

正式遊玩前的完美開場能令玩家為之雀躍，並對遊戲本身留下好印象。

開場影片多為動畫，所以遊戲編劇幾乎不會參與製作。然而在開始遊戲模式中通常會有一段序幕，這部分就會由遊戲編劇負責。製作序幕或遊戲教學有一項共通重點，就是背景說明不宜過長，否則會消磨玩家遊玩的熱情。話雖如此，如果遊戲背景說明不足、給予玩家過多自由空間，玩家也會因為不知道該如何遊玩，導致遊玩動機低落。

遊戲教學太長，容易讓玩家有「被箝制」的感覺。在講解重要的遊戲說明之餘，應保持內容簡潔。如果是已有前作的遊戲，由於遊玩方式相同，可以考慮直接省略遊戲教學。或者可新增選項，讓玩家自行選擇是否要觀看遊戲教學。

建議您下次可以用遊戲編劇的觀點觀察其他遊戲的開場內容，一定能大有收穫。

遊戲開場與遊戲教學

遊戲開場

在遊戲初始階段，玩家並不了解遊戲世界觀。

編寫合適的腳本，讓玩家藉由遊戲開場動畫和初次遊戲事件，自然地了解遊戲的世界觀。

嗯……

國王委託我討伐魔王？

看來這是一款打倒魔王的冒險遊戲吧！

遊戲教學

在遊戲初始階段，玩家不知道遊戲規則與遊玩方法。

設計得當的遊戲會在初次冒險時，自然地安插含有遊戲教學的劇情。

存檔點在住處。

快去和鎮上居民聊天吧。

選項

「選項」是遊戲獨有的元素。不同於小說、電影，遊戲能藉由選項與玩家進行互動。有些遊戲依照玩家的選擇會出現劇情變化，例：冒險遊戲、RPG遊戲。在動作遊戲、射擊遊戲中玩家會需要選擇前進方向，這些其實都是遊戲選項。

以冒險遊戲來說，玩家的每個選擇都十分重要，稍有不慎可能就會導致遊戲結束、改變結局走向。選項如果編排得夠精巧，就能勾引玩家的好奇心：「如果我選了另一個選項結果會如何呢？」促使玩家重複遊玩遊戲。不過編排選項時必須謹慎，如果選項的結果與遊戲角色性格不合，即使玩家選中正確選項，仍會因感到突兀而出戲。安排選項時除了要保有遊戲趣味性，同時務必留意當下情境、劇情發展，不要讓選項內容損及遊戲世界觀和角色設定。

另外，遊戲選項的管理亦十分麻煩。遊戲選項通常不會只有2個選擇，一道選項出現3、4個選擇的遊戲並不在少數。玩家完成一道選項後如果緊接著又出現另一道選項，遊戲的可能性就會一口氣增加數倍。請參考下圖範例。

選項A
- 選擇1 前往選項B
- 選擇2 前往選項C
- 選擇3 前往選項D

選項B
- 選擇4
- 選擇5
- 選擇6

選項C
- 選擇7
- 選擇8
- 選擇9

選項D
- 選擇10
- 選擇11
- 選擇12

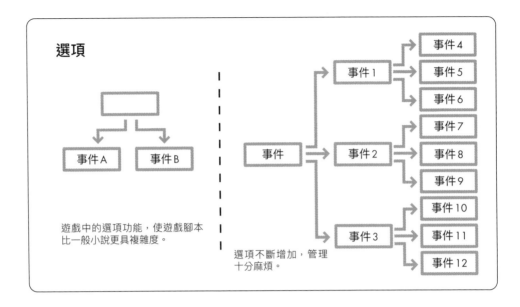

選項

遊戲中的選項功能，使遊戲腳本比一般小說更具複雜度。

選項不斷增加，管理十分麻煩。

從上圖可知，3個事件如果各別衍伸出3個選項，最終就會誕生12個不同的腳本。遊戲編劇必須清楚哪些選項會走向主線劇情、哪些選項會走向悲劇結局。有些選項會影響立旗標（Flag），將遊戲引導到多重結局。

為了方便管理，腳本通常不會與流程圖合併。如果遊戲劇情複雜、或是多人合寫的腳本，流程圖的存在尤其重要。建議您可將同一劇情路線的選項填上同一種顏色，如此一來就能輕易區分不同路線的關聯選項。

網路工具和Excel都能製作流程圖，對遊戲編劇來說，學會寫流程圖也是百利無一害唷。

最常見的文字冒險遊戲，就是根據選項劇情會順應產生變化。而徹底改變這種遊戲形式的作品，就是有聲小說系列作《街道～命運的十字路口～》。

Column

《街道～命運的十字路口～》
CHUNSOFT製作的遊戲，是該公司繼《弟切草》、《恐怖驚魂夜》推出的第3款視覺小說遊戲。

這款遊戲中8個角色的劇情會同步推進，並且每個角色的選擇都會相互影響。只要1個角色沒有選出正確的選項，所有角色就無法達成完美結局，可說是一款具有劃時代意義的遊戲。

這款遊戲的遊玩方式非常單純，就是從選項中做出選擇即可。但光是加上多人同時並進的這項條件，就令這款遊戲的複雜度大幅提升，不禁令人讚嘆遊戲公司的創意。

近年還出現另一種新的選項形式。那就是從VR（虛擬實境）衍伸的「視線」選項。換句話說，遊戲根據玩家的視線落點，會出現不同的遊戲劇情。例：「如果看著女孩的眼睛，就會進入A路線」、「如果看著女孩的胸部，就會進入B路線」。

建議編寫遊戲腳本時要保持靈活的思考態度，確保自己有能力創作出符合各種新型遊戲的腳本。

旗標

旗標是一種控制程式，只有滿足旗標的設定條件，程式才會啟動。換句話說，旗標的功能是「滿足A、B條件即可進入C」。以RPG遊戲為例，在遊戲設置旗標：「村民A說大鬧村莊的山賊就躲在山頂」、「村民B說山賊的藏身處只有住在山上的僧侶才知道」。如此一來，玩家只要聽到村民說這兩段話，便能找出旗標條件：「拜訪住在山上的僧侶，就會帶我們找到山賊的藏身處」。

旗標一詞取自英文的「Flag」，一般的用法是「立起旗標」、「樹立旗標」，反之則是「拔下旗標」、「拆下旗標」。

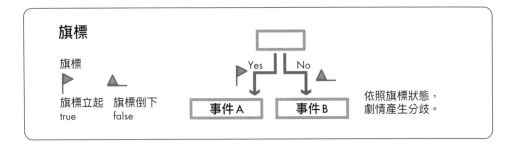

只需要簡單的「腳本指令」就能控制旗標。許多遊戲編劇都會被要求撰寫內含腳本指令的腳本。腳本指令沒有既定格式,依照每款遊戲的領域、遊玩方式不同,格式皆有不同。有些公司有自己的規定格式、有些則是程式設計師有一套自編的格式。編寫腳本前,請務必先確認腳本指令的規格。

腳本指令屬於程式語言的一種,通常是用文字編輯器書寫,形式大致如下:

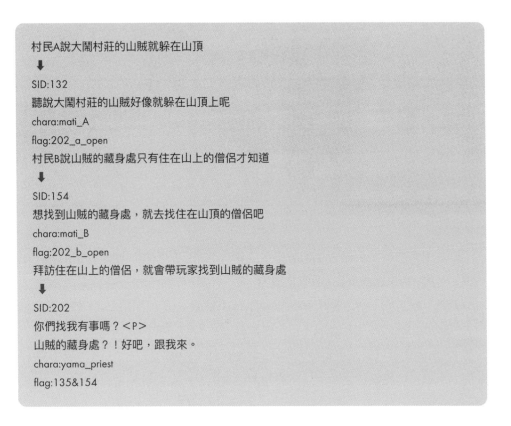

村民A說大鬧村莊的山賊就躲在山頂
↓
SID:132
聽說大鬧村莊的山賊好像就躲在山頂上呢
chara:mati_A
flag:202_a_open
村民B說山賊的藏身處只有住在山上的僧侶才知道
↓
SID:154
想找到山賊的藏身處,就去找住在山頂的僧侶吧
chara:mati_B
flag:202_b_open
拜訪住在山上的僧侶,就會帶玩家找到山賊的藏身處
↓
SID:202
你們找我有事嗎?<P>
山賊的藏身處?!好吧,跟我來。
chara:yama_priest
flag:135&154

光是放入必要資訊，就會出現範例這麼長的內容。「SID」是腳本的ID編號，從這段範例我們可以看到，腳本編號「132」、「154」分別會開啟「flag」「202」。相對地，腳本編號「202」的「flag」就要寫上上述兩個腳本編號。腳本編號之所以不連貫，是因為中間還穿插著其他劇情。這麼龐大的資料如果只寫在文字編輯器裡，管理旗標就會愈來愈麻煩。因此遊戲編劇應該製作一個專門記錄旗標的資料表，並與團隊成員共享。這類資料可以選擇用流程圖或列表形式呈現。

　　實際將旗標設置到遊戲後，還需要測試旗標能否正常運行。逐一檢查旗標是十分麻煩的工作，但建議您還是要從玩家的觀點出發，確認旗標、腳本是否有不合理之處。

令人產生期待感的旗標

快走吧！
我之後就會趕上你們！

知道了！
我們先去前面等你了！

啊……這個模式的話……　　（預想）

　　腳本中有些特定台詞會在玩家心中立起「期待」的旗標，建議大家能熟記這些特定台詞。大家應該都聽過「死亡旗標」吧。例如，恐怖電影「是我的錯覺嗎？」；RPG遊戲「快走吧！我之後就會趕上你們！」；冒險遊戲「這裡每個人都有可能是犯人，誰要和你們一起行動啊！」只要聽到這些台詞，觀眾就知道「這傢伙要完蛋了」，也就是說只要出現這些台詞，「之後要發生什麼了吧？」玩家心中就會自動樹立旗標、燃起期待之情。這時候編劇如果能寫出超越玩家期待的劇情，或是

寫出反轉玩家期待的劇情，就能把握機會抓住玩家的心。

創作時，如果能隨時站在玩家的立場為玩家著想，一定能寫出很棒的腳本。

 參數

製作RPG遊戲的人應該時常聽到「參數」這個詞吧。遊戲中的參數指的是角色的數值。

參數在程式中原本的意思是「引數」，意思是呼叫程式後接收到的實際數值。不過遊戲中的參數並非這個意思，請小心不要搞錯了。

RPG遊戲是最常運用遊戲參數的遊戲類別，參數不僅能顯示角色的等級、升等後改變的數值，同時也可代表怪物、裝備的數值。這些數值都會大大左右「遊戲參數」。

玩家在玩RPG遊戲時雖然毫無所感，但遊戲的背後其實全靠參數在維持遊戲平衡。例如：如果首戰的怪物太強，玩家容易失去遊玩的興趣；如果玩家永遠能在戰鬥中輕鬆獲勝，遊戲就會變得很無聊。

參數

HP

MP

攻擊力

防禦力

等等
角色會有各種參數。

敵人

攻擊力

防禦力

要保持參數平衡
可不容易。

什麼情況下算是遊戲參數平衡得當呢？就是每當玩家抵達新地點、挑戰新怪物時，就必須多費一番功夫才能打倒怪物。但是當角色升等、更換裝備後，就能輕鬆打贏戰鬥。

　　乍聽之下似乎很容易，但其實設定遊戲參數是相當困難的工作。首先，角色的遊戲參數不會只有「攻擊力」、「防禦力」2種，而是由多種遊戲參數混合在一起。而且不是只有主角才必須設定遊戲參數，如果主角有伙伴，那麼每位伙伴也必須設定遊戲參數。最後，別忘了怪物也必須設定遊戲參數。

　　調整遊戲參數的工作稱為「數值設計」（在日本，遊戲關卡設計也可稱為數值設計），這份工作通常由遊戲企劃負責。但這可不是人人都可輕鬆上手的工作，只有經驗老道的專家才做得來。不過，即使是經驗豐富的遊戲企劃，如果是遇到新遊戲，也必須從零重新規劃、測試遊戲參數。這是因為一旦遊戲不同，相關遊戲參數、算式也會跟著改變。最終設定好遊戲參數後，還必須一一測試、除錯，是一份相當考驗耐心的工作。

　　前面為了方便說明用了RPG舉例，但其實許多動作遊戲也會使用遊戲參數。動作遊戲必須展現出「角色技能」，所以遊戲參數的設定就更複雜了。以《魔物獵人》為例，遊戲角色的武器、屬性、攻擊地點都會影響到遊戲參數。

　　近年來手機遊戲、線上遊戲也會使用遊戲參數，所以市場上對數值設計的需求可說是大幅提升。這2種遊戲將遊戲參數與課金（編註：指在遊戲中使用現金購買道具、角色等資源的消費行為，可藉由投入金錢來獲得更優越的遊戲體驗）掛勾，玩家為了快速提升遊戲參數，就會不斷課金。因此對手機遊戲、線上遊戲來說，遊戲參數會直接影響營業額數字與遊戲的產品壽命。

　　對遊戲編劇來說，腳本創作與「遊戲參數」其實並沒有直接關係。但偶爾也會發生特殊情況，例如：「玩家必須達到特定等級才可以觀看劇情」、「遊戲參數將控制故事走向」。這時遊戲編劇就必須視公開的腳本等級，寫出能讓人滿意的腳本。

腳本指令

腳本指令（script）一詞有許多種意思。

字典中對script的定義是：①筆跡、②電影的劇本、③對電腦下的指令等等。遊戲產業中最接近的解釋是③對電腦下的指令。

具體來說，腳本指令就是根據腳本內容提出立繪、場景的指令，以及播放BGM、音效、語音的指令。如果是有3D美術的遊戲，則還需加入鏡頭位置、角度、動作的指令。腳本指令的寫法沒有既定格式，有的專案會要求遊戲編劇對程式要有概念，有的專案只要利用現成工具就能輕鬆完成。

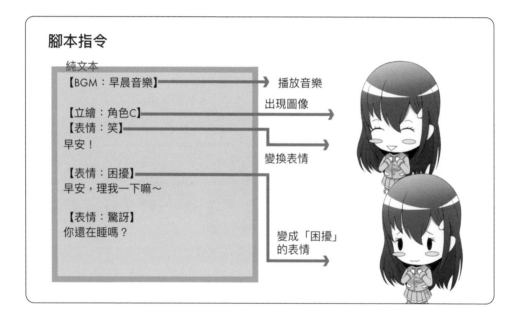

腳本指令

純文本

【BGM：早晨音樂】 → 播放音樂

出現圖像

【立繪：角色C】
【表情：笑】 → 變換表情
早安！

【表情：困擾】
早安，理我一下嘛～

【表情：驚訝】
你還在睡嗎？ → 變成「困擾」的表情

有些專案會要求遊戲編劇兼任，有些專案則會聘請專業的腳本演出。先是成為腳本演出，接著接觸到愈來愈多腳本工作的案例也不在少數。

很多人誤解這是很簡單的工作，好像只要根據腳本內容，將準備好的素材資料逐一填入空格即可。事實上這項工作有許多刁鑽之處，如果是有慧根的人寫的

腳本指令，能為腳本添加雙倍趣味性。相反地，如果是差勁的人寫的腳本指令，有時甚至會毀了一個好腳本。

這裡說的「慧根」是指什麼呢？我認為最重要的是對腳本的解讀能力。並不是腳本出現「謝謝」，就只會要求角色微笑。根據腳本情境不同，如果說話的角色這時露出悲傷的模樣，反而會令人感到揪心。除此之外，好的腳本演出能在絕佳的時間點切換BGM、安排無聲留白、適時插入事件圖（靜止圖）……營造出遊戲的情緒。

對這份工作有興趣的讀者，可以試著從腳本演出的角度觀察遊戲。看看哪一句台詞，角色的表情會出現何種變化？3人以上的對話場景中，畫面會顯示幾個人的立繪？……等等。試著不要只是玩遊戲，而是從製作方的觀點細心觀察，相信您一定能大有收穫。

腳本指令效果大不同

腳本指令須標示角色表情、動作、音樂變化等資訊。

遊戲系統不同做法並不相同，但有些遊戲會細心地將說話的角色移到鏡頭前（或是會放大發話角色立繪、讓發話角色的立繪看起來更明亮、讓發話角色說話邊晃動、讓發話角色說話前會出現小動作）。

究竟是哪一個人在說話!?

【葵】早安。

現代不須加入遊戲公司也能自己撰寫腳本指令，市面上有幾款免費的電腦用軟體，如：「吉里吉里」、「NScripter」。只要使用這些軟體，就能自己寫好腳本和腳本指令。另外再搭配免費資料庫的圖片、音樂，一個人就能輕鬆製作出一款遊戲。有興趣、毅力的讀者不妨挑戰看看。

高潮

　　根據字典定義「高潮（Climax）」，是一種「極端緊張、興奮的模樣。最扣人心弦的場景。最頂點。」的狀態，因此這是遊戲中最重要的事件場景，同時也是最能看出遊戲編劇技巧的地方。為了迎向結局，遊戲編劇必須提升玩家對遊戲的熱情，並在此收回伏筆、揭露真相、掀開黑幕。

　　有些編劇會選擇從故事的高潮開始編寫腳本，因為先決定好故事高潮，就能適當地安排伏筆、想出揭破真相應有的順序。同時，遊戲編劇也能更明確知道，哪些內容需要事先交代清楚。

　　撰寫高潮也有小技巧，劇情高潮後如果選用較激烈的敘事風格或加快故事節奏，就能讓遊戲劇情更具熱度。相反地，如果是一開始故事節奏就很快速的懸疑故事、輕喜劇，這時如果放慢敘事步調，反而能讓故事高潮更有餘韻。

故事高潮

回收伏筆
玩家不可能像遊戲編劇一樣熟悉所有故事細節……

「其實幕後黑手是我。」

「咦？」

「誰會記得10幾小時前的遊戲劇情啦……」

　　寫遊戲腳本時千萬不能忘記，一款遊戲的破關時間可不短。正常要進入故事高潮前，玩家至少已經經歷了10幾小時的遊戲時間。在不中斷遊戲的情況下都要花上10幾小時了，遑論多數玩家根本不會一口氣破關。也就是說，正常情況下，玩家要玩到遊戲的高潮，至少要經過數天甚至數週。這時假如腳本突然提到前面的劇情伏筆，玩家很可能也已經忘記、甚至會忽視線索。

雖然可以重新提及伏筆的內容，但這麼做會降低玩家的驚訝感，絕非上策。常見的手法是插入一張與伏筆相關的劇情圖，這是遊戲編劇才會關注到的細節。

　　另外，千萬要注意高潮劇情的長度，如果為了醞釀故事高潮而不斷拋出各種小事件，反覆幾次玩家就會覺得疲倦。同時，如果興奮的狀態持續太久，玩家也會覺得感官疲勞。如果能恰到好處地掌握時間、節奏，將玩家推至高潮，這段內容一定會在玩家心中留下深刻印象。

 結局

　　徹底通關後，玩家能獲得的獎賞就是「結局」。遊戲結束後通常會出現類似後日談（編註：指對劇情的補充說明）的劇情，或播放製作人員名單。有些遊戲會在播放製作人員名單的同時，播放遊戲回顧畫面。

　　許多遊戲在結局會安排一些令人驚訝的真相，例如：某個角色的真實性別是女性、主角其實在遊戲中根本不存在等等。

　　經典的製作人員名單會在最後出現「And You」的字樣，第一次看到時的確頗令人感動，但近年還這麼做實在有些過時。

　　曾有一款家用遊戲機，在遊戲開始前除了要求玩家輸入主角姓名之外，還要輸入「玩家自己的姓名」。一開始不免教人疑惑輸入這個要幹嘛，沒想到遊戲公司竟然用心地將玩家的名字放入遊戲的結尾中。這時玩家早已忘記當初曾輸入過自己的姓名，因此看到結局名單時每個玩家都十分驚訝，為什麼會出現自己的名字。

　　以上試列舉了各種結局範例，但遊戲結局沒有固定形式。結局的重點還是要帶給玩家感動、驚訝，最終在玩家心中留下深刻印象。

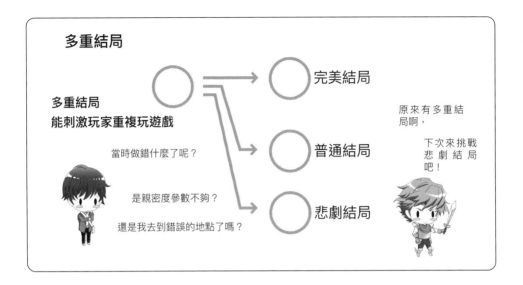

冒險遊戲通常都有多重結局，可分成快樂結局、完美結局、普通結局、悲劇結局等多種結局。有的遊戲是根據玩家選擇的「選項」來判斷結局，有的遊戲則是根據「與伙伴的親密度」等參數判斷。

視覺小說型的冒險遊戲通常是依「選項」判斷結局，模擬戀愛型的冒險遊戲則通常是依「參數」來判斷。RPG遊戲中，玩家的每個行動在幕後都會變成參數，進而影響最終結局。

徹底通關後，玩家能獲得的獎賞就是遊戲的結局。準備多重結局，就能激發玩家重新玩遊戲的熱情。

遊戲編劇在結局中，主要負責的是遊戲結束後宛如後日談般的故事腳本，這部分通常會揭露遊戲中的其他伏筆與謎題，並提到遊戲結束後的發展。這段內容因為會影響玩家對遊戲留下的最終印象，可謂至關重要。請努力寫出讓玩家意猶未盡的腳本吧！

遊戲的素材

　　遊戲是綜合跨領域藝術的媒材，是腳本、美術、音樂、遊戲音效、影像、程式的綜合成果。本節將介紹這些素材如何結合，並整合成一款遊戲。

打造一款遊戲的必要事項

遊戲系統

遊戲有多種領域類型，如：「視覺小說」、「RPG」、「動作遊戲」。事前應先決定要寫哪一種遊戲類型的腳本。

旗標　　參數

```
　　　　　YES ──→ 事件A
　○　
　　　　　NO ──→ 事件B
```

遊戲腳本須用旗標、參數控制遊戲的流程。

純文字檔　腳本　　表演指令

純文本
```
【BGM：早晨音樂】
【立繪：角色C】
【表情：笑】
早安！
【表情：困擾】
早安，理我一下嘛～
【表情：驚訝】
你還在睡嗎？
```

遊戲腳本雖然是純文字檔，但仍須專門寫一個內含表演指令的腳本。

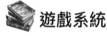 **遊戲系統**

　　遊戲系統即是一款遊戲的「規則」、「目的」。遊戲系統常被認為等同於遊戲的「可玩性」，但這並不正確。

　　遊戲包含3大要素，分別是：

「遊戲核心的遊戲系統」
「為遊戲增添附加價值的遊戲情境」
「能取悅目標客群、大眾的遊戲設計」

這3項要素若能緊緊相扣，這款遊戲絕不可能失敗。

遊戲的核心就是遊戲系統，前面提過，遊戲系統即是一款遊戲的「規則」、「目的」。這其中又以「規則」尤為關鍵。一般常認為遊戲最重要的是「目的」，但如果沒有完善的「規則」，遊戲根本不可能成立。正因為有「規則」，遊戲才會有趣。所以，一款遊戲必須先有「規則」才會出現「目的」。

用「剪刀石頭布」來比喻就很清楚了。剪刀石頭布是一種三角互剋機制的遊戲，規則是「布贏石頭」、「石頭贏剪刀」、「剪刀贏布」。在這個規則之下，剪刀石頭布變成「以取勝為目的」的遊戲。視規則內容，有時也會出現「以失敗為目的」的遊戲。

遊戲系統

雖然看得出是三角互剋的狀態，但看不出相互關係為何。

該出什麼好呢？

該出什麼好呢？

螃蟹手　拳頭

手掌

「狐狸」、「獵人」、「村長」、「布」、「石頭」、「剪刀」，將手勢套入情境中，三角互剋的關係就很清楚了，

這款遊戲的硬體是人的手，為了避免眼花看錯，於是設計成「5根手指」、「2根手指」、「0根手指」的造型。

遊戲　剪刀石頭布

插個題外話，現在隨便問一個人：「為什麼覺得遊戲好玩？」大部分人的回答是：「打倒敵人很暢快（動作遊戲）」、「可以化身成強悍的角色與敵人對決（格鬥遊戲）」、「可以經歷現實生活無法經歷的體驗（RPG遊戲）」，幾乎每個答案都與電腦遊戲相關。

如果能意識到世界上除了電腦遊戲之外，非電腦遊戲也屬於遊戲範疇，可以企劃的遊戲內容會更多元。例如：《狼人殺》等桌遊、運動類或兒時類的遊戲等等。

「遊戲情境」包含「腳本」、「世界觀」、「角色」、「音效」。這些都是為遊戲增添附加價值的元素，編排這些元素也屬於遊戲編劇工作的一環。同樣用「剪刀石頭布」來譬喻，遊戲編劇要編排的就是「拳頭等於石頭」、「螃蟹手等於剪刀」、「手掌等於布」的遊戲設定。情境設定能讓玩家更容易理解遊戲的進行方式，並且為遊戲增加趣味性。

依照遊戲系統內容不同，遊戲腳本的編寫方式、內容也會不同。視覺小說型的冒險遊戲須以文章推動遊戲發展；RPG遊戲則要在對話台詞塞入前進地點、提示等資訊。繼續往下細分，其實還有更多腳本創作的技巧與內容。

綜上所述，企劃遊戲時最關鍵的部分就是考慮「遊戲系統」。初次企劃遊戲的人通常會優先規劃「遊戲情境」，卻沒顧及到「遊戲系統」。如果能優先考慮遊戲系統再下筆書寫遊戲情境，通常不會出差錯，但有許多遊戲企劃書只會寫到遊戲情境。

可以參考下方的範例：

第1頁闡述遊戲世界觀。魔王和魔怪威脅到整個世界的和平。
第2頁說明主角出發冒險的原因。
第3頁說明伙伴的角色設定
第4頁開始無止盡地介紹必殺技、武器名稱和攻擊效果……

這樣的內容並不是企劃書，也稱不上是腳本的故事大綱。一個故事大綱需要有完整腳本結構，並且必須包含「主題」、「目的」。

若立志成為遊戲企劃，在企劃遊戲時務必要分開思考「遊戲系統」、「遊戲情境」、「遊戲平衡」。

若立志成為遊戲編劇，則請深入了解各種遊戲系統，思考如何能寫出徹底發揮遊戲系統特色的腳本。

美術

遊戲中的「美術」，泛指遊戲畫面上的所有圖像、影像內容。其中包含角色圖、場景圖、使用者介面設計、特效、3D資料、照片、影片等等。

遊戲美術和遊戲機一樣，經歷過翻天覆地的進化。整個進化過程大致如下圖：

「像素圖」
↓
「動畫、照片、實拍影片」
↓
「3D」

「像素圖」是用眾多「像素」繪製角色、背景等美術圖。自從1980年代人們開始用電腦製作遊戲後，就連超級任天堂的遊戲美術也都是採用像素圖製作。

當時因為遊戲機規格限制之故，圖像解析度、可使用的顏色都十分有限。這其實是受到「spirit」功能影響。「spirit」是放置美術圖的空間，過去這個空間容量極小。

為了將圖片儲存於spirit，只能用像素圖形式製作美術圖。有時甚至只能繪製一半圖片，再用電腦反轉圖片組成一張完整的圖。真的是煞費苦心。

當時遊戲腳本的文字也是一種圖像，同樣必須儲存於spirit。受限於解析度的問題，一開始日本的遊戲只能顯示英文、數字、片假名。可是只有片假名閱讀文字會太吃力，後來才慢慢加入平假名。在遊戲機規格提升後，遊戲終於出現日文漢字了，雖然當時可以使用在遊戲中的漢字仍非常稀少。

　　不過由此可知，當年的遊戲編劇受到遊戲容量、畫面文字數量的限制，還要兼顧寫出簡潔俐落的詞語、文章，真是吃盡了苦頭。

　　後來家用主機導入CD-ROM後，才開始在遊戲上看到「動畫、照片、實拍影片」。此時的照片和影片容量依然巨大，影片幾乎只會出現在開場影片或事件影片中。即使如此，仍能感受到遊戲美術的巨大改變。

　　隨著美術技術提升、冒險遊戲種類增加，遊戲腳本也愈來愈有深度與臨場感。最早期，幾乎都由遊戲企劃撰寫遊戲腳本，但在這個時期，開始有遊戲編劇活躍在遊戲產業。

　　接著PlayStation、SEGA Saturn（SS）導入3D美術。遊戲主機容量再次提升，遊戲能夠實現的事情也更多了。而現代3D美術技術又再次升級，視覺上與實拍影片相比簡直毫不遜色。

　　遊戲美術技術的進步，帶動了遊戲腳本的進化。遊戲美術愈寫實，現實風格的腳本也增加了。各方面遊戲製作技術提升後，如今遊戲腳本的分量動輒能超越一本實體小說。雖然能夠嘗試的事情更廣泛了，相對的遊戲編劇的負擔也變得更重了。

語音

　　遊戲的「語音」，即是指聲優、演員活用演技賦予角色聲音的過程。也就是一般動畫、電影、電視說的「配音」。不過日本遊戲業界很少會說「配音」這個詞，通常會說「錄製語音」。

　　一般情況遊戲會聘請聲優錄製語音，但在現代3D美術發達之下，許多遊戲會直接繪製演員的圖像，並請演員本人為角色錄音。

　　現代遊戲容量愈來愈大，遊戲美術圖也愈來愈逼真，幾乎每款遊戲的角色都會附帶語音。

　　尤其是手機遊戲，絕不能缺少角色語音。主要有2個原因：

　　第一，多數手機遊戲提供抽卡和收集，如果角色附有語音更能增加卡片與角色的價值。

　　另一個原因則是為了吸引粉絲，換句話說，是想藉此達到宣傳遊戲的效果。對粉絲來說，由喜歡的聲優或演員來為角色錄製語音，更有獨特意義。

　　語音的台詞是由遊戲企劃或遊戲編劇撰寫。遊戲編劇有時也會參與挑選聲優、演員的過程。如果想寫出好台詞，就要時刻留意角色設定、角色圖及當下台詞的情境，並須留意聲音形象是否與台詞內容相符。

角色語音

近年有角色語音的遊戲十分普遍，寫台詞時要小心台詞的順口度。

編寫台詞時，要時刻留意角色設定、角色圖及當下台詞的情境，並須留意聲音形象是否與台詞內容相符

錄音現場時常會討論語音的遊戲情境、聲音的表演方式。
最好在事前先確實釐清角色形象、遊戲場景情況。

語音幾乎不會重新錄製，千萬要小心不要出錯。錄音完畢後很難再變更道具名稱、角色名稱。

嚕啦啦～
啦嚕啦～

　　遊戲企劃與遊戲編劇很常旁觀「錄製語音」的過程。錄音現場會有聲音導演（音導）、工程師，並由聲音導演指導聲優、演員演出。遊戲編劇雖然不需要親自下場指導，但時常會在錄音現場參與討論，例如說明當下的遊戲情境，或對聲優提出聲音表演方式的建議。因此建議在事前就要確實釐清角色形象、遊戲場景情況。

　　手機的抽卡遊戲因為有許多卡片、角色，經常是由1位聲優為多個角色錄製語音。在這種情況下，遊戲編劇應該要為每個角色創造多種台詞的說法，避免角色形象過於重疊。

　　另外，我曾經委託知名聲優為手機遊戲錄製語音，當時對方表示他只會在單一作品中錄製1位角色的語音。因此合作前請務必要與聲優、合作公司確認雙方的合作規範。

　　在遊戲中，「語音」並非必需品。但語音能幫助玩家投入到遊戲世界、對角色產生移情作用。未來遊戲語音的地位應該會愈來愈重要吧。

　　事前先了解語音台詞編寫的技巧，以及旁觀錄音時會參與的業務，能幫助更全面完成遊戲企劃、遊戲編劇的工作。

動畫

　　遊戲的「動畫」指的是開場動畫、結局動畫、事件動畫等,在遊戲各個重要片段帶領故事升溫的影片。

　　遊戲動畫大致可分為2種,一種是真實拍攝的影片,另一種是運用遊戲的角色圖做出戲劇、人偶戲效果的影片。

　　自從家用主機可以讀取CD-ROM資料後,遊戲動畫便開始使用真實拍攝的影片。但在那之前,過往的遊戲動畫幾乎都是使用遊戲圖像製作影片。

　　最古早的時候遊戲動畫真的是以連續圖片製作而成,實拍影片因為會占據遊戲大部分容量、拍攝又耗費成本,一開始只有PlayStation和SEGA Saturn(SS)引進。隨著現代遊戲機的規格不斷升級,遊戲動畫與遊戲畫面已經沒有大太差異。遊戲過程中的事件動畫可以與遊戲畫面流暢地切換,讓玩家更沉浸於遊戲世界。

　　有技巧地活用遊戲動畫,雖然能提升玩家對遊戲的熱情,但過程中玩家無法操縱角色,想趕快進入下一階段的玩家不免會有「被迫觀看動畫」的感受。因此請千萬要留意動畫的時間長短,以及切入動畫的時間點。

　　為了不讓玩家覺得被迫觀看動畫,有的遊戲會在動畫中適時給予玩家遊戲指令。例如:播放動畫時畫面突然出現一台卡車,玩家必須在時間限制內依照畫面顯示的指令完美閃避卡車。如此一來就能提升玩家的緊張感,即使是觀看動畫的過程,也能與玩家進行互動(《莎木》、《人中之龍》、《惡靈古堡》就是採用這種模式)。

　　通常動畫的腳本也是遊戲編劇負責撰寫。如果是實拍影片,那麼遊戲編劇除了要編寫腳本之外,還必須準備多項事前作業。例如:「動畫的分鏡」、「角色動作」、「聲優、演員的表演方針」等等。很少遊戲編劇能擅長每一項作業,因此通常會有一位專門的動畫製作負責人,或者另外委請影像製作公司協助。

　　由於不是自己親力親為,難免有些地方會與自己的期待不符。若有此顧慮,事前請務必確實傳達執行方向、期望效果。如果發現成品與自己預期不符,也請不要直接否定成品。試著觀察從不同觀點切入的作品,或許會讓您有意料之外的發現。如果還是覺得不滿意,再去與合作公司協商吧。

良好場景的安排

遊戲編劇在撰寫故事大綱時，只要想到：「這裡我希望讀者能知道這件事！」通常就能下筆如神。但當我們寫到一個段落，回頭要補充故事情節的細節時，首先令人苦惱的就是「地點」要安排在哪裡。我在思考「地點」時，通常會依下述基準進行判斷。

①容易聯想的地點
最方便的就是玩家已知的地點、或讀者容易聯想到的地點。畢竟，如果隨便把地點設定在異次元縫隙，玩家應該會丈二金剛摸不著頭腦吧（笑）。

②故事中合適的地點
如果在該角色根本不會出現的地方，突然出現一個符合角色社會地位與當下情感的地點，難免讓人覺得這是編劇貪圖方便。

③具有戲劇性要素或優美景致的地點
漂亮或具備意外因素的地點，可以在玩家心中留下深刻印象。時間點的選擇也很重要，黎明、傍晚這種光線格外浪漫的時刻就是不錯的選擇。煙火大會、夜間體育賽事、戶外演唱會等地點，因為色彩鮮明、陰影濃重，也能給人留下鮮明的印象。

④容易抒發情感的地點
日本人在公共場合很難表達真實的情緒，因此抒情時選擇隱密的場所會比較自然。但是在情感衝突等心情激動的時刻，如果地點設定在公共場合，反而更能凸顯角色的情緒。

綜上所述，請先認識到每個場地的特性，再思考要在事件場景中使用哪些場地要素。

①好的場景會包含許多資訊
有些遊戲作品每次重頭玩還是能找出新的彩蛋。建議您可以在場景中適時加入隱藏資訊與伏筆。

②好的場景能襯托角色特性
某些場景發生的事件、反應，能讓玩家對角色的性格、能力有更深入的認識。借助場景本身的特性，讓角色的一舉一動更加自然。

③好的場景能深化遊戲主題
緊扣遊戲主題的場景，無庸置疑是遊戲的關鍵場景、感人場景。這樣的場景出現太多次會失去神祕感，但在關鍵時刻遊戲編劇仍須展現出該場景的魄力。

④好的場景會有優美的視覺效果
這點其實與前面提到的「場地」也有關聯。每個人心中應該都有一兩個難忘的電影經典場景吧？您會發現這些場景之所以令人印象深刻，其實與演員的表情、現場氛圍、地點息息相關。所以請努力編寫出令人難忘的場景吧！

以上統整了安排場景時的幾個訣竅。一個作品如果能有數個令人難忘的場景，在玩家心中也會留下深刻的印象。這些地方也正是考驗遊戲編劇實力的地方唷！北

創作故事 2

角色、場景、世界觀、故事大綱、
調性、執行原理與感動

講師 米光一成

參與作品：《魔導物語》、《魔法氣泡》、《追寶
威龍》、《罪惡默示錄》等

腳本的寫法

 【1】一切的緣起

「逼哭我7次吧。」

坂口博信說道。

「下次見面時，給一個能逼哭我7次的故事大綱吧！」

坂口先生是遊戲《太空戰士》系列（Final Fantasy Series）之父，也是我十分尊敬的創作者之一。

沒有人有勇氣反駁這樣的人物。

即使我在心中尖叫：「不可能根本不可能！我從未因一款遊戲哭過7次，怎麼可能逼哭別人7次！」

雖然如此，嘴上卻回答：「我知道了。」

在那之後，我拚命完成故事大綱、寫出腳本，製作了《追寶威龍》（トレジャーハンターG）這款遊戲。

我成功讓坂口先生哭了7次了嗎？

本章將簡單記錄當時經過。

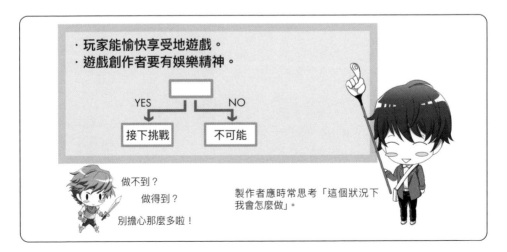

- 玩家能愉快享受地遊戲。
- 遊戲創作者要有娛樂精神。

YES → 接下挑戰　　NO → 不可能

做不到？
做得到？
別擔心那麼多啦！

製作者應時常思考「這個狀況下我會怎麼做」。

【2】 腳本創作的5大重點

「請告訴我如何創造一個有魅力的角色」、「該如何讓角色性格變得立體？」我時常收到這類疑問。創建角色當然有一些提高效率的方法、有用的知識。但這次我不打算聚焦在枝微末節的問題上。

再者，這些提問者之所以會卡關，並非他們的寫作技術不佳。而是他們根本搞不清楚該從何開始著手。

① 如何訂定主題
② 如何創造立體的角色
③ 如何設計遊戲世界
④ 如何組織故事大綱
⑤ 如何決定遊戲調性

本節將探討如何實踐腳本創作5大重點。

我不會逐項解說，而是說明各項重點如何相互影響、相互輔助。並且會告訴您該如何發想故事、發揮創意的方法。

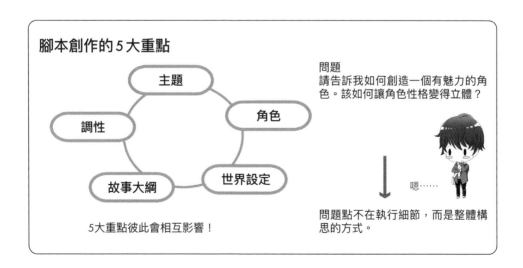

腳本創作的5大重點

主題 — 角色 — 世界設定 — 故事大綱 — 調性

5大重點彼此會相互影響！

問題
請告訴我如何創造一個有魅力的角色。該如何讓角色性格變得立體？

嗯……

問題點不在執行細節，而是整體構思的方式。

【3】「腳本創作 5 大重點」的組織方法

我不想為大家分析、整理、剖析腳本創作完成後的心得,而是想以業界人士的角度回溯當年的感受,與大家分享當時辛苦、失敗、重頭來過的經歷。

本章會以《追寶威龍》為範例,向大家說明如何整合「腳本創作的 5 大重點」。

我想這樣的方式對正在創作腳本的人會更有幫助。

首先,組織腳本時建議大家按時間順序記錄腦海中思考的內容。

話是這麼說,但實際上我們腦海的「思緒」跳得飛快,有時會同時出現好幾個靈感,或者事後才想起來自己忽略了某些靈感。腦海的思緒可說是混沌、紛雜又混亂。

但這都沒有關係,請大家照實將思緒記錄下來即可。這些內容通常意義不明,但只要將內容稍做整理、簡化,就能慢慢看出故事的方向了。

希望這個方法能幫助大家整理自己的思緒。

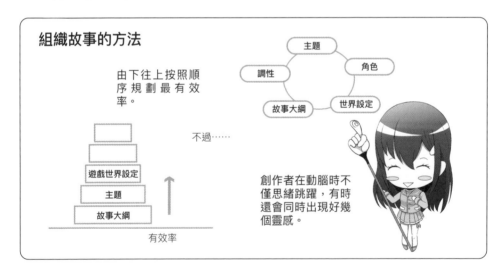

組織故事的方法

由下往上按照順序規劃最有效率。

不過……

遊戲世界設定
主題
故事大綱

有效率

主題
調性
角色
故事大綱
世界設定

創作者在動腦時不僅思緒跳躍,有時還會同時出現好幾個靈感。

 【4】 在工作現場一切都需要與其他人配合

就算被其他成員要求「先創建角色」、「先訂好遊戲主題」、「先決定遊戲概念」,很多時候工作現場根本無法盡如預期。

這次既然坂口先生要求「逼哭他7次」，那我也只能從「惹人哭泣」的地方開始著手。

　　討論會議結束後，我開始試著製作「賺人熱淚的場景」。

　　當時我完全沒有心力從整個遊戲的角度去思考故事，因為這一款遊戲根本什麼都沒有。

　　只有剛組建完成的戰鬥系統原型。

　　除此之外，這款遊戲的世界、角色都尚未設定，我的靈感也是乾枯狀態。

　　戰鬥系統就用簡單的模擬戰鬥呈現就好。

　　玩家可操縱的角色約4人。

　　角色可在網格狀的地圖上移動。

　　戰鬥在短時間就可結束。

　　必須是超級任天堂可讀取的遊戲。

　　遊戲地圖是俯瞰地圖。

　　玩家只要在2D的地圖移動角色圖示，就能邁向下一個冒險地點。

　　遇上敵人就切換到模擬戰鬥場景。

　　我請坂口先生評估模擬戰鬥的原型後，他表示還不錯。至此，我們才確定要製作一款可在超級任天堂平台遊玩的RPG遊戲。

　　坂口先生在接下執行製作人一職後，我們才有了第一次討論會議。當時坂口先生正因電影版《太空戰士》忙得不得了，再加上他幾乎都待在夏威夷，就算偶爾回到日本，也只是匆匆參與數個會議後又再次飛往夏威夷。

　　在這樣的情況下，每次我與坂口先生的討論會議都十分短暫。我們交談的內容大概僅止於我請他試玩戰鬥原型，提到「這部分還要再改善」這種程度而已。

　　就在我們聊到「差不多該開始規劃腳本內容了」的時候，坂口先生對我說出了「下次見面時，給我一個能逼哭我7次的故事大綱吧」這句話。

　　在什麼都沒有的情況下，我卻必須交出一個賺人7次熱淚的故事大綱。

　　賺人熱淚的場景、賺人熱淚的場景、賺人熱淚的場景。就算我焦急地在腦海中反覆叨念著，我也無法突然從零生出賺人熱淚的場景。就在這時，我想起了過去看電影落淚的經歷。

- ·角色
- ·主題
- ·遊戲概念

開始組織一款遊戲吧！

教科書上明明是這樣教的，但是……

工作現場和教科書根本不一樣！

「逼哭我7次吧！」

你聽過有人是這樣
開始製作遊戲的嗎？

哎呀～

 ## 【5】總之先丟出各種點子

大量吸收資訊十分重要。

我認識的遊戲編劇，幾乎每個人都貪婪地讀取他人作品輸入到自己的腦袋，其中也有許多人從電影取材。

「我曾經1年看了500部電影」、「我現在還是每年會看200部電影喔」。

我身邊都是這樣拚命的人，倒是很少遊戲編劇會從頭到尾只專注玩遊戲。

製作遊戲時，如果一直從其他遊戲取材，做出來的作品也不過是老調重彈。重點是要欣賞諸多表現形式，給予腦袋刺激，如此一來創作時才能輕鬆發揮創意。

我在大學時幾乎每天都會看1部電影，同時也很喜歡舞台劇，曾看過許多不同作品。

過去累積的知識在這時派上用場了。

每次欣賞、閱讀、感受作品後累積的感動，將成為創作的原動力。

累積大量創作的原料後，究竟該如何組織整合呢？這才是腳本創作的關鍵。

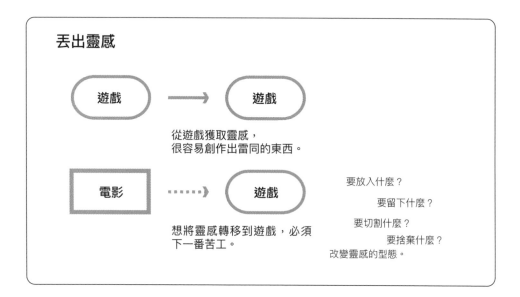

丟出靈感

遊戲 → 遊戲

從遊戲獲取靈感，
很容易創作出雷同的東西。

電影 ┄┄➤ 遊戲

想將靈感轉移到遊戲，必須
下一番苦工。

要放入什麼？
　　　要留下什麼？
要切割什麼？
　　　要捨棄什麼？
改變靈感的型態。

【6】大量吸收資訊十分重要。盡情涉獵遊戲、電影、小說、舞台劇等作品吧

如果沒有充足的養分，就算學會組織、編寫腳本的方法，也製作不出精彩的故事。

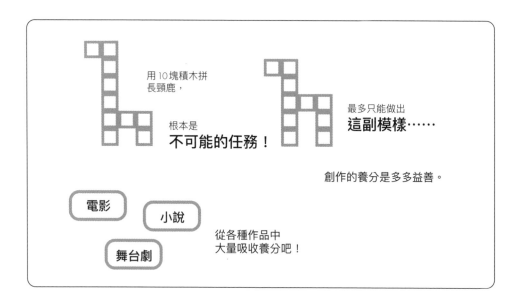

用10塊積木拼
長頸鹿，

根本是
不可能的任務！

最多只能做出
這副模樣……

創作的養分是多多益善。

電影　小說　舞台劇

從各種作品中
大量吸收養分吧！

想像一下，分別用10塊積木、2萬塊積木拼一頭長頸鹿會發生什麼事。

可想而知，用10塊積木拼一頭長頸鹿一定很困難，這麼少的積木根本拼不出長頸鹿的長脖子。除此之外，要是積木只有黑色與紅色，那麼就算創作者嘔心瀝血創作，最終也只能做出造型古怪的生物。

平時就要儲備大量積木，必要時再挑選合適的積木拼湊成需要的模樣。

由此可知，「大量吸收創作養分」十分重要。

 【7】有任何靈感都寫下來

當時我拚命回想每一個賺人熱淚的電影場景、小說場景、舞台劇場景、遊戲場景，並逐一寫成文字。

因為是憑記憶書寫，我中途還數次疑惑「咦？這個場景有什麼好哭的呀？」、「我好像不是因為這個場景才落淚的……」、「我居然忘記最關鍵的劇情！」、「我記得是先發生這件事後面才衍生出這個事件，但這樣前後根本銜接不上啊！」

總之，我試著在名片大小的卡片上寫下超過200個賺人熱淚的場景。

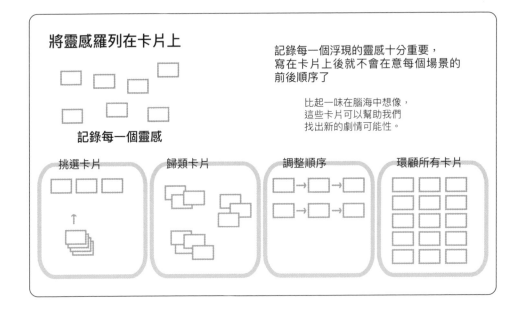

將靈感羅列在卡片上

記錄每一個靈感

記錄每一個浮現的靈感十分重要，
寫在卡片上後就不會在意每個場景的
前後順序了

比起一味在腦海中想像，
這些卡片可以幫助我們
找出新的劇情可能性。

挑選卡片　　歸類卡片　　調整順序　　環顧所有卡片

【8】好的場景必須符合敘事框架

寫下所有靈感後，我找出抱有疑問的作品重頭觀賞了一遍。過程中收穫良多。

回顧每一部令我疑問「為什麼會因為這個場景哭泣？」的作品後，我有了一項重大的發現。

賺人熱淚的場景，通常本身沒有發生什麼值得哭泣的大事。大部分的故事流程是先發生某件撼動人心的事件，但主角咬牙忍耐了下來，我們做為觀眾於是也跟著主角開始忍耐。忍耐著、忍耐著，發生了一件雞毛蒜皮的小事，主角便一下子宣洩出所有情緒。而和主角一起忍耐至今的我們，於是也跟著主角落淚了。

換句話說，在賺人熱淚的場景之前一定發生了多起事件，賺人熱淚的場景才能成立。

這些事件牽動著觀眾的情緒，所以之前累積的情緒、事物、關聯性通通整合在這一幕，觀眾就忍不住自己的眼淚了。

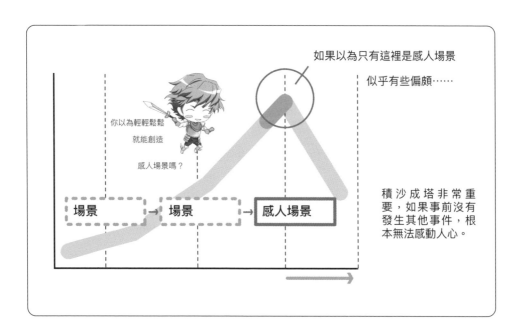

【9】 喜歡的電影觀看3遍，學習其中的故事結構

羅列200多個賺人熱淚的場景，並不代表就能做出賺人熱淚的遊戲。因為每張卡片的背景設定都不同、角色之間也毫無關聯，所以前後場景無法相互銜接。

這時候要做的就是挑選出合適的場景，並思考要如何讓場景銜接在一起。畢竟如果單獨丟出一段感人場景，觀眾也哭不出來。必須想辦法讓觀眾對主角的遭遇感同身受。

遊戲的特性是玩家可以操控遊戲角色，只要按下幾個按鈕，玩家就能讓遊戲角色按照自己的意願行動。所以要讓玩家移情到遊戲角色上並不困難。

只要先創造一個事件，讓玩家寄情於角色、將自我投射到角色上，這之後再安排一個賺人熱淚的場景即可。但實際該怎麼執行呢？

我選擇研究的作品是1977年上映的第一集《星際大戰》，也就是《第四部曲：曙光乍現》。猶記觀賞時抑止不住興奮之情。那真是一部傑作。當我踏出戲院看到眼前現實世界的街景，頓時不禁為空虛的現實哭泣。由此可知，觀影時我是多麼沉浸於《星際大戰》的世界啊。

為了找出《星際大戰》如此吸引人的奧祕，我連續看了《星際大戰》3次，並筆記下每次事件發生的時間點。

優秀的電影第1次其實無法冷靜地觀賞。這是為什麼呢？因為觀看好電影時會很期待後續的發展。第2次觀看時，因為已經知道後面會發生什麼故事，所以比較能夠冷靜地邊看電影邊做分析。這時也比較容易察覺故事的伏筆和結構。

我也因此發現，許多作品其實都會前後呼應。但要察覺這麼複雜、細膩的故事結構，單靠反覆重看電影是辦不到的，建議您還是要確實做好筆記分析。

我選中的下一個研究目標是《夢幻成真》（Field of Dreams）、《世紀末暑假》（Summer Vacation 1999）。我反覆觀看這2部作品，並筆記了故事中每次事件發生的時間點。選擇這些作品並沒有特殊原因，單純只是選擇自己喜愛的作品罷了。

玩家操縱遊戲角色　　　　玩家將自己投射於遊戲角色上

玩家　　　　玩家

遊戲中**玩家**＝**遊戲角色**
玩家很容易就能移情到遊戲角色

【10】敘事結構

　　仔細研究這3部作品後，我了解到電影的結構是由整部作品組織而成。

　　腳本其實有一個既定的巨大框架。

　　市面上有許多名作在深入探討這個理論，有機會的話，希望大家可以閱讀一下相關書籍（例如《Syd Field：實用電影編劇技巧》）。

　　不過，也不能一味受框架所困。

　　敘事結構充其量只是腳本劇情的原型骨架罷了。

　　這與畫肖像畫其實是同樣的道理。就像我們在畫圖時會分析「畫布這麼大，那中間這個地方就是頭的位置吧」，所謂的敘事框架就是這麼一回事。

　　「起承轉合」就是一種敘事框架。只要將一部作品切割成4等分，自然就會出現「起承轉合」。首先，一部作品總要有一個開端吧？這就是故事緣起的「起」。

　　接著，故事總不能胡亂塞入毫無關聯的內容吧？銜接劇情的「承」於是登場了。故事如果漫無目的毫無重點，那觀眾一定會覺得無聊吧？所以要安排一個轉折的「轉」。最後就是迎來故事的結局「合」。

　　參考這種敘事結構雖然小有幫助，但實際寫作後自然而然就會出現這種結構。因此創作者不必刻意參考，只要完成作品後回頭再留意故事結構，調整各個段落的長短即可。這樣一來，創作時如果察覺故事步調太慢，創作者也很快就能意識

到問題在於前面緣起的段落過長。

　　其實在構思場景、角色、背景設定時，整個故事就會自己展露輪廓。因此在故事成形的過程中，勢必會不斷調整故事的平衡。所以不要一開始就將故事套用到框架上。惟有故事毫無進展、理不出頭緒時，再稍做參考即可。

　　再說我的挑戰是要逼哭人7次，如果只是套用起承轉合，怎麼可能逼哭人7次呢？

　　於是我放棄從故事整體去組織故事，而是直接開始構思怎樣的場景才能賺人熱淚。

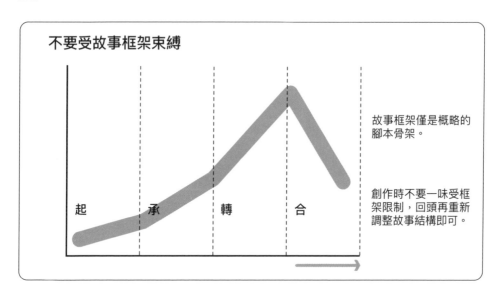

不要受故事框架束縛

起　　承　　轉　　合

故事框架僅是概略的腳本骨架。

創作時不要一味受框架限制，回頭再重新調整故事結構即可。

 【11】試著起筆寫一個場景吧

　　眼前有超過200個場景，究竟該如何取捨呢？這是一款有戰鬥過程的RPG遊戲，如果還要用戀愛當主軸那可太麻煩啦。再說，我也不擅長刻劃戀愛劇情。

　　身患絕症、生離死別是「引人哭泣」的重要元素，但這樣故事就太沉重了。由於我的故事設定是動作類的冒險遊戲，所以插入罹患絕症的角色會很棘手。現在回想起來，這其實是個值得挑戰的遊戲主題，只是對當時的我來說太困難了。

　　遊戲裡安排1次死別的劇情可能還說得過去，但也不能濫用這個絕招。總不能為了逼哭人7次就安排7個死亡劇情吧？這樣誰哭得出來啊！

　　我就這樣環顧著每一張場景卡片，邊在腦袋思考自己該何去何從。就在此時，這些場景與我研究過的電影突然兩相結合了。

《星際大戰》和《夢幻成真》不都是以兒子超越父親為主題的電影嗎！就以親子關係為主軸吧！

就這樣在胡思亂想的過程中，一個不錯的場景突然浮現在我的腦海。

主角的父親是冒險家，時不時就會隨手敲主角的頭。

主角常因此發火：「可惡，臭老爸幹嘛敲我的頭啊！」

接著父親因某次冒險身亡。

故事最後主角結束了自己的冒險旅途，回到家中。

家中都是勾起對父親思念的物品，可是父親卻已不在身邊。

主角走到庭園發起呆來，再次想起了父親。

「臭老爸。」主角帶著思念之情低語道。

就在這時，有什麼東西敲了一下主角的頭。

「這是？」主角抬起頭，他的頭頂是一片晴朗無雲的藍天，放眼望去周遭也沒有任何人。就在這時，主角的頭再次被敲了一下。

主角赫然察覺，那是他的父親。

即使父親已經化身為幽靈，仍舊喜歡敲兒子的頭。

明明曾經那麼討厭被人敲頭，如今卻感到喜悅。

最後主角被看不見的手敲著頭，又哭又笑著。

先試著起筆寫一個場景

先努力構思一個場景吧！

· 從寫有各種故事場景的小卡中找尋靈感。

· 有沒有自己很想看的場景？

· 喜歡看過的小說、電影中哪些場景？

找到獵物後
發揮想像力，
接著將想到的內容
通通寫出來吧！

不用想得太複雜，
先試著將不錯的場景
記錄下來吧。

請一定要試
試看唷！

【12】構思場景的訣竅1：不要濫用修飾語

構思場景有幾項訣竅。

其中一項訣竅就是「不要濫用修飾語」。

如果老是想著「在這裡加一句帥氣的台詞吧！」然後就亂塞台詞，再怎麼努力也完成不了一部作品。遊戲編劇應構思具體的台詞，令玩家驚嘆「好帥」；不要將好帥當成修飾語，而是要展現真實夠酷的內容給玩家看。

編劇應操縱角色的一舉一動去展現角色的狀態、特徵，而不是隨便丟出一句「主角於是拚盡最後一絲力氣，衝向敵人。」就結束了。

如果在遊戲中直接用文字說明「阿基拉擠出最後一絲力氣衝向敵人」，就太過於直接了。當然，主角也不好自己說：「我用僅剩的力氣重新站起來了！」像這種「僅剩最後一絲力氣」的狀態，應該用具體的場景演示給玩家看。

就讓玩家直接看到主角被反覆揍倒後又站起來的過程吧！不過這種重複的劇情看久了，玩家也會覺得無聊。所以遊戲編劇需要思考如何才能讓人不覺得無趣。

例如：角色可能在事前就已經走了很長一段距離、或者已經與別的敵人進行過決鬥，就在玩家以為已經打倒最後一個敵人而鬆一口氣時，卻又遇上了新的敵人。如此這般，遊戲編劇可以描寫出令玩家感到「角色僅存最後一絲力氣」的過程。

遊戲編劇應致力描寫故事情境，使玩家覺得角色已經疲憊不堪，而不是直接闡明角色已經筋疲力竭。前者的創作方式能讓故事更有風味、劇情更寫實。

仔細描寫角色的遭遇、事件過程、角色的反應，使玩家認為這個角色應該沒有力氣再站起來了吧！接著，當玩家看到阿基拉搖搖晃晃地站起來後，玩家就會深深感動於「阿基拉榨乾全身最後一絲力氣，又再次站起來了啊！」。

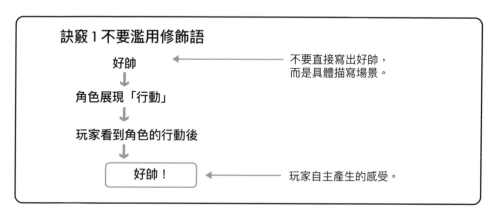

【13】構思場景的訣竅2：不要貪圖方便扭曲遊戲設定

千萬不要貪圖方便扭曲遊戲設定。

很常見的狀況是角色說了一句：「快沒時間啦！」之後卻開始落落長地說個沒完。這時玩家一定會想吐槽：「不是說沒時間了嗎？」

遊戲編劇如果為了講解遊戲背景而無視自己設下的遊戲設定，會讓玩家覺得這個世界只是順著遊戲編劇個人的喜好運轉。這樣一來，無論遊戲編劇再怎麼強調「快沒時間啦！」玩家也不會有任何感覺。

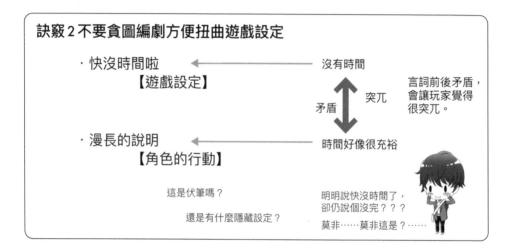

訣竅2不要貪圖編劇方便扭曲遊戲設定

・快沒時間啦　◀━━━━━　沒有時間
　　【遊戲設定】

言詞前後矛盾，會讓玩家覺得很突兀。

矛盾　突兀

・漫長的說明　◀━━━━━　時間好像很充裕
　　【角色的行動】

這是伏筆嗎？

還是有什麼隱藏設定？

明明說快沒時間了，卻仍說個沒完？？？
莫非……莫非這是？……

 【14】構思場景的訣竅3：不要一句台詞就帶過劇情

訣竅3，不要一句台詞就帶過劇情。

舉例來說，我們該如何描寫出角色的特性呢？即使周遭所有人都稱讚某個角色是天才，那個角色也不會成為「天才」。因為玩家很清楚所有角色都受編劇操控，這麼做只會讓玩家認為編劇的目的昭然若揭。

這時就要描寫具體的事件場景凸顯角色的特徵。想讓天才屬性的角色看起來像個天才，就得讓角色做出天才會採取的行動。

森博嗣有一部小說書名是《全部成為F》。

以下是書中聰明機敏的西之園萌繪與天才真賀田四季面對面對話的場景。

「165乘3367是多少？」女人突然問道。

「55萬……5555，總共有6個5。」萌繪迅速地回答，接著她有些驚訝：「為什麼問我乘法？」

「我只是想測試妳一下，因為我覺得妳的數學應該滿好的……」女人淺淺地笑道。

不必言明這兩人是天才或是很聰明，單從這個場景就能感受到兩位天才對決的緊張感。

這一幕還沒有結束。

「但是妳好像不太擅長7的乘法呢，剛才妳多花了一點時間才算出尾數，這是為什麼呢？」

真賀田四季察覺到西之園萌繪在55萬後的些微停頓，並迅速理解到這是因為西之園萌繪不擅長最後一位數7的乘法，才會有此反應。

高速計算能力、敏銳的觀察力、從短暫的對話中瞬間解讀多種資訊的解讀能力，即使編劇自己沒有這樣天才般的能力，也能描寫出這樣的場景。換句話說，即使我們不是天才也能刻劃出一個天才。這正是創作的醍醐味呀！

「那個人是東大畢業生！」、「他真是個天才啊一」，如果只想靠角色的台詞塑造出一個天才，那是行不通的。應該要利用事件，具體展現這是一位什麼樣的天才。即使都是天才也分成許多類型，只要角色能做出天才般的具體行動，玩家就會佩服不已。

外表冷淡，其實很溫柔；為人親切，其實是個變態；乍看很受歡迎的天才帥哥，其實十分寂寞。只是寫出角色設定，角色的形象也不會變得立體。想讓角色更加活靈活現，就要具體刻劃角色會採取的行動、會說出的台詞。

如果想練習編寫這種場景，建議可以養成一個寫作習慣，在寫腳本前先在腦海假想遊戲畫面，接著再用文字記錄腦海中角色的一舉一動。

訣竅3 不要一句台詞就帶過劇情

天才　　　【角色設定】

↓

「角色的行動」

↑　玩家觀察角色的行動後

| 天才 | 感受到角色是個天才。 |

這是世上最強的天才魔法師。雖然他擁有足以毀滅世界的終級魔法，但堅定地封印了這項能力。他能看見100年後的未來，並一直守護世界至今。但這又是另外一個故事了⋯⋯

 【15】構思場景的訣竅4：場景的銜接方式

遊戲編劇很常遇到一個問題，當有人批評：「這個場景好薄弱」、「這一幕不能更激烈一點嗎」，就算直接修改該幕場景狀況仍不見好轉。

這是因為該幕場景之前的故事歷程太單薄，才導致接續的場景積弱不振。下次又被批評時，建議您可以嘗試在前一個段落插入一個事件，通常就能有所改善。在故事中，每一幕場景都不是各自單獨存在。（請參考【8】）。

一幕又一幕場景相互交織，最終才會形成遊戲的世界觀。

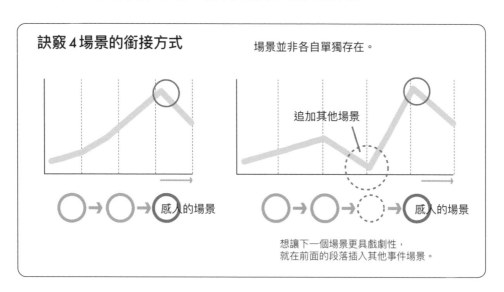

訣竅4場景的銜接方式

場景並非各自單獨存在。

追加其他場景

○→○→感人的場景

○→○→○→感人的場景

想讓下一個場景更具戲劇性，就在前面的段落插入其他事件場景。

【16】構思場景的訣竅5：找出該場景的使命

　　腦海浮現出一個好場景時，通常同時會浮現催生這一幕的其他事件場景。建議可以自問：如果要最大限度展現這個場景的魅力，前一幕該如何鋪陳？

　　當時我自然就想到：如果先讓主角一路忍氣吞聲，接著再出現這一幕一定會很感動人心！像這樣，另一個場景自然而然就出現了。

　　遊戲編劇必須事先賦予每一幕場景各自的功能與使命，才能知道每一幕場景如何相互影響。

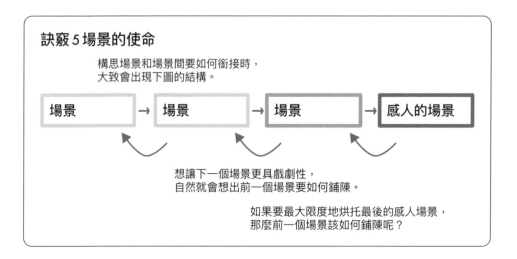

 【17】構思其他元素激化故事場景時，故事的調性就會出現

　　在構思如何最大限度激化故事場景時，不僅能牽引出前後銜接的場景，同時間角色、故事設定、台詞也會自動成串出現。

　　時常被父親敲頭的主角是個少年。

　　雖然也可以設定成少女，但當時我認為少女與父親的冒險故事變數太多，可能會進行得不順利，所以還是將主角設定為少年。不過現在回想起來，少女與父親的冒險故事應該會很有趣呢。

　　少年展開冒險的原因最好與父親有關連，

　　我希望讓少年與父親一同出發冒險。

　　這樣的話，這個父親應該不會是計畫行事的類型，而是個做事毫無章法的人。

雖然擁有看透事物本質的能力，但做事總是不懂得瞻前顧後、時常搞得生活一團糟。兒子也總是被他搞得抓狂。

如此這般，故事的調性自然就出現了。故事的調性很多，有可能是滑稽、嚴肅、耽美、寫實等等。

一旦確定故事的調性，就能明確地從剛才的靈感卡片中篩選出「可用」、「不可用」的場景了。

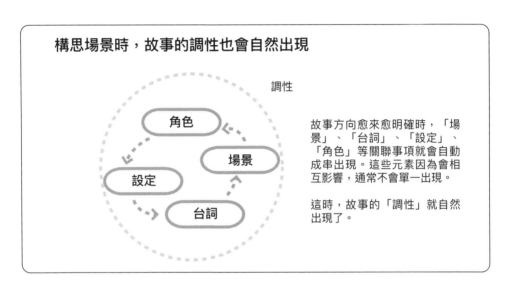

構思場景時，故事的調性也會自然出現

調性

角色

場景

設定

台詞

故事方向愈來愈明確時，「場景」、「台詞」、「設定」、「角色」等關聯事項就會自動成串出現。這些元素因為會相互影響，通常不會單一出現。

這時，故事的「調性」就自然出現了。

 【18】遊戲主題在製作後期會突然出現

我認為「敲頭」這個意象，應該在故事中呈現出明確的前後對比。

所以主角和父親最好一開始的關係很差，甚至相互敵視。但是一起踏上冒險旅途後，兩人會慢慢修復父子關係。這樣一來，故事開頭與最後的「敲頭」給玩家的印象就會完全不同了。

既然如此，兒子必須瞧不起熱愛冒險的父親才行。他應該時常會暗罵父親為什麼不能有點大人的樣子。左右鄰居也會時常嘲笑：「你父親都一把年紀了，居然還老是做白日夢，真沒用！」

就是這個瞬間我頓時察覺，這就是這一款遊戲的主題了。

有些人以為寫腳本必須先決定好主題才能動筆，事實上並不是這樣的。大部分的情況是腦海中會出現一個不錯的場景，接著在模擬角色會如何行動時，突然

就會察覺「啊！這就是遊戲的主題了」。

而且說句老實話，在寫腳本前就想得到的遊戲主題，根本沒有必要寫成長篇故事。因為這種簡單明瞭的主題，只要圍繞著主題書寫就結束了。我認為所謂的故事主題是非常宏大且捉摸不清的。雖然作者自己很清楚想表達的概念，但要轉化成文字時卻很難傳達給讀者。

換句話說，當我們逐漸架構出故事後，遊戲主題就會愈來愈清晰。「你父親都一把年紀了，居然還老是做白日夢，真沒用！」當這句台詞浮現在腦海，我立刻察覺到「即使是大人，也要抱有夢想」將是這款遊戲的主題之一。

我認為「故事的主題」、或者「要在故事中傳遞的訊息」並非是初期能馬上定義的東西。而是在作者摸索內心想說的故事時，主題才會悄悄露出端倪。

「即使是大人，也要抱有夢想」並非是日常生活中常有的概念。但我朦朧地覺得，正因為如此這個主題才有寫成故事的價值。如果平時突然被人說：「成為大人後也要持續做夢喔！」只會覺得奇怪，這個人沒頭沒腦地在說什麼啊？

這個主題足夠抽象、朦朧、縹緲，乍看像是不切實際的毛頭小伙子才會說的傻話。如果只是寫下一句：「成為大人後也要持續做夢」，讀者勢必感受不到這句話的內涵吧。

所以，這種主題才值得寫成一個故事。寫成故事想辦法讓讀者認為「成為大人後還能做夢真好」。

我認為這才是一個合適的故事主題。

故事主題在製作後期會突然出現

您不需要制定主題後才開始創作。

故事的主題是一種模糊的概念，
因此不是立即就能想出的東西。

慢慢 編織故事 ，潛藏的故事主題

會自己慢慢顯現出端倪。

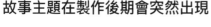

不要用腦袋想，
用心感受。

想在故事中傳達的訊息自然就會湧現。

聆聽自己心裡的聲音吧。

【19】找出冒險的目的，角色就會自己動起來

現在我的故事有一個愛做夢、愛冒險的父親。這位父親長期不在家，不知何時才會回來。看著家中父親留下的痕跡，主角認定自己的父親只是個不切實際、滿口謊言的傢伙。

因此主角決定踏上尋找父親之旅，並在過程中開始了解自己的父親。父親走過的軌跡、路人的傳聞，主角第一次認識到真實父親的模樣。對主角來說，這趟冒險旅途不僅是與父親和解的過程，同時也是讓主角最終超越自己父親的契機。

當我們定義出一個場景，並絞盡腦汁要使這個場景發揮最大限度作用時，主角的定位、與其他角色的關係、要在故事中傳達的訊息都會變得清晰。

至此，總算找到主角出發冒險的原因了。

一開始是為了「找尋父親」，接著是為了「與父親一同冒險」。

我預計後半段故事會描寫主角如何被捲進父親的冒險。換句話說，這是曾經抗拒父親的少年，在與父親相互敵視後進而理解，最終青出於藍勝於藍的故事。

到這個階段故事的雛形總算定型。我將故事定義為王道型的大冒險故事，整個故事的最終的目的是「守護世界和平」。

主角得知父親展開冒險是為了拯救世界後，也決定加入父親的行列。但途中父親身亡，於是少年繼承了父親的遺志。（故事到這裡起碼能逼哭玩家2次了吧！）既然要守護世界和平，這個世界就必須有一個試圖毀滅世界的角色才行，主角的目標就是打倒這個類似魔王的角色。

角色行動的動機

來去冒險吧
理由薄弱

目的？
動機？

主角沒有行動的動機。

來去冒險吧！

為了找尋父親。

找出冒險的目的，主角就有動機積極地行動。

【20】確定主角的行為動機後，其他角色也會逐漸立體

落筆至此，故事的其他場景也開始有具體的輪廓了。

主角的父親是熱愛冒險的冒險家，花費大部分時間待在外頭冒險，長期不在家中。主角瞧不起拋家棄子去冒險的父親，但非常尊敬母親。

不、主角還是不要有母親好了，這樣他才有出去冒險的動機。

在冒險故事中，主角通常都沒有父母，又或者父母對主角的影響力極其微弱。主角如果是在父母疼愛下長大，那主角離家冒險的動機就被削弱了。

不過若沒有父母，主角就太可憐了。再者如果只有主角一個人，就沒有與主角對話的對象。想要推動遊戲就得靠主角一個人自說自話，實在太困難了。還是給主角安排一個兄弟姊妹吧！不如就給他一個可愛的妹妹吧！

於是我編寫了幾位兄妹相處的場景。

但故事卻推展得不太順利。加入妹妹的角色後，哥哥的設定反而卡住了。

於是放棄了妹妹的設定，改加入一個愛對哥哥撒嬌的弟弟。

其實哥哥也想被人疼愛。但是，能夠疼愛哥哥的媽媽已經不在了。

哥哥一直認為自己是兄長，必須守護愛撒嬌的弟弟。也因此他的性格是腳踏實地且穩重的。這就是為什麼主角瞧不起愛做白日夢的父親。

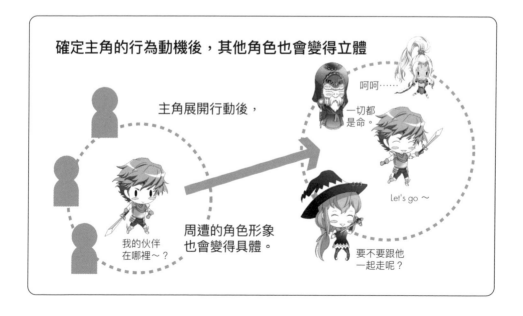

就這樣，哥哥與弟弟的角色形象都定案了。

可靠的哥哥就在戰鬥時擔任勇者吧。至於黏人精弟弟，讓他當魔法師嗎？不，他的角色很適合發明一些不可思議的道具，就讓他當個可愛的瘋狂科學家或發明家吧！戰鬥時他可以設下陷阱、使用特殊道具。以RPG遊戲來說，他的職業就是盜賊了。

【21】「不明就裡的人」能幫助故事與對話進行

這支冒險隊伍還需要幾個角色。

雖然主角的父親會從遊戲中途加入隊伍，但在追逐父親腳步的路途上，如果只有兄弟兩人那就太孤單了。而且如果一味讓兄弟兩人談論父親，解說遊戲目的會太明顯。這時候就需要有一個不了解詳情的角色，對話會更自然。

作者的目的是要讓玩家（讀者）知道父親的故事。但因為父親沒有參與前半段的冒險過程，所以不可能在遊戲中途突然蹦出父親的資訊。這時就要靠角色之間的對話建立父親的形象。但如果該角色已經熟知父親的故事，就很難有效地進行對話。

這是因為角色沒有必要敘說自己早就知道的事情，硬要這麼做反而很不自然。舉例來說，兄弟倆都知道爸爸熱愛冒險，那這兩人就不可能會在遊戲中自說自話：「愛冒險的臭老爸長期不在家，真令人寂寞」。讓角色自述彼此都知道的事情是件非常突兀的事。台詞也會變得十分死板，彷彿現在不是在對話，而是在做遊戲解說。

讀者也會因為感受到「這段對話是在對玩家說話」而失去玩遊戲的興致。所以這時候就需要安排一個完全不知道父親詳情的角色。

奇怪的男人出現在家中。

「家裡只剩下你們兩人嗎？」

「對，我們的母親已經過世了。」

「你的父親呢？」

「不知道。」

「怎麼可能不知道？」

「他已經3個月沒有回家了。」

「騙人。」

「才沒騙人。我們的父親是個只知道冒險的混蛋，不是那種會每天回家的好父親。」

如此一來，對話就能自然展開了。

因此我想安排一個完全不認識兄弟倆父親的角色。此時也差不多該出現一位美少女了吧？這個美少女必須和兄弟倆毫無關係才行，就讓她猝不及防地出現在兄弟倆面前好了。然後我希望這3人的相遇能充滿戲劇性。逃跑中的美少女，眼看壞人就要傷害女孩之際，兄弟兩人出手相助！真是簡潔有力的設定，就按照王道路線走吧。

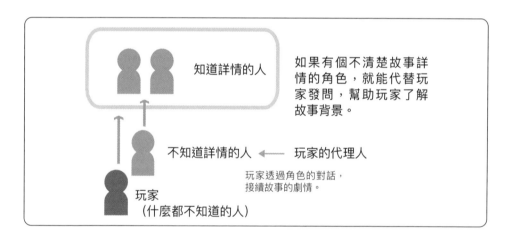

知道詳情的人

如果有個不清楚故事詳情的角色，就能代替玩家發問，幫助玩家了解故事背景。

不知道詳情的人　←　玩家的代理人

玩家透過角色的對話，
接續故事的劇情。

玩家
（什麼都不知道的人）

【22】制定遊戲世界框架，讓角色的行動更立體

角色就定位後，差不多要開始規劃遊戲世界的細節了。事實上書寫到這個階段，一部分遊戲世界已經成形。但是如果要讓角色們能夠大展手腳，就必須制定出更仔細的世界設定。

既然角色冒險的動機是「守護世界和平」，那就必須思考是什麼威脅到世界的和平？一切的起因又是什麼？

主角該如何才能拯救世界？

毀滅世界的魔王如何摧毀這個世界？

身陷風暴中的人們又該如何自處？世界上是否還有其他勢力存在？

在《追寶威龍》中守護世界和平的關鍵是7個歐帕茲，所謂的歐帕茲是指發現的場所與年代不相稱的史前文物。簡單來說，整個遊戲世界的框架就是「為了拯救世界，主角必須收集四散於世界各地的7種古代神祕道具」。

要找出這7種古代神祕道具，就必須仰賴奇怪的美少女與小猴子協助。在這個階段，要想辦法將角色的行為動機、欲探索的謎題與整個世界設定緊扣在一起。規劃出完整的遊戲世界舞台，讓角色得以大展拳腳。

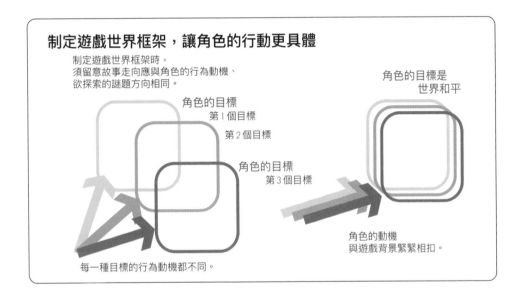

制定遊戲世界框架，讓角色的行動更具體

制定遊戲世界框架時，
須留意故事走向應與角色的行為動機、
欲探索的謎題方向相同。

角色的目標是
世界和平

角色的目標
第1個目標

第2個目標

角色的目標
第3個目標

角色的動機
與遊戲背景緊緊相扣。

每一種目標的行為動機都不同。

 【23】 一旦定案，就必須放棄其他可能性

故事輪廓愈是清晰我愈開始感到不安。

因為故事一旦「定案」，就表示必須「拋棄其他的可能性」。

其實我也想做一款只有美少女的冒險遊戲，或是全由老人組成的冒險遊戲應該也很有趣。決定某個故事方案，就表示必須放棄其他有趣的可能性。

也因此許多人不自覺會鑽牛角尖，認為一定有其他更好的故事，或覺得捨棄的故事其實更優秀。有些人因此放棄進行到一半的故事，轉而構思其他新內容。可是一旦陷入這樣的循環就會沒完沒了。

職業編劇有著截稿期的壓力，截稿期的存在對遊戲編劇來說是幸也是不幸。這天前要交故事大綱、那天前必須寫完場景的劇情，這就是所謂的截稿期。非專職編劇沒有截稿期的壓力，乍看之下好像就能隨心所欲編寫故事，不必受時間束縛。但總是抱持這樣的心態，故事絕不會有完成的一天。

還是要自訂一個截稿期為佳。沒有約束力的截稿日很容易就會破戒，建議可以和朋友約定某個日期將稿子分享給他看，進而督促自己完成。

至此，遊戲的出場角色已經大致底定。故事預計是以父子冒險做為主軸，也已經構思出幾個關鍵場景。

為了加強關鍵場景帶來的戲劇效果，也決定好角色性格了。主角的父親是個冒險家，主角兄弟則十分討厭父親，但最終兄弟兩人會與父親一起展開旅途。

為了加速故事推進，隊伍中需要安排1位外來成員。目前為止的主要角色都是男性，所以安排了1位美少女加入隊伍。並增加美少女被壞人追殺最後被兩兄弟相救的場景。

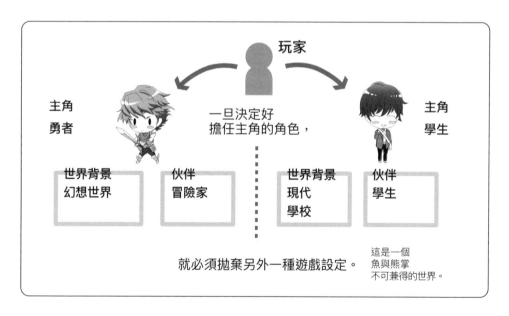

【24】站在角色的立場思考，遊戲世界就會更清晰

接著，要將目前為止構思的場景套入實際情境並加入台詞。

哥哥與弟弟如何生活？他們平時會聊些什麼？

拋出疑問後很快就能察覺，只有兄弟兩人的生活場景實在是乏善可陳。因此需要安排一個角色，代替父母照顧這對兄弟。這個角色可能是隔壁愛管閒事的鄰居太太或鄰居大叔。

就這樣，新的角色鄰居大叔誕生了。這時我突然發覺，好像可以將美少女登場的事件與鄰居大叔相連結。

首先，鄰居大叔發現正在躲避壞人的美少女並出手相助。

鄰居大叔以前其實也是有名的冒險家，會使用武功。

但是壞人實在太強了。

就在鄰居大叔陷入危機時，兄弟倆出現合力打跑了壞人。

接著鄰居大叔力竭而亡。（這裡要逼哭玩家1次！）

壞人的出現令主角意識到父親曾說過世界正陷入危機並非謊言。

這時兄弟倆發現了家中的祕密房間，並找到了父親遺留的筆記本。

兄弟倆解讀父親的筆記本後，決定要追上父親的腳步。

至此，整個遊戲的故事基礎終於大致定案。

具象化故事場景

狀況

台詞

腦海中的模糊場景 → 具象化

發揮過去所學的技術吧！

不要想得太複雜，只要將自己覺得不錯的場景寫下來即可。

寫得愈具體愈好喔！

【25】思考角色關係圖

參與冒險的主要成員是哥哥、弟弟、美少女、父親。不過，父親在中途才會加入。

3個有血緣關係的男人組成的隊伍中，加上1位美少女。不過這位美少女身上似乎另有隱情。從她被魔物追殺這點來看，她與邪惡勢力之間可能有某種祕密關係（雖然這時我還沒想出這部分劇情）。而且不知為何，她堅持不肯說出自己身上的祕密。

這樣看起來，整個隊伍是3個熟人加上1個外來成員，角色關係其實十分不平衡。

如果可以的話，我想再安插1個外來成員。

不過，繼美少女成員之後，如果新成員又是男性未免令人掃興。

如果是加入一對雙胞胎美少女呢！？

雖然我曾一度興起這樣的念頭，但考慮到可愛的動物角色更能發揮不同的角色特性，於是放棄了。

在規劃隊伍成員時，最好每個角色之間的關係不要太雷同，這樣一來每個人在團隊的定位也會有所不同，能更有效地推動故事發展。

於是我追加了猴子的角色，做為美少女的伙伴。這樣整支隊伍就有父親、哥哥、弟弟、美少女、小猴子總計5個角色了。

後來考慮到戰鬥系統上的限制，一支隊伍其實維持4人會更妥當。於是我又將

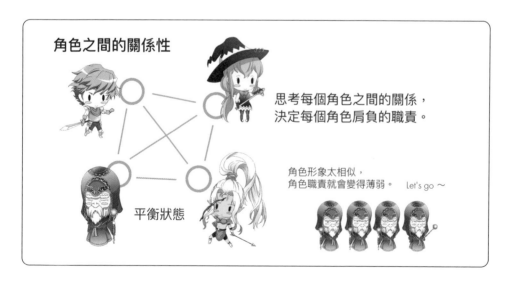

角色之間的關係性

思考每個角色之間的關係，
決定每個角色肩負的職責。

平衡狀態

角色形象太相似，
角色職責就會變得薄弱。　Let's go～

父親從隊伍中分割出來。

　　就讓主角一行人一直追趕父親的腳步好了，雖然中間會追趕上父親，但即使如此，隊伍仍舊保持只有哥哥、弟弟、美少女、小猴子4個角色的狀態。

 ## 【26】角色的行為動機最好要有3個層次

　　接著，我們要為每個角色訂定出冒險的緣由。

　　只要決定好角色採取行動的動機，角色就會自動活起來。

　　行為動機最好不要只有1層，建議最少要設定3個層次。

　　第1層是最表象的行動。例如逃離壞人的追殺、找尋寶藏、向某人尋求幫助等等。

　　第2層是角色採取行動後，角色本身會產生怎樣的變化。換句話說，這一層屬於角色精神上的變化。

　　第3層是角色的行動結果將造成什麼後果。

　　以哥哥為例，哥哥最表象的行為動機是「找尋父親」。接著哥哥會出現精神層次的變化「認同父親的理念，並將父親的夢想發揚光大」。這些行動的結果，最終將會「拯救世界」。

　　黏人精弟弟的行為動機則是「想跟著哥哥」。因為不想與哥哥分開，所以就跟著哥哥踏上旅途。在我的想像中，這個角色時常會跟在哥哥後面呼喊：「哥哥你等等我啊～」。照這麼發展，經過一連串冒險後弟弟應該能「學會獨立」吧。最後弟弟將不再是哥哥的絆腳石，兄弟兩人會齊心協力「拯救世界」。

　　美少女登場時正在躲避壞人追殺，因此顯而易見地美少女的第1層行為動機就是「逃跑」。逃跑的目的則是要「逃離壞人魔爪」。

　　為了讓美少女逃跑目的與角色精神上的成長掛勾，那就表示美少女「其實是因為某個原因無法逃離壞人魔爪」。這時，我察覺壞人與美少女不單純是「追殺者」和「逃亡者」的關係。換句話說，美少女並非是物理上在逃跑而已，她其實正在努力克服某項心靈層面的束縛，試圖迎向自由。

　　最快速的方法就是將美少女設定為魔王的女兒，這樣一來美少女的行為目的就是要逃離魔王的控制。接著當美少女真正獲得自由後，她就會告訴兄弟兩人她身上隱藏的祕密。

　　到這時美少女才算正式成為隊伍的一員，並與兄弟兩人一起踏上「拯救世界」的旅途。

小猴子只會「嗚咿嗚咿」地叫，牠的職責就是當故事停滯不前時負責擾亂場面。換句話說，牠是故事中的「搗蛋鬼」。

為何要擾亂場面？

小猴子的行為動機是「無論如何都要守護美少女」，只要能守護美少女什麼都能做。為了強調這項行為動機，我設定只有美少女能聽懂小猴子的話。而周遭的人只聽得到小猴子「嗚咿嗚咿」地叫，但這時美少女就會幫忙翻譯「波嘎牠是這麼說的」。在故事大綱的階段時，唯獨小猴子我還想不出能在故事中展現哪方面的成長。

雖然覺得整個故事仍缺了某塊拼圖，但當時我只能構思出這些內容了。

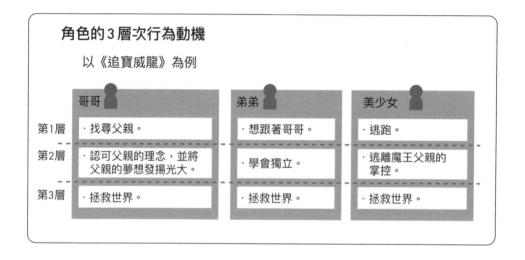

角色的3層次行為動機

以《追寶威龍》為例

	哥哥	弟弟	美少女
第1層	·找尋父親。	·想跟著哥哥。	·逃跑。
第2層	·認可父親的理念，並將父親的夢想發揚光大。	·學會獨立。	·逃離魔王父親的掌控。
第3層	·拯救世界。	·拯救世界。	·拯救世界。

 【27】角色的行為動機會引導出角色的特色

構思角色的特色時，建議可從角色的行為動機加以延伸。如果只是想到好點子就硬要套在角色身上，那故事和角色會十分不協調。

「波嘎牠是這麼說的」這句反覆出現的台詞，不僅是代表美少女的重要台詞，同時也象徵著美少女和小猴子波嘎之間緊密的關係。應該說，正因為美少女和小猴子之間有著如此緊密的關係，這句台詞才有了靈魂。

而這兩個角色的關係將牽引出故事的轉折場景。說實話，在故事大綱的階段，我根本沒想到美少女與小猴子的關係能造成如此深遠的影響。當時故事大綱剛大

致底定，我正在仔細著墨每個場景的劇情。就在這時，故事的轉捩點突然撞進我的腦袋。

「原來如此，一切都說得通了。」這時我才恍然大悟。

「這一路的歷程，原來都是為了銜接到這一幕！」我也對此發現驚訝不已。

這個轉捩點的出現，同時補齊了小猴子這個角色的成長。至此，我終於補上了那塊缺少的拼圖。當角色設定、遊戲世界觀、故事走向都緊扣在一起時，這種靈光一閃的時刻不時就會發生。

明明沒有刻意埋下伏筆或刻意安排，但自然而然地，故事就自動整合出邏輯嚴謹的故事轉捩點，並牽引出令人難忘的事件場景。一切就是自然地水到渠成。

因此，建議大家第一步還是要先完成整體的故事大綱，有了故事大綱後，好靈感會自動出現。

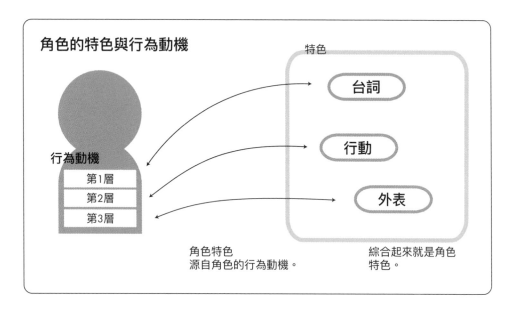

 【28】在反覆嘗試的階段，有時也要大膽地快刀斬亂麻

遊戲中有一處與我最初的故事大綱極為不同。

在構思整個遊戲時，我首先想到的場景是「化身成幽靈的父親一如既往地敲主角的頭」，但最後這個場景並沒有收錄到遊戲中。雖然我真的很想加入這個場景，但是不論我如何努力，故事中的父親就是死不了。即使安排了一個又一個殺死父

親的場景，父親還是會存活下來。

　　事實上，作者在創造事件場景、編寫台詞、設定遊戲背景的過程中，角色會逐漸脫離創作者的掌控。不知不覺腦海總是會浮現：這傢伙不可能會這麼做、他一定會這樣說吧、他當時的想法應該是這樣吧。

　　這時，角色已經無法順著作者想法行動，他們彷彿是有著獨立人格的真實朋友。有時作者考慮到故事發展，難免會希望某個角色能採取特定行動。但很快地，腦海就會自我反駁：那傢伙才不會做這種事呢、如果是這種情況他肯定會這樣處理吧、這時候他肯定會這樣說吧。換句話說，角色會不顧作者意願，自行採取行動。

　　愛冒險的父親如果沒有死，就無法變成幽靈再次出現。結果，因為父親堅強地活到了最後一幕，我設想的「被變成幽靈的父親敲頭」場景也就化為泡影了。

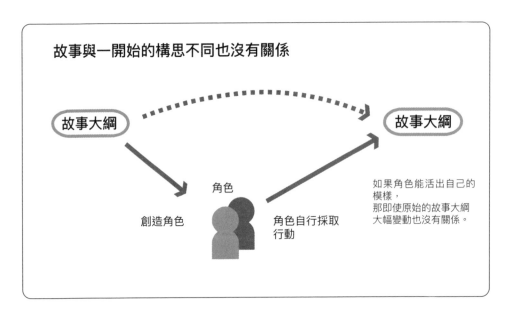

故事與一開始的構思不同也沒有關係

故事大綱 → 故事大綱

創造角色　角色　角色自行採取行動

如果角色能活出自己的模樣，
那即使原始的故事大綱大幅變動也沒有關係。

【29】創造角色時應考慮的事項

以下統整製作故事大綱時，應該考慮到的角色背景。

● **角色的性格**：角色是哪種類型的人物？性格如何？
● **角色的行為動機**：他為什麼會這樣行動？目的是什麼？
● **角色的成長**：為了實現目的，角色應該要有哪些成長？
● **角色行動產生的結果**：角色實現目的後會發生什麼事？
● **角色的經典場景**：令玩家愛上該角色的經典場景。

這些事項絕非一口氣就能決定。

事實上，在構思故事大綱或場景時，這些事項會自己慢慢就定位。

例如有一次我的腦海浮現了一句哥哥的台詞。這時我突然察覺，如果哥哥會說出這句話，表示他自己也惶惶不安吧。

雖然一開始設定哥哥是個十分可靠的人，但其實他只是不想讓弟弟感到不安，才裝出一副可靠的模樣吧。如您所見，角色的性格、特色其實就是這樣慢慢豐滿起來的。

如果真心疼愛自己創造的角色，自然就會想看到他們活躍的模樣，同時也會想寫出讓他們大放異彩的事件場景。

創造不同的事件場景，讓每個角色都能有專屬的「好帥」、「好可愛」的時刻。

當然，也要有惹人哭泣的場景。

例如愛撒嬌的弟弟為了獨立而與哥哥吵架，但最終還是跑去向哥哥撒嬌的場景等等。

在編寫這樣的場景時，我時常是邊動筆邊在內心暗自吶喊：「布魯（弟弟的名字），加油啊！」我常覺得，這種時候根本沒有作者可以介入的空間，布魯的所有努力、行動、對話，都是布魯自行完成的。

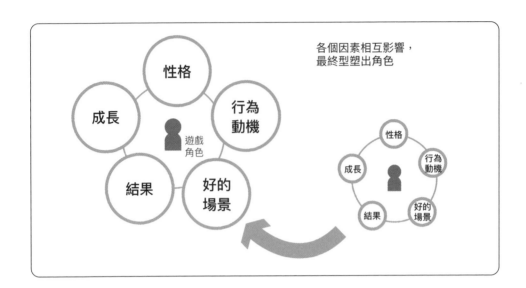

各個因素相互影響，
最終型塑出角色

性格

成長

行為
動機

結果

好的
場景

遊戲
角色

 【30】我成功惹哭坂口先生7次了嗎

經過這一切歷程後，我總算完成了《追寶威龍》的故事大綱。

令人煩惱的是，整部作品其實更像是一部滑稽的冒險故事。

最後，我並未成功讓坂口先生因為《追寶威龍》哭泣7次。

不過坂口先生通過了我提案的內容，並對我說道：「比起賺人熱淚的場景，你更擅長惹人大笑。哭泣的場景就到此為止吧。但是，下次請你寫出足以惹我發笑30次的劇情。」

遊戲的必要元素

插圖、音樂、分歧、旗標、互動、

任務以及故事

講師 北野不凡

參與作品：《Disc Station》（Compile）

遊戲腳本怎麼寫？

 ## 遊戲一定要有故事嗎？

本章將進入實務演練，或許內容會因此像是正經八百的學校課程，但仍希望大家不要只是草草讀過，而是能試著親自練習一遍。

我想會閱讀這本書的讀者，不外乎都是些喜歡遊戲故事或遊戲腳本的人吧。想請問大家：「遊戲一定要有故事嗎？」我猜各位一定會回答：「一款遊戲怎麼能少得了故事！」、「如果認為遊戲不需要故事，我就不會買這本書啦！」

雖然如此，仍希望大家能冷靜地思考這個問題。尤其是未來想創作故事、撰寫遊戲腳本的人，我認為有必要好好想一想為什麼遊戲會需要故事。正因為現代每一款遊戲都會設計故事，才更應該反思遊戲故事存在的意義，而不是理所當然地認為故事就是遊戲不可或缺的環節。對想創作故事的讀者來說，省思此問題應該能幫助各位激發創作靈感。

在創作遊戲故事時，通常會出現兩種極端的意見：

①「要幫助玩家沉醉於遊戲世界，必不能缺少遊戲故事！」
②「遊戲故事充其量是讓玩家遊玩到最後，能夠理解遊戲內容的工具罷了！」

遊戲一定要有故事嗎？

① 要幫助玩家沉醉於遊戲世界，
　必不能缺少遊戲故事！
② 遊戲故事充其量是讓玩家遊玩到最後，
　能夠理解遊戲內容的工具罷了！

RPG 的主要元素是什麼？
戰鬥？
美術？
動作戲？
其實腳本也很重要喔！

就算是理所當然的事情，
每個人的想法都不一樣。
所以故事密度
也必須依照遊戲內容進行調整。

3

不知道您是哪一派的擁護者呢？本書的讀者通常會選擇①吧。

但我個人認為這其實是個假議題，因為「遊戲」是一種涵蓋領域甚廣、種類多元的產業。市面上同時有故事性微弱的遊戲與以故事為主軸開發的遊戲，兩者之間可說是天差地別。

所以我認為重點是要配合該款遊戲的特性，讓故事能恰如其分地融合遊戲。假如今天是一款玩家對戰型遊戲，根本不需要刻意編排故事劇情，只要做好基礎設定讓玩家理解為何需要進行戰鬥即可。

另一方面，在最近十分流行的大型遊戲如 PS4 當中，玩家必須操縱遊戲角色進入 3D 空間（遊戲世界）遊玩。為了讓玩家能玩上數十個小時都不厭倦，就需要仰賴可靠的故事劇情來賦予玩家動力。

換句話說，如果要探討一款遊戲是否需要遊戲故事，答案其實取決於您究竟想製作哪種類型的遊戲。

不論是規模小而精巧的故事或背景設定龐大的故事，創作者的課題是安排恰當的故事、製造足夠的動機，持續引發玩家的遊戲熱忱。

接著要向大家介紹如何將故事劇情轉化為遊戲。

 ## 何謂腳本？

大家已經了解故事之於遊戲的必要性、在遊戲中扮演何種角色，接著就要正式思考故事與腳本了。

究竟本書書名《遊戲腳本教科書》指稱的腳本是什麼？腳本與故事又有何不同呢？

腳本與故事兩者可不能混為一談。所謂的「腳本」是只會出現登場角色台詞、旁白的一種文體形式。換句話說，以台詞為主軸的表現文體就是腳本。那麼故事又是什麼呢？所謂的故事是一個作品的內容走向，基本上「故事」並沒有特定的文體。

以《桃太郎》為例，故事描寫老爺爺老奶奶在河邊撿到一顆從上游漂來的桃子。他們將桃子帶回家切開後，意外發現裡面有一個嬰兒。所謂的故事就是泛指這些展現「故事走向」的台詞、場景設定、故事順序。

故事並沒有固定的文體，以故事大綱為例，有的只寫出整體故事梗概；有的就像小說，包含了完整的角色對話、獨白、故事背景。

由此可知，「撰寫腳本」即是指「撰寫故事、創造場景、角色、故事情節，並通通轉換為台詞的過程」。

請各位想像一下，能看到遊戲角色依照自己撰寫的故事內容行動、並由聲優賦予角色聲音，雖然辛苦卻是相當有成就感的工作啊！看到這裡您是不是都要熱血沸騰了呢？所謂的故事，其實包含了故事 情節 地點 場景 台詞等各種層面。

同樣以《桃太郎》為例，「老爺爺老奶奶撿到桃太郎」的橋段中，可以得知故事地點有河邊、老夫婦的家，並且可以聯想老夫婦切桃子、養育嬰兒長大的場景。

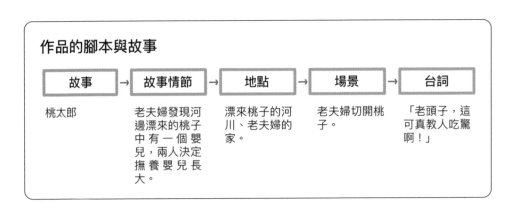

作品的腳本與故事

故事	→	故事情節	→	地點	→	場景	→	台詞
桃太郎		老夫婦發現河邊漂來的桃子中有一個嬰兒，兩人決定撫養嬰兒長大。		漂來桃子的河川、老夫婦的家。		老夫婦切開桃子。		「老頭子，這可真教人吃驚啊！」

……話雖如此，現實的工作情形可沒這麼美好。菜鳥編劇一開始只能做打工性質的編劇工作，工作內容通常是幫忙修改別人寫好的故事台詞，同時還必須趕上急迫的交稿期限。無論是哪一種工作，在成為專家之前都必須經過一段既漫長又艱困的過程，讓我們一起加油吧！

 ## 故事的呈現模式

接下來一起深入探索遊戲故事。但是此處不討論小說、戲劇的腳本。要介紹所有故事、腳本的創作手法，涉及的資訊過於龐大，我想我的知識與技術恐怕不足以應付。因此會聚焦在我最熟悉的「遊戲」領域，向年輕學子說明今後創作時應注意的重點，並與各位分享我認為創作時不可不知的內容。

一般來說，遊戲的故事需要哪些元素呢？

首先，遊戲需要利用「任務（Quest）」撐起一個大框架。玩家為了破解任務，必須到各個不同的地點進行對話或展開戰鬥，這些地點就是「關卡（Level）」。近幾年您可能經常會聽到關卡設計（Level design）一詞，所謂關卡設計就是針對「地點」設置一切遊戲必須的環境。而在地點裡，玩家又可能會在特定的位置、條件下觸發對話與事件，這就成了遊戲裡的「場景」。所以一般來說，遊戲的故事結構為任務 關卡 場景。

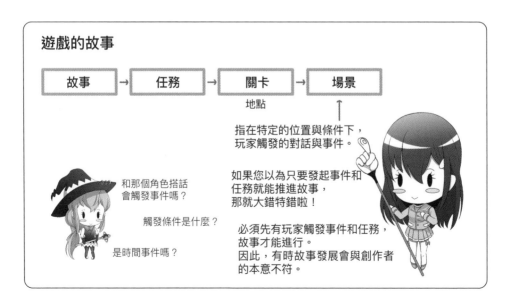

遊戲的故事

故事 → 任務 → 關卡 → 場景

地點

指在特定的位置與條件下，玩家觸發的對話與事件。

和那個角色搭話會觸發事件嗎？

觸發條件是什麼？

是時間事件嗎？

如果您以為只要發起事件和任務就能推進故事，那就大錯特錯啦！

必須先有玩家觸發事件和任務，故事才能進行。因此，有時故事發展會與創作者的本意不符。

關卡設計（Level Deign）

「Level」在英文中有「水平面」、「基準線」之意。這與日本熟知的「Level」定義略有不同。

歐美曾經十分盛行3D遊戲，遊戲開發者必須利用地圖編輯器（Map editor）建構有高低落差的3D立體地圖，而此軟體也可稱做「關卡編輯器（Level editor）」。後來，只要遊戲的「地點」在地圖上設計良好，有助於提升玩家的遊戲體驗，我們就會說那是「優秀的關卡設計」。

這個詞語容易與角色的「等級（Level）」混淆。為了避免讓大家感到困惑，之後會用Stage來稱呼關卡。（編註：本書統一翻譯成關卡。）

這幾項元素的相互關係請參考下方圖表：

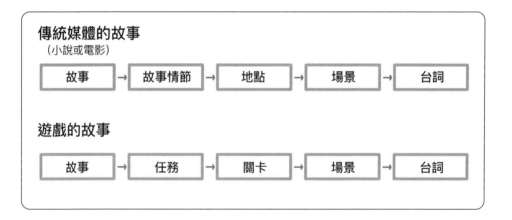

所謂的故事就蘊含著這些元素。

　　主流的遊戲故事的呈現模式，其實就是按照創作者編寫的故事情節，按順序破關後迎接遊戲結局。動畫、漫畫的故事亦然。但我想向大家介紹近幾年比較新的故事呈現手法「敘事（Narrative）」。「敘事」能將玩家在遊戲中體驗到的感受，也轉化成故事劇情的一環。

　　舉例來說現在有一款遊戲，必須破解A、B、C、D的4個故事情節才能破關。過往的遊戲系統，假如玩家沒有按照A、B、C、D的順序逐一破關，故事就無法

推進。但如果是採用敘事手法的遊戲系統，那無論玩家是按照什麼順序破關，遊戲都能繼續進行。

　　因此同一款遊戲，太郎可能是用B、C、A、D的順序破關；次郎則可能是用D、B、C、A的順序破關。如此一來，每個玩家在同款遊戲的遊戲體驗也大不相同。

▼玩家的破關順序可能並不相同。

太郎　B、C、A、D
次郎　D、B、C、A

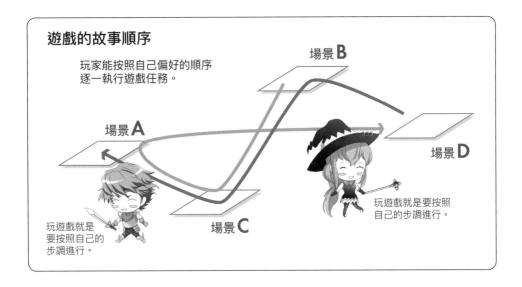

遊戲的故事順序

玩家能按照自己偏好的順序
逐一執行遊戲任務。

場景B

場景A

場景D

場景C

玩遊戲就是要按照自己的步調進行。

玩遊戲就是要按照自己的步調進行。

　　另外，由於通關順序不同時會達成不同的結局，所以玩家也可以在遊戲裡嘗試壓力摳米（編註：指遊戲主線之外，挑戰、蒐集遊戲中各種成就、道具的行為）。近年來大型遊戲通常都設計成開放式遊戲，玩家能夠自由地探索遊戲世界。這種敘事的手法讓玩家自行探索的樂趣大大加倍。（話雖如此，因為遊戲裡有設置旗標flag，所以大多數時候還是必須遵守通關順序。）

　　綜上所述，遊戲中的故事呈現手法雖然多樣化，但整體原則基本相同。一般來說遊戲故事的模式是：遊戲 故事情節（任務） 關卡（地點） 場景 台詞（演示）。其餘則端看製作者是否要定義破解任務的順序，調整玩遊戲的自由度。

遊戲領域中故事體驗的特徵

在遊戲領域中，故事體驗具有什麼特色呢？將遊戲與電影、小說一起比較，三者的差異便一目了然。電影、小說這類傳統媒體只能由觀眾單方面欣賞，所以每位觀眾幾乎都能經歷相同的體驗、感受同樣的故事內容。（不過還是會有例外，因為每個人對事件的解讀不盡相同。即使遭遇同樣的事件，依照當事人的價值觀不同，對該事件的是非判斷也會不一樣。）

雖然如此，這類型故事因為是單方面傳輸資訊給觀眾，觀眾感受的結果基本不會有太大差異。觀眾會以旁觀者的身分移情到故事世界中。

遊戲則不然，遊戲能與玩家互動（對話）。並且玩家做出的選擇都會轉換為角色的行動。

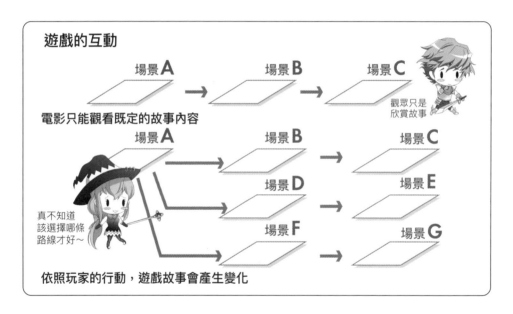

大多數情況下，遊戲的通關時間是動畫、電影觀賞時間的10倍以上。換句話說，在遊戲中玩家勢必要花費大量時間，代替遊戲角色展開冒險。整個過程中，玩家彷彿就是遊戲角色本人。這就是遊戲令人著迷的魅力之一。

Memo

本人十分喜愛《上古卷軸V：無界天際》（The Elder Scrolls V: Skyrim），這是一款玩家可依個人偏好選擇關卡與任務的遊戲。所以在遊戲世界中，我幾乎可以按照自己的意志活動。換句話說，現實世界裡的我彷彿就是《上古卷軸V：無界天際》遊戲世界的主角。

因此，在遊戲領域中「藉由遊戲互動，讓玩家化身為遊戲角色」，就是玩家體驗遊戲故事時最大的特色。

Column

遊戲世界觀也可以是遊戲規則

創造遊戲世界觀應該是每個人都覺得最有趣的部分。學生繳交的世界觀設定通常分量驚人，從中能十足感受到遊戲宅對遊戲的用心。這份用心雖然值得嘉許，但如果為了描述世界觀而在企劃書中寫了落落長的數頁說明，閱讀時其實會很吃力。企劃書的關鍵是讓讀者感受「趣味性」，所以撰寫遊戲世界觀時，只要能從現實社會角度切入，說明「這個世界中能做這些事、但不能做那些事」、「哪些價值觀受到推崇、哪些價值受到貶低」的世界觀設定，讀者在閱讀時就能更快理解內容了。

例如您可以設定「這個世界重視騎士精神，任何陰謀、詐欺手段皆為人所不齒」。這樣一來，在遊戲世界中符合騎士精神的角色就會成為好人，反之在壞人身上加上愛使計謀等設定後，玩家就會更深刻地意識到這些角色是壞人。

設定角色能力也是同一套邏輯。

在魔法世界中，如果什麼事情都能用魔法擺平，難免讓玩家會想吐槽，幹嘛不一開始就用魔法解決呢？這就好像超人力霸王，既然有必殺光線這種絕招為何卻要打到最後才使用呢？這種設定容易讓人覺得是遊戲編劇在貪圖方便。但如果在使用魔法時加上限制，故事就必須補上前因後果，反而便於編劇編寫故事。例如：「如果角色身上沒有披著魔法斗篷，就不能使用魔法。」只要設下限制（遊戲規則），當玩家在無法裝備斗篷的地點、時間受到攻擊，就能讓玩家陷入險境，整個遊戲故事也會更具說服力。

要從現實世界挪用設定到遊戲世界時，請一併考慮「這些行為在遊戲世界算是好事還是壞事呢？」、「這些行為在遊戲世界能實現什麼？做出這些行為時需要加上什麼限制嗎？」我保證這些規劃能幫助您順利編寫故事。

遊戲中必要的互動

 互動

　　玩家操縱系統來驅動角色執行動作，稱為互動或遊戲性。為了方便說明，本書統一稱為互動。

　　讓我們來看看玩家在遊戲中可以做什麼事吧。

①【移動】：玩家可自由地改變所在位置。

②【選擇】：遊戲中有各式各樣的遊戲選擇。例如：玩家可從文字敘述的選項中做出抉擇、在岔路口選擇前進的道路、更換使用的武器。

③【對話】：展開對話、聽他人說話。換句話說，對話功能可讓玩家獲取資訊，進而做出下一個選擇。

④【戰鬥、行動】：除了戰鬥之外，玩家還能做出各種行動，例如揮劍、打開食物櫃等等。也就是可讓玩家在遊戲中實現各種人類能做的事情。不，這項功能甚至能讓玩家做到人類做不到的事情（！？），例如讓角色口吐火焰或飛簷走壁數十公尺。

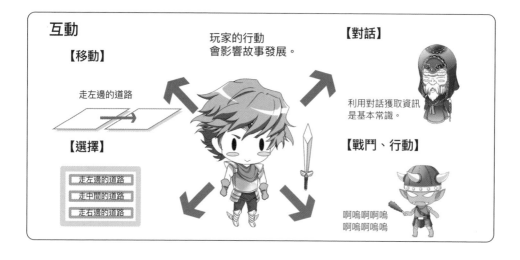

互動

【移動】

玩家的行動
會影響故事發展。

走左邊的道路

【選擇】

走左邊的道路
走中間的道路
走右邊的道路

【對話】

利用對話獲取資訊
是基本常識。

【戰鬥、行動】

啊嗚啊啊嗚
啊嗚啊嗚嗚

玩家只要採取上述的任一行動，遊戲系統就會隨之啟動，敵人或NPC（編註：非角色玩家，角色扮演遊戲中非玩家控制的角色。玩家可藉由和NPC的互動，取得遊戲進行中所需的相關資訊或物品）就會做出說話、大叫、攻擊、成為伙伴等各種反應。接收到遊戲反饋的結果後，玩家會再做出下一個行動。遊戲中這種循環互動、反覆溝通的過程就是遊戲互動。

那麼遊戲創作者究竟是如何用遊戲說故事呢？簡單來說，就是「將角色安置到恰如其分的位置，誘導玩家進行遊戲互動，進入遊戲編劇設計的情境，最終推動遊戲劇情發展」。

說穿了，這一切都是遊戲創作者為了讓顧客（玩家）玩得盡興，事前準備周全的超、貼、心、服、務。

何謂用遊戲說故事？

將角色安置到恰如其分的位置，
誘導玩家進行遊戲互動，
進入遊戲編劇設計的情境
最終推動遊戲劇情的超・貼・心・服・務

在玩家追逐獵物時
預先安排逃跑路徑
再神不知鬼不覺地誘
導玩家選擇這條道路

編寫出玩家會情不自禁
採取相應行動的劇情

並非迫使玩家
硬啃故事劇情

戀愛
也能通用呢

商業遊戲創作者的工作，就是藉由自己想訴說的主題、概念，讓玩家感受歡喜與哀愁。在現代，網路服務已是不可或缺的基礎建設，因此創作者能直接聽到使用者的意見。而令創作者最心潮澎湃的事，應該就是聽到玩家因自己創作的作品而開心了。

打造優秀的遊戲互動，牽動玩家的心隨遊戲劇情一同起伏吧！

藉由演示和事件推進劇情

前面提到要用遊戲互動來推動故事劇情。不過，即使玩家能在岔路口選擇前進方向，如果沒有先發生事件觸發對話，玩家也無從感受劇情的情境變化吧。

在遊戲中故事劇情來自每次的情境變化，而根據變化後的結果，登場人物的心境就會產生變化。總結來說，心境變化會誘使玩家做出行動，並且再次改變劇情的情境。所以對遊戲的故事劇情來說，對話可謂是十分重要的元素。

具體上該如何促成對話呢？此時就該演示與事件上場了。遊戲藉由演示與事件觸發對話，幫助玩家理解遊戲情境的轉變。演示與事件總共可分為以下幾種類別。

① 操作中事件：遊戲過程中，角色會說出固定台詞（遊戲不會中斷）。
② 過場動畫：指預錄動畫，由系統進行控制，所以玩家無法行動。
③ 選擇事件：在特定時間點出現的選項，對話中若有必要也會出現。
④ 快速反應事件（QTE）：觸發事件後，必須在準確時間點按下按鍵（也會應用在戰鬥中）
⑤ NI（Natural Input）事件：事件／遊戲中藉由搖晃或移動遊戲手把操控動作。VR問世後可預期這類型的事件會增加。

選擇事件經常應用於視覺小說類型的遊戲。在視覺小說中，遊戲會不斷出現對話，並在圖片轉變時跳出各種選項。日本的視覺小說就大量地使用了選擇事件，但如果只是這樣不免有些單調。所以，可以看到在PSP、PS3、PS4販售的《陰屍路》中有效地利用了QTE與過場動畫，為遊戲創造顫慄感。

在遊戲中顫慄感是不可或缺的要素。雖然對討厭喪屍的玩家有些抱歉，但如果不排斥這種風格，請一定要玩玩看《陰屍路》。

 設計遊戲互動

在軟體的世界中計畫性地將某項功能在遊戲中展現時，稱為「設置互動」。前面提到，遊戲是透過累積互動來推動故事發展。而遊戲互動又是經由程式驅動才得以實現。因此，當想利用遊戲說故事，則遊戲中安排了多少故事就必須填入同等數量的遊戲程式與遊戲數據。

您知道視覺小說引擎嗎？市面上有一款視覺小說引擎名為「吉里吉里」，這款免費遊戲引擎不僅十分普遍，功能也足夠強大。多款市面上銷售的視覺小說都是用這款引擎製作而成（據說日本遊戲發行商Notes發行的商品品牌TYPE-MOON的第一代Fate也是用這款引擎製作而成）。

在視覺小說引擎中，會有一個文字資料夾讓遊戲創作者輸入台詞。但事實上除了輸入台詞之外，創作者還需輸入選項與劇情分支、顯示圖片、背景音樂、轉場動畫等內容。這個過程某種意義來說，其實就是在撰寫初步程式語言。

換句話說，想要用遊戲說故事，遊戲就必須與腳本情節緊密結合。為此創作者勢必需要撰寫程式。讀到這裡或許有讀者驚呼：「蝦咪！我還要寫程式！？」但請不必擔心，這並不需要使用複雜的程式語言，只需使用簡單的手稿語言（Scripting language）即可，例如：「這裡要將臉部圖片換成這張圖片」、「替換這張背景來轉換場景」。這麼單純的處理方式，相信大家很快就能熟記。

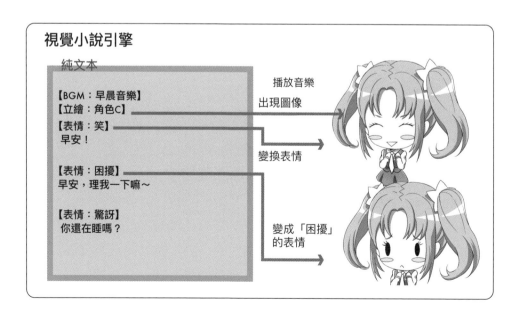

視覺小說引擎

純文本

【BGM：早晨音樂】
【立繪：角色C】
【表情：笑】
早安！

【表情：困擾】
早安，理我一下嘛～

【表情：驚訝】
你還在睡嗎？

播放音樂
出現圖像

變換表情

變成「困擾」
的表情

當然，這類工作也有專門負責的腳本演出。但一般開發視覺小說遊戲時，由遊戲編劇撰寫腳本，再自己撰寫手稿語言呈現戲劇效果的情況十分普遍。自己撰寫的腳本，情願自己雕琢遊戲細節的遊戲編劇不在少數。這是因為比起託付他人，遊戲編劇更願意自己琢磨細節臻至完美。

　　我想讀者中應該有不少人想寫腳本，但卻不清楚該使用哪一種軟體吧。當然Microsoft Word是一款優秀的文書軟體，但如果要設置遊戲互動，建議您還是要學習「文字編輯器」。市面上不乏多種免費的文字編輯器軟體，建議可以選擇一款下載，熟悉使用方式。

　　文字編輯器種類繁多，您可能會很猶豫到底該使用哪一款，不過只要先專心學好一種即可。等熟悉使用方式後，要學其他款文字編輯器就很快了。下一節會開始介紹如何組織故事，如果您有想筆記下來的內容，可以試著使用文字編輯器記錄唷。

組織故事的方法

 先決定部分內容大綱

實際製作遊戲時，必須構思各種場景應該發生什麼樣的故事。

您可以選擇從頭到尾全部自己想，或者按照遊戲企劃擬定的內容編寫故事。

不管選擇用哪一種方式，在編寫故事之前，至少需要先定義幾個項目。只要定義出以下4個重點，故事的方向性就出來了。接著只需要組織故事結構，改寫成腳本即可。

① 故事主題
② 故事概念
③ 前後落差
④ 主要衝突點

關係到故事靈魂的4個重點

①故事主題

故事主題是指作者希望藉由故事展現、並且期待引發讀者共鳴的價值觀。遊戲屬於娛樂作品，因此主題必須合乎大眾認同的價值觀。從另一個角度來看，故事的主題正是編劇家創作作品的「目的」。

②故事概念

故事概念是創作者說故事時必要的「手段」。簡單來說，故事概念其實就是指創作者在闡述故事時，用來烘托故事主題的角色、時代、地點、事件、目的等內容。

③前後落差

前後落差是指故事內容中因某個原因引發的人物、環境變化。故事的前後落差是影響故事開端、結局的關鍵。如果在遊戲製作的前期與後期能整理好每個角色與環境的變化設定，對遊戲製作會有很大的幫助。

④主要衝突點

主要衝突點是指推動劇情時主角必須解決的主要問題。所謂的遊戲故事就是觀賞遊戲人物、遊戲世界如何因契機產生變化，而劇情過程中必須剷除的問題點就是主要衝突點。主要衝突點對一個故事可謂至關重要，是促進故事發展的重要動力。

簡單來說，這4項重點將大大影響「究竟要寫什麼故事」。只要能掌握這幾項內容，整個故事的主題、角色、遊戲背景、角色行動目的也就呼之欲出了。有些人又將這4項重點稱為核心概念。設定好這4項重點的內容、再選定遊戲類型，組合起來後就擁有一個完美的遊戲核心概念了。建議制定內容時不要寫得太完善，重點是讓別人聽了您分享的點子後，能想像得出作品的輪廓。建議可以用自己喜歡的電影等作品來做設定練習。

接下來，我將用個人最愛的愛情電影做示範。雖然是部老電影了，但在當年也是一時蔚為風潮的作品。

《麻雀變鳳凰》

● 故事主題：
真摯的愛可以改變一個人。
● 故事概念：
商業菁英與風塵女郎偶然相識，他們在契約關係的一週內找到了人生的真諦。
● 前後落差：
風塵女郎：人生已沒有希望與尊嚴可言，過著今朝有酒今朝醉的生活。 告別過去，重拾充滿自信與希望的人生。

商業菁英：從未意識到自己的人生只有虛榮心與金錢，其餘是一片空虛。 找到
真愛，終於認識到人生中最重要的事物。最終兩人對彼此許下了永
恆的諾言。

● 主要衝突點：

商業菁英會屏棄虛榮心投向真愛，選擇風塵女郎嗎？

實際操作起來大致上就是這樣。將上述內容再次濃縮後，就是所謂的核心概
念、電梯簡報（Elevator pitch）、設計概念。

> 「一個從未意識到自己的人生除了金錢只剩下虛榮心的商業菁英；一個沒有希望與尊嚴可
> 言，過著今朝有酒今朝醉生活的風塵女郎，兩人偶然地相遇了。但兩人在墜入愛河之後，卻
> 因為雙方社經地位差異而選擇分手。不過，商業菁英在愛上風塵女郎之後，終於體認到了自
> 己生命的真諦。因此他最後選擇擁抱愛情，兩人重修舊好。」

請大家有機會一定要練習看看！

 ## 故事的設計圖

目前為止介紹的內容如下：

● 遊戲的故事是由任務與關卡組成。
● 設置遊戲互動，讓玩家藉由互動體驗遊戲故事。
● 設置遊戲互動之前，應先掌握部分軟體知識。
● 開始撰寫腳本之前，先構思故事大綱。

接著來介紹該如何組織一個故事。

故事的組成又稱為「故事結構」、「故事構造」。故事結構是在消除角色、環境
前後落差時支撐其中的骨架。故事就是由一連串的事件、故事情節組成。究竟該
以何種順序編排每一個故事情節呢？

日本自古以來就時常應用「起承轉合」的敘事結構。

起	故事的開端，占故事整體的10%～15%
承	邁向故事結局的鋪陳，占故事整體的70%～80%
轉、合	故事走向的變化和最終結局，占故事整體的10%～15%

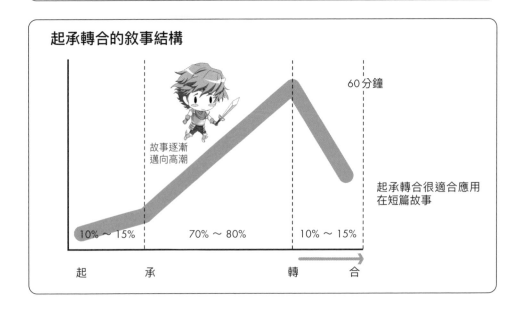

起承轉合的敘事結構

上圖為起承轉合的故事結構。

這種敘事手法適合應用在短篇故事，像是日本的電視連續劇《水戶黃門》，每一集通常都是以此結構編寫而成。

不過現代作品大多篇幅較長，以電影來說，平均一部電影的長度是90至130分鐘。

這種篇幅的作品如果套用起承轉合的結構，觀眾會覺得鋪陳的段落過於冗長。

那麼現代的編劇都採用哪種敘事結構呢？近年的作品時常採用「Three-act structure」。Three-act structure又名三幕劇結構，是好萊塢創造的敘事手法。現代有許多編劇也都採用這種敘事模式，並在自己的網站、部落格撰文介紹。

簡單來說，三幕劇結構是將故事切割成4等分，再規劃各個段落的劇情走向。如果是100頁的書籍，那每個段落就是25頁。

第1幕	5%	介紹故事背景、主要人物，為後續發展鋪陳。
第2幕前半	25%	創造事件讓觀眾受主角吸引，進而對故事產生帶入感。
中間點		這時故事約走過一半劇情，為了解決故事的事件，劇情開始拐彎。
第2幕後半	25%	製造懸念，堆疊正面或負面的故事情節，進一步向結局推進。
第3幕	25%	創造危機和高潮，打造精彩的結局。

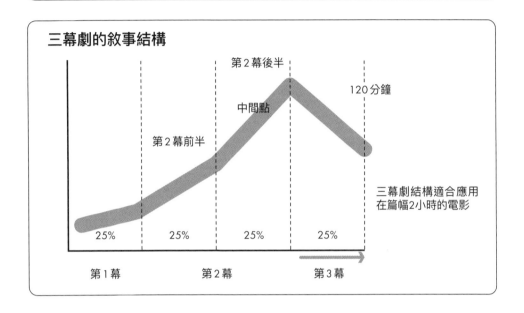

如上圖所示，三幕劇會將故事切割成4等分，再依照各個段落的功能規劃故事情節。

如果您家中有收藏好萊塢電影的 DVD 或藍光光碟，建議可以用三幕劇的觀點重溫每一部作品。觀賞時可以從電影總時長切割每個時間區段，實際每個段落的時間點可能不是那麼精準，但您會發現幾乎每部作品都是採用這種敘事結構。正是這種完美的敘事比例，讓觀眾能毫不厭倦地看完總長2小時的電影。

如果想創作一部有趣的作品，每一個段落都至關重要。沒有哪一個段落是比較不重要或比較差勁的。

不過在結局規劃上，遊戲與其他媒介相比較為特殊，原因是幾乎每一款遊戲都會有數個結局。為了讓玩家有興趣壓力搊米，現代幾乎每款遊戲都設有多個結局。玩家如果想要全部通關，就會不斷回頭重玩遊戲。

來看看一般遊戲該怎麼設置結局吧。

① 完美結局

② 悲劇結局

③ 普通結局

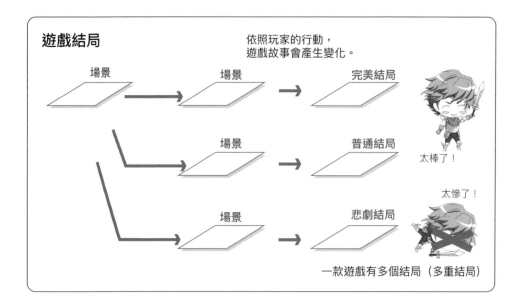

①完美結局

　　完美結局是遊戲的主要結局，表示玩家完成了遊戲設立的目標。因此請寫出一個讓玩家心情愉悅的結局吧！畢竟這是他們花費數小時至數十小時才收穫的最終果實。完美結局的內容基本上都是一片光明、對未來有期待感。雖然如此，有時玩家也會因此回憶起遊戲過程中經歷的悲傷事件。

②悲劇結局

　　悲劇結局是玩家通關失敗時出現的結局。有些遊戲一旦失敗，即使是在故事中途也會直接切入悲劇結局。編寫悲劇結局的重點是，不要讓玩家太有挫折感。設置系統時，要讓玩家從錯誤中學習，而且可以不經太多損失就能重新來過。這是因為遭受一點挫折時，人類挑戰的意願會變得更強。但如果打擊太大，玩家在玩遊戲時會變得過度謹慎、保守，最後有可能完全失去繼續遊玩的興致，那樣就太可惜了。

③普通結局

　　但也不需要過度追求圓滿大結局。「雖然○○沒能成功，但○○部分已經做得很好了」，像這樣留下一點遺憾的結局反而令人印象深刻，能夠加深玩家對遊戲角色、遊戲世界的連結。許多單一故事線的遊戲並不會設置普通結局，但是或許您也可以視遊戲內容考慮是否加入普通結局。不過如果要加入普通結局，就必須考量遊戲中途的分歧，這些都會增加遊戲開發的作業量。因此評估時也別忘了思考這些層面喔。

　　話題扯遠了。接著用三幕劇結構分析《桃太郎》看看吧！

第1幕　　　桃太郎在老夫婦的悉心撫育下健康地長大了。但村莊卻不斷受到惡鬼的騷擾。
第2幕前半　長大的桃太郎劍術精湛，總是善用自己的能力教訓做壞事的動物。
中間點　　　有天惡鬼攻擊村莊，擄走了撫養桃太郎的老夫婦。
第2幕後半　桃太郎下定決心討伐惡鬼救出老夫婦。旅途中他獲得了武器與動物家臣。
第3幕　　　桃太郎抵達惡鬼島，與惡鬼展開戰鬥。故事高潮便是與鬼王的最終決戰！
　　　　　　打倒鬼王後，桃太郎救出被擄走的村人，最後與老夫婦踏上歸途。

　　如您所見，《桃太郎》其實是王道路線的勇者成長故事，每個段落的比重十分均衡。不過這些充其量只算是故事的整體骨架，裡頭並沒有增添故事性的具體故事情節。因此下一步就要增加故事的趣味性，在骨架中塞入故事情節與場景。有趣的場景、故事情節正是各位展現才華和實力之處。

　　三幕劇結構可應用在各種類型的故事，例如愛情故事、犯罪懸疑故事等等，大家可以試著將《桃太郎》改寫成不同類型的作品。例如將桃太郎與動物家臣改寫成痛擊惡鬼的《七武士》，或者將故事改寫成桃太郎必須帶領大家從村莊脫逃。請練習改寫作品，寫出5種不同版本的故事吧。

　　事實上，編寫故事的過程並不是一直埋頭編寫文章或腳本。在「故事大綱」、「段落大綱」的階段時，就得依照出現的場景編排其中的故事。如此一來其他人就能迅速掌握故事劇情，再加入其他創意。同時，在製作初期就能檢視故事是否存在漏洞。因此正常的作業程序是在初步完成「故事大綱」後，再按摘要中的場景編寫腳本。專業編劇通常是從遊戲的大框架往下構思故事，養成這種作業習慣，您會發現編寫故事的過程會更順利。

將故事轉化成「遊戲」

現在已經學會如何將遊戲故事套入遊戲主題、世界觀，並用三幕劇的結構呈現。

接著，終於要將故事轉化成遊戲了。話雖如此，實際工作現場會因各式各樣的契機而開始企劃遊戲。一開始的出發點可能是某人想到一個遊戲系統的靈感、某人繪製的遊戲角色很吸引人。接著會開始寫企劃書草案（只有1頁的企劃書）、概要企劃書（5至10頁左右）、遊戲開發企劃書、規格書，整個遊戲專案在這個過程下內容會愈來愈嚴謹。直到制定遊戲開發時程之前，才會輪到遊戲編劇加入討論。因此在實際工作現場，通常當您被任命為該專案的遊戲編劇時，大致上的遊戲系統都已經定案了。

不過這次我想介紹比較不一樣的情況。本書獻給有志成為遊戲編劇的人，或者是正在高中、專職學校、大學學習創作遊戲的人。換句話說，接下來要介紹的內容，是獻給從零開始製作遊戲的讀者！先來看看製作遊戲前應該要留意哪些事項。

① 賦予玩家遊玩動機，並且在遊戲中設置阻撓玩家的事物（敵人、事件）。
② 遊戲必須設置通關時玩家可以採取的「選項」、「行動」，並且依照行動結果產生分歧。（設置項目包含遊戲結局）
③ 遊戲規則必須是玩家可用常理進行推斷。

上述的注意事項，我想本書讀者應該都能認同其必要性。除此之外，如果您想創作有趣的遊戲，那就必須注意以下的重點：

④ 玩家能對遊戲產生挑戰慾望。
⑤ 玩家能從遊戲中學習。
⑥ 玩家能從遊戲獲得成就感。
⑦ 遊戲失敗只會造成玩家些微損失，如此一來玩家才有意願反覆挑戰。

只要具備上述要素，保證您編寫的遊戲故事一定能牢牢抓住玩家的心。
接著逐條進行說明吧。

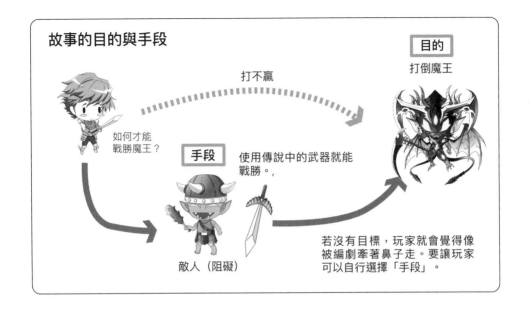

故事的目的與手段

打不贏

目的
打倒魔王

如何才能
戰勝魔王？

手段
使用傳說中的武器就能
戰勝。

敵人（阻礙）

若沒有目標，玩家就會覺得像
被編劇牽著鼻子走。要讓玩家
可以自行選擇「手段」。

● **賦予玩家遊玩動機，並且在遊戲中設置阻撓玩家的事物（敵人、事件）：**

　　遊戲開始後，如果玩家不知道該何去何從，會大幅降低玩遊戲的興致。所以必須要清楚介紹遊戲情境，讓玩家能夠理解或是聯想到遊戲的目的。

● **遊戲必須設置通關時玩家可以採取的「選項」、「行動」，並且依照行動結果產生分歧：**

　　玩家如果不知道破關的手法，即使清楚遊戲目的也會束手無策。

　　早期的視覺小說遊戲，只需要點擊選項推進文字劇情即可。但在 RPG 遊戲中，則需要角色進行移動、對話、戰鬥。因此編劇必須讓玩家認識到破關的手段與目的。

● **遊戲規則必須是玩家可用常理進行推斷：**

　　請不要設定過於複雜、超乎常理的遊戲情境或規則。例如，對玩家來說「村莊的居民不是敵人」是遊戲的常識。假如遊戲中村民會攻擊玩家，就必須設定「有說服力的原因」，像是村民攻擊玩家是因為變成了活屍。

　　反過來說，如果故事夠完整、編劇能自然地引導玩家前進，即使遊戲設定很荒謬玩家也能接受。只要故事說得好，就算遊戲設定玩家必須自行控制重力，墜

落到想去的地方也完全沒問題。（例：《重力異想世界》）

　　話說回來，大家覺得玩遊戲的樂趣是什麼呢？我認為遊戲的有趣之處就在於挑戰性。在遊戲中，玩家朝著目標努力邁進，並在百般嘗試、反覆失敗之後累積經驗，最後才迎來成功。像這樣以成功為目標不斷挑戰，就是遊戲有趣的地方。

　　這個邏輯可套用在每一種遊戲，例如動作遊戲、角色扮演遊戲等。我認為遊戲故事是讓玩家認識遊戲目標的方式，而故事中的角色、世界觀、音樂等，則是讓故事深入人心、令玩家產生共鳴的元素。在這些元素影響下，玩家因此願意投注大把時間玩遊戲，並在故事最末獲得莫大成就感。我認為這才是單人遊戲真正的魅力所在。

　　接下來，來看看如何展現單人遊戲真正的魅力。

遊戲必須設置通關時玩家可以採取的「選項」 依照行動結果產生分歧

　　玩家玩遊戲、創作者設置遊戲時最輕鬆的「行動」就是「選項」。以下將介紹如何設計「選項」，以及選項會對遊戲造成什麼影響。選項的功能對玩家、對遊戲系統都十分重要。

　　對玩家來說，選項具有以下3種功能：

① 能使玩家對遊戲產生代入感。
② 能讓玩家握有操縱權感。
③ 能讓玩家好奇選項的結果，有好事發生的期待感。

　　從上述說明可得知，自主選擇給玩家帶來的體驗，與純閱讀故事的體驗截然不同。因此創作者應該好好活用選項功能。自主選擇的確能幫助玩家對遊戲產生代入感，不過一味出現無用的選項，只會讓玩家感到困惑。最終甚至可能造成反效果，害玩家對遊戲感到厭煩。提醒一下，設置選項不僅是要與玩家產生互動，同時也是在引導玩家採取行動。

　　舉例來說，如果設計玩家進入咖啡廳之後必須從「咖啡／果汁／牛奶」當中

做出選擇，這樣的選項就太過瑣碎，讓人很難認為這個選項會對未來的遊戲走向造成什麼影響。但是當情境換成有人吊掛在樹上，玩家可以選擇「幫助他／抓住他的腳／用長槍捅他」，意義就與第一個情境完全不同了。第二個情境中，玩家可以透過選擇採取相應的「行動」。也就是說，這些選項將會大大地左右遊戲的走向。

讓玩家有選擇權，就像是將遊戲的主導權交給玩家。這點非常重要，若要持續吸引玩家的注意力，就要讓玩家時刻認為自己就是遊戲中的主角。

另外，人在採取行動後，一定會想知道這個行動會觸發什麼結果。這點在遊戲中亦然，玩家一定會十分好奇自己的行動、選擇是否正確。所以跳出選項讓玩家採取行動後，玩家因為想知道行動的結果，就會再花時間繼續玩下去。如果玩家有事無法繼續玩遊戲，通常都會在有選項的地方存檔，中斷遊戲。再加上選項容易讓人留下深刻的印象，所以設計選項時應留意，要讓玩家容易回憶起「上次我已經玩到要選擇　的地方了。」

玩家在與朋友討論遊戲進度時，遊戲選項也會成為明確的記憶點。

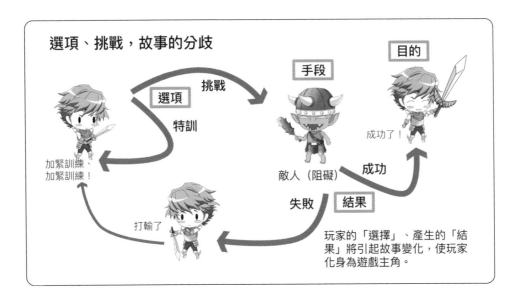

前面已經說明了遊戲選項會對玩家造成的影響。

接著要介紹選項之於遊戲系統的意義。

選項的主要功能就是讓故事產生分歧點，從遊戲系統的角度來說，選項大致可分為3種類型。

① 遊戲系統會根據選項結果立即出現反應。

② 該選項本身就是遊戲分歧點。

③ 玩家的選擇會影響遊戲參數，累積的參數將影響故事產生分歧。

　　①的選項模式很單純，以剛才咖啡廳點餐的選項為例，當玩家選擇「咖啡／果汁／牛奶」後，遊戲就會依玩家的選擇做出不同反應。但 的選項模式並不會影響遊戲的走向，所以建議您設置這類型選項時，別忘了插入一些遊戲效果，這麼做不僅能增加遊戲臨場感，也能讓玩家感受到自己真的是遊戲世界中的一員。

　　②的模式也很單純。在 的選項模式中，當玩家做出選擇後遊戲就會產生變化。這些變化可能是遊戲路線改變、或者是插入額外故事場景，改變的幅度視個案情況皆有不同，但因為該次選項只會產生 1 次分歧，因此這個模式還算是簡單易懂。

　　③的選項模式中，玩家的選擇會更新遊戲內的「參數」。參數變化之後，該選擇造成的結果與分歧才會出現。這個模式中，選項結果不僅可以影響單個參數，也可一次影響多個參數。例如：玩家如果選擇在傍晚採取「讀書」行動，角色的「學力」參數就會上升，但同時「運動能力」的參數就會下降。

 ## 從選項產生分歧的方法：參數與旗標

　　前面有稍微提到「遊戲參數」。大家對參數一詞應該不陌生，但在遊戲業界指稱的參數，通常是指角色的屬性數值，如 HP、MP（編註：生命值、魔法值）等資訊皆可統稱為遊戲參數。各位製作遊戲時也請務必思考看看，設置哪些遊戲參數才能淋漓盡致地發揮故事、遊戲系統的最大功效。設置選項（角色行動）時，不僅要考慮要該選項出現的位置，也請一併考慮到要改變哪些參數。

　　遊戲參數也可以是綜合數值，可由遊戲畫面可見的參數與系統運作用的隱藏參數組成。換句話說，假設「腕力×武器攻擊力×角色等級＝角色攻擊力」，那麼遊戲畫面標示的「攻擊力」數值，其實就是由前述的遊戲參數計算而成。這樣說明後對遊戲參數是否比較有概念了呢？

　　遊戲中還可利用「旗標」來製造分歧點。大家耳熟能詳的「立 flag」，其實就是在指這些旗標。從程式的角度來說，參數、旗標都只是一種遊戲的變數。但因為兩者的使用方式不同，才被分別命名。遊戲參數的使用方式大致就如前面所介

看得見的參數與看不見的參數

看得見的參數

HP
MP
攻擊力
敏捷

等等

看不見的參數

好感度
旗標

等等

紹，旗標則是標示遊戲中的狀態。遊戲參數通常是用數值顯示，旗標因為是標記狀態的一種符號，基本上只會顯示true、false或者0、1等固定值。也可以綜合多項遊戲參數之後，再將結果用旗標呈現。

以桃太郎的故事為例，可以設定「當桃太郎的體力、智力超過某個數值後，樹立小狗加入隊伍的旗標，讓小狗成為桃太郎的家臣」、「當桃太郎的敏捷與記憶力超過某個數值後，樹立雉雞加入隊伍的旗標，讓雉雞成為桃太郎的家臣」。當玩家集齊雉雞、小狗、猴子的3面旗標後，就樹立前往鬼島的旗標。接著負責指引玩家前往鬼島的NPC就會出現，觸發遊戲事件。

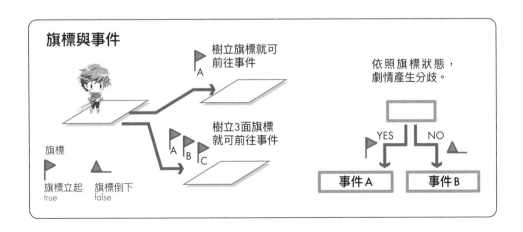

旗標與事件

樹立旗標就可
前往事件
A

樹立3面旗標
就可前往事件
A B C

旗標

旗標立起
true

旗標倒下
false

依照旗標狀態，
劇情產生分歧。

YES NO

事件A 事件B

「管理旗標」顧名思義是在記錄遊戲參數種類、參數增減的時間點，以及參數結果會樹立哪面旗標。遊戲除了可以樹立旗標，也能拔除旗標。例：與小狗勢如水火的「白鼻心」（果子狸）如果也加入桃太郎的隊伍，導致小狗決定脫離隊伍，這時就能拔除小狗加入隊伍的旗標。這類設定愈複雜管理也就愈困難。旗標管理不善，程式設計師就寫不出程式，最後甚至可能造成程式錯誤。因此設計旗標時應格外留心。

 ## 分歧的種類

最後依照故事分歧的規模，向各位介紹分歧的種類。

雖然前面的段落中已經稍微介紹到分歧了，這裡為了方便解說、幫助各位理解，以下先定義分歧的種類。

① 大規模分歧
② 中規模分歧
③ 小規模分歧

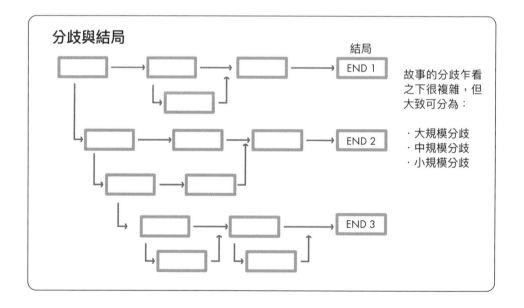

①大規模分歧

　　大規模分歧是影響遊戲故事或遊戲路線的分歧，這類型分歧會改變遊戲走向、脫離主要遊戲路線進入多重結局。大規模分歧能吸引玩家壓力摳米，但因為需要不同故事結局，創作者必須加寫另一部作品支撐分歧路線，隨之衍生的作業量十分驚人。

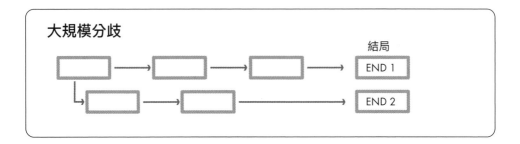

②中規模分歧

　　中規模分歧從分歧點後會經歷幾個事件場景，但最終還是會回到原始路線。創作者設置分歧時，如果用力過猛害玩家產生錯誤期待，等玩家發現故事又回到原始路線時可能會十分失望。因此請記得設計的理由要合理。

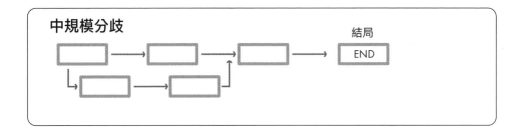

③小規模分歧

　　小規模分歧在遇到選項後會立刻回到主要路線。這類型分歧與其說是故事劇情需要，目的更像是營造故事氛圍、讓玩家感受遊戲臨場感。創作者有時可以設置一些無關緊要的選項，讓玩家在遊戲中可以喘一口氣。

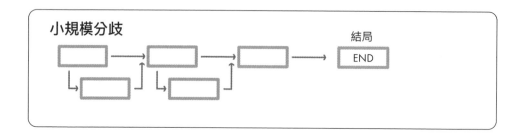

在這裡要提醒大家設置選項時幾個應注意事項。選項中出現的文字敘述叫做「選項標籤」，設計選項標籤時，別忘了從玩家的角度出發照顧玩家的需求。因為無論選項設計得好或壞，玩家都只能概括承受，而且玩家只能從遊戲提供的選項中進行選擇，選項標籤內的提示文字也有限。所以在遊戲的種種限制之下，身為創作者更應充分為玩家設想，設計出體貼入微的選項標籤。

① 設計選項時，應容易讓玩家聯想到後續結果。

　　→最糟的情況是誘導玩家產生錯誤聯想，害玩家面臨出乎意料的死亡。

　　→無論是正面的選項或負面的選項，都應讓玩家能聯想到選項的後果。

② 選項中應混雜保守選項。

　　→不會立即影響遊戲走向的選項，能讓玩家產生安心感。

③ 選項的撰文風格應與作品風格保持一致。

　　→留意選項的用字遣詞是否過於艱澀。

　　→小心不要選用特殊文體，以免玩家無法專注在遊戲內容。

④ 選項內容應符合當下的遊戲情境。

　　→與當下情境過度吻合的選項，玩家會覺得不選很奇怪。

　　→與當下情境南轅北轍的選項，會令玩家感到突兀。

選項標籤

標籤

選擇左邊道路

選擇中間道路

選擇右邊道路

到底該走哪條路好呢……

這種曖昧不明的選項內容，實在很讓人困擾。

選項必須容易讓玩家聯想到後果是一大重點。請設計出可以反應玩家想法、能輕鬆做出選擇的選項吧！

3

　另外，也請注意小規模分歧帶給玩家的感受。最糟糕的情況是玩家經歷分歧選項後，只感到挫折與屈辱。所以，請盡量設計出令人心情愉悅、讓玩家有意願持續挑戰的遊戲選項。

藉由任務、關卡
切割故事劇情

介紹到這裡大家應該都已經了解，如何在故事中善用選項功能增加分岐。但您發現了嗎？裡面其實忽略了一個很重要的遊戲元素。

大部分RPG遊戲不會在一開始就揭露故事的最終大魔王是誰。套入前面介紹的三幕劇結構，故事通常要先經過鋪陳，進入中間點後劇情才會正式展開。換句話說玩家在遊戲中必須一一蒐集片斷的資訊，最終一步一步朝終點目標前進。而前面一直沒有介紹到的，就是遊戲該如何讓玩家一步一步往前推動劇情。這就是「遊戲任務」。

每款遊戲稱呼遊戲任務的方式都不同，有些遊戲稱為「mission」；有些稱為「chapter」，但它們其實本質相同。玩家必須在遊戲中滿足任務目標、樹立「旗標」，才能「解鎖」下一個關卡。換句話說完成任務目標後，玩家就能前往原本不能去的地點，獲取下一個遊戲任務的資訊，進而推動故事發展。

那麼遊戲任務通常發生在什麼地方呢？一般來說，遊戲任務很少從頭到尾都發生在同一地點。玩家必須到處奔波才能完成所有任務。而每一個「任務地點」，就是「關卡」。

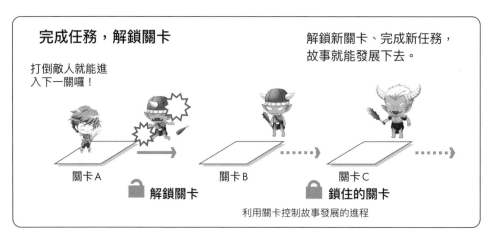

完成任務，解鎖關卡

解鎖新關卡、完成新任務，
故事就能發展下去。

打倒敵人就能進
入下一關囉！

關卡 A   關卡 B   關卡 C

🔓 **解鎖關卡**   🔒 **鎖住的關卡**

利用關卡控制故事發展的進程

一項遊戲任務即是由多個關卡組成。因此要將故事轉化為遊戲，具體來說就是將故事切割成一個一個「遊戲任務」之後，再構思其中的「關卡」內容（任務在什麼地點？會發生什麼事？）。

接著示範如何將《桃太郎》第一幕的劇情轉換為遊戲任務。

第1幕 （任務1）
這一項任務必須展現出老夫婦如何不畏辛苦地照顧桃太郎長大。

老夫婦的村莊　視角　老爺爺
● 過場影片　老夫婦正打算切開桃子品嘗時，桃子裡卻蹦出一個嬰兒，他們將他取名為桃太郎。
● 農田關卡　場景為老爺爺背著桃太郎在農田裡工作，並與老奶奶開心地對話。
● 設置小遊戲，讓玩家驅趕來吃作物的野鳥。
● 農田關卡　老爺爺與鄰居的村民大叔對話，期許桃太郎能活潑健康地長大。

羨慕的鄰居也想要得到桃太郎。選項：把桃太郎送給他／把桃太郎留在身邊／請他一起照顧桃太郎。

● 過場影片　惡鬼登場　惡鬼襲擊其他村落後，順道來到桃太郎所在的村莊。
● 庭院關卡　與惡鬼對話　農作物被搶　老夫婦拚命保護桃太郎。
● 屋內關卡　老夫婦對話　家裡已經沒有食物。

選項：繼續養育桃太郎／拋棄桃太郎／把桃太郎送給別人。

即使農田被破壞得一蹋糊塗，老夫婦仍靠著去河邊捕魚、織布，養大了桃太郎。

第2幕前半　桃太郎長大後劍術精湛，總是善用自己的能力教訓做壞事的動物。
中間點　有天惡鬼攻擊村莊，擄走了撫養桃太郎的老夫婦。
第2幕後半　桃太郎下定決心討伐惡鬼，救出老夫婦。旅途中他獲得了武器與動物家臣。
第3幕　桃太郎抵達惡鬼島，與惡鬼展開戰鬥。故事高潮便是與鬼王的最終決戰！
　　　　　　打倒鬼王後，桃太郎救出被擄走的村人，最後與老夫婦踏上歸途。

以上就是遊戲任務、關卡的設計範例，請您接著想像後續該安排哪種任務吧。

 Point

要將故事表現得有趣好玩、玩不膩有各種技巧。不過本章節的重點著重在「如何將故事轉化為遊戲」，因此請先試著用自己的方式，將桃太郎的故事轉化成遊戲吧。

接著要介紹設計任務、關卡時必須先籌備好的事項。

設計任務時必須先確定的事項

設計任務前，必須先設想好任務需要哪些內容。這是因為設置遊戲任務需要整個遊戲製作團隊的協助。

製作遊戲的工作現場因為採取業務分工制度，所以遊戲中的每個要素都必須在準確的時間點同時到位，最後才能整合成一款遊戲。因此製作遊戲通常不是按照順序逐一執行，而是制定整個遊戲大框架後遊戲團隊成員就會同時開始動工，這就是一般實務現場的做法。

我們會製作QB表方便遊戲開發成員掌握任務資訊。這個表格也可幫助團隊成員迅速了解遊戲中的故事走向。

QB表除了能讓團隊成員知道遊戲的任務規劃，同時也能提醒各部門成員「自己這時應該提供哪些內容、自己工作內容的重要性」。弄清自己負責的工作後，團隊中的每個人就能清楚地掌握何時該將工作完成。

前言不小心說得太長了，總之QB表就是下圖這種表單。範例表單是用Excel

製作,但若要使用別種軟體也沒關係。重點是QB表要能清楚條列出所有任務資訊。換句話說,從遊戲開始到遊戲結束,期間出現的每一項任務都必須明列在表單中。這就是為什麼只要有QB表,團隊成員就能一次性理解遊戲構造了。

▼ QB表

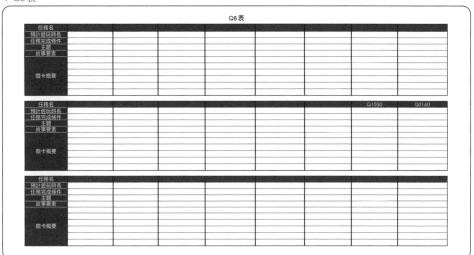

　　人類是健忘的動物。遊戲是經過繁複思考後創造的創意結晶,要人類憑記憶力記得遊戲各種場景中曾構思過的內容,幾乎是不可能的任務。如果想檢查故事和遊戲中是否存有破綻、思慮不周之處,有這樣的簡表就能幫助我們用全面的視角檢視整部遊戲,也能避免發生故事偏離遊戲主軸的問題。接著就來看看QB表究竟要記錄哪些內容吧。

① 任務名(任務名應能讓人聯想到任務內容)

② 主題(透過本任務希望玩家認識到的重要資訊)

③ 預計遊玩時長(預測正常遊玩情況下所需時長)

④ 故事要素(簡短地寫上此任務目的是要展現故事的哪些內容)

⑤ 任務完成條件(如何才能完成遊戲任務)

⑥ 任務內關卡總覽(要完成任務必須破解的關卡總覽)

大家不需要完全參照這份表單，可以依照個人需求追加、刪減內容，製作自己使用最順手的原創QB表。另外，也不需要強迫自己一定要按照上面順序填寫表單，只要隨手記錄已經完成的事項、下一步要完成的內容即可。從專案執行的角度來說，能檢視自己「哪些部分已經完成、哪些部分未完成」也十分重要。雖然大腦會讓人忘記根本不想記下來的事物，但這時如果有製作QB表和檢視的習慣，就不怕會忘記故事到底是怎麼發展到現在這一步的。

設計關卡時必須先確定的事項

終於要開始設計關卡啦。關卡設計正是在為遊戲設置遊戲性，其中也包含了遊戲互動設計。關卡必須從遊戲概念延伸製作，我製作腳本的核心理念是「先具體想像成品再作業」。

這種執行方式能避免浪費多餘的時間和精力。不過，另一種隨意發想、即興發揮的製作方式當然也很有趣。

話是這麼說，但我們這種小型的遊戲開發工作室，考慮到工作效益，只能在有限的預算、時間內盡力提升遊戲品質。
唉，不說了不說了⋯⋯

究竟該該如何設計關卡呢？首先必須製作關卡表（Level Chart）。所謂關卡表就是將「QB表」的任務內關卡總覽中出現的關卡，逐一照下表填寫製成的表單。要填寫的項目眾多，但設置一個關卡就是有這麼多需要決定的事項。請盡情發揮您的創造力吧！

▼關卡表

Level Chart									
任務名：				觸發條件：					
關卡名：				破關條件：					

關卡內容

時間、天氣	事件內容	關鍵敵人	新防護罩	再次使用防護罩	設置道具	獲得新能力	加分要素	代表BGM	關卡色彩

關卡進行

遊玩／事件	事件名	種類	時間、天氣	事件內容	觸發條件	破關條件	對話內容	

■註記事項■
詳細資訊資料夾：
預計遊玩時長：
使用的防護罩：
重要遊戲互動：

關卡概要：

特殊 Mechanics	預設 Dynamics	期待的 Aesthetics

① 關卡名（關卡名應能讓人聯想到關卡內容）

② 主題（簡短描述本關卡玩家會出現何種變化、認識到什麼資訊）

③ 關卡概念（簡短地描述本關卡玩家會去何處、遇到哪些事情，並且希望玩家在本關卡能認識哪些事物）

④ 關卡內容（簡略地描述關卡地點、時間以及為了完成關卡主題會發生哪些事。）

⑤ 觸發條件（進入該關卡的條件）

⑥ 破關條件（關卡同時也是某個地點，因此破關條件通常會要求玩家樹立某個旗標、抵達某個地點。視覺小說的破關條件則多是完成特定對話後就可破關。）

⑦ 主要遊戲操作方式（移動、戰鬥等基礎遊戲機制）

⑧ 追加遊戲機制（規則、能力或是道具等）

- 記錄新加入的操作方式。（例：玩家得到可以使用特技的工業繩索）
- 記錄角色產生的新能力（例：當玩家得到心電感應能力後，只要將游標移到

NPC身上就會出現對話框）

⑨ Dynamics要素（設定遊戲希望玩家用何種方式推進遊戲）

- 設定遊戲希望玩家用何種方式推進遊戲。
- 關卡造型（將設想的關卡造型用手繪、電繪的方式呈現，如果描述內容塞不進表格中，可以另建檔案記錄。）
- 關卡的氣氛（使用關鍵字做描述：長滿苔癬令人發毛的洞窟、洛可可式的豪華宮殿迴廊等等。）
- 道具配置（建議可直接在「關卡造型」註記道具位置與描述，如此一來整個關卡的資訊就能一目了然，十分方便）
- 敵人配置（建議可直接在「關卡造型」註記敵人位置與內容，如此一來整個關卡的資訊就能一目了然，十分方便）

⑩ 美學元素（醞釀玩家情緒的重要元素）

- 關卡的BGM或SE
- 關卡的視覺設計（包含質地描述）
- 事件（請參照前述設置遊戲互動的段落，利用事件指令書、腳本、分鏡圖給予指令）

　　事先備齊資料，團隊成員就能專注各自負責的業務。籌備事前作業的一大優點就是能分配構思與執行的時間，全心投入當下的工作。若有機會請不妨體驗看看這種作業模式。

 ## 好的遊戲目標有助於玩家持續投入熱忱

　　到這個階段，各位想製作的遊戲應該在腦海中大致成形了吧。我認為「腦海中對遊戲成品有明確想像」，是進入實務製作階段時十分重要的一環。

　　在邁入實務製作之前，我想再補充一個推進故事、構思關卡時，遊戲編劇應事先考慮的事項。那就是創造玩家的遊玩動機。

①創造遊玩動機

　　玩家在遊戲中採取的行動，會推進故事發展。在現實世界中，大家會在什麼

時候採取行動呢？可能會為了想買的東西而打工存錢，或者因為想去轉扭蛋的動機而展開行動，對吧？

　　因此設計故事（任務）時，創作者應創造出玩家的遊玩動機。如果遊戲中攻略的女性角色長得不夠可愛，玩家應該不會想攻略那個角色吧？如果遊戲中的敵人弱小又溫柔，玩家怎麼會想打倒他們呢？在遊戲世界中，敵人必須恐怖又可憎、攻略的角色必須是讓人心動的可愛女孩，這些都已是基本遊戲常識。整體色彩灰暗的遊戲，主角必定會面臨殘酷的考驗；整體色彩明亮的遊戲，則會提供玩家想體驗的有趣內容。

　　玩家也是人，是人就會有各式各樣的慾望。滿足玩家的慾望也是身為創作者應當提供的服務。

▼創造動機

②選定地點與時間

　　關卡的時間、地點十分重要。設置關卡時，地點應該在視覺上令人難忘，所以選擇風景優美、場景酷炫或者恐怖嚇人的地點吧！這些地點最好是玩家已知並且有興趣探索的地點為佳。對玩家來說，角色家裡的餐廳當然是熟悉的地點，但重點還是要挑選符合遊戲內容、事件內容的地方。

　　另外，時間也很重要。隨著時間變化，遊戲光線的角度、亮度都會改變。清晨、傍晚時分，光線會逐漸從金色轉變為橘紅色，是非常浪漫的一段時間。大家搭電車、公車上學的時候，應該也曾經為之著迷吧。

製作遊戲素材

  何謂遊戲素材？

　　美術、音樂、音效、腳本內容、數據建模等可統稱為「resource」，也就是遊戲素材，這是製作遊戲軟體不可或缺的原始素材。製作遊戲軟體意指運用程式整合遊戲素材，在必要時間點讓物件出現在遊戲畫面或者播放音樂。舉例來說，玩家點擊按鈕會觸發程式，程式會呼叫選單的圖像顯示在遊戲畫面。

　　大部分遊戲素材都與遊戲故事息息相關。畢竟沒有故事就沒有遊戲角色，如果沒有故事，遊戲關卡隨便放個紙箱就能充數了吧……

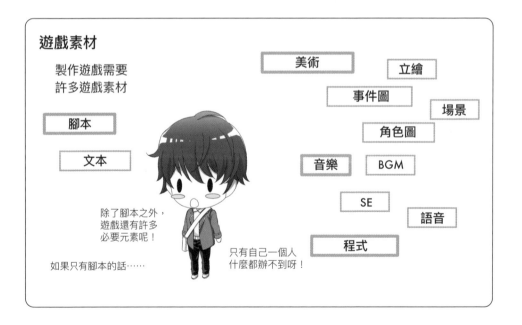

遊戲素材

製作遊戲需要
許多遊戲素材

腳本

文本

美術

立繪

事件圖

場景

角色圖

音樂　　BGM

SE

語音

程式

除了腳本之外，
遊戲還有許多
必要元素呢！

如果只有腳本的話……

只有自己一個人
什麼都辦不到呀！

 **美術資料**

　　美術依照製圖方式可分成「3D美術」、「2D美術」兩大類，3D美術、2D美術的製圖方式與順序其實差異甚大。

　　現代美術有各種製圖方式，每一種製圖方式在市面上都有好幾本專書介紹，若想了解詳細美術製圖方式，請閱讀相關專門書籍。以下我將從「2D遊戲」角度切入，說明美術資料的概念。

　　在2D遊戲中，美術資料可分成2種。一種是由像素（Dot）製成的像素圖，以及依靠數學公式計算線條粗細、方向的向量圖。以前的遊戲美術資料幾乎都是像素圖。但在手機解析度愈來愈高後，美術資料就開始使用不會占去過多記憶體的向量圖了。

　　製作像素圖和向量圖會使用的軟體截然不同，還請多留意。製作像素圖的代表性軟體為Photoshop、Clip Studio。這種圖片在放大、縮小、旋轉後，圖片就會失真。

　　像素圖有各式各樣的格式，每一種格式各有特色。如：GIF（支援256種顏色與透明色）、BMP（支援所有顏色、無透明色）、JPG（支援所有顏色、無透明色、會壓縮圖檔）、PNG（支援所有顏色、有透明色、會稍微壓縮到圖檔）。主流的做法是場景圖使用BMP，角色圖和特效使用PNG。

　　向量圖即使放大、縮小、旋轉也不會失真。可是向量圖不適合呈現厚塗或者筆觸纖細的圖像。製作向量圖的代表性軟體為Illustrator。市面上也不乏許多免費的向量圖製圖軟體，可視團隊的經費選擇合適的軟體。

3

美術的種類

像素圖

向量圖

看我的！

鋸齒狀
邊緣

乍看是漂亮的圖片，
但放大後就可看到
像素的痕跡。

舞蹈
舞蹈

旋轉

旋轉

放大、旋轉圖像，
圖像都不會變形。

　　要讓遊戲美術能正常地在遊戲中運作，應該先確定哪些事項呢？

　　以2D遊戲為例，必須先確定遊戲的畫面尺寸。如果是用電腦玩的視覺小說遊戲，可以選擇1280 x 800像素或者其他尺寸。

　　一旦確定遊戲畫面的尺寸，接著就能確定遊戲美術所需的其他資訊了。如：使用者介面、角色圖、場景圖、事件圖、特殊效果的尺寸。

　　下一步又該怎麼做呢？請從任務表、關卡表中找出事件所需的地點，並將地點轉換為場景圖。另外角色會有多種姿態、表情、服飾，建議先將所有必須的項目資料都整理成一覽表，就能避免一再重複作業。話說現在角色動作可是愈來愈多樣化了。

　　以前這些都只能仰賴程式設計師作業，但現在透過遊戲引擎就能做出宛如Live2D的變形功能。如果想自行製作遊戲美術圖，就必須熟悉各種軟體的使用方式，建議多多接觸、學習不同的軟體。

音訊資料

音訊資料分成壓縮檔案與無壓縮檔案2種。

只要看副檔名就能清楚是哪一種類型。如果您的Windows和Mac沒有顯示檔案的副檔名，請記得更改設定。隨時顯示檔案副檔名，在開發遊戲中是基本知識。

回到剛才的話題，音訊資料大致可分成壓縮檔案與無壓縮檔案。壓縮檔案通常會是BGM等長段音訊。雖然是經過壓縮的檔案，但真講究起音訊的音質，整個檔案仍會變得十分龐大。最近的大型遊戲，光是BGM就占據不小的記憶體容量。而壓縮的音訊檔案特色是即使經過壓縮，實際播放時（音樂演奏時）還是需要即時解壓縮。另一方面，無壓縮檔案則不必再解壓縮，所以適合長度短且可重複播放、同時播放的遊戲音效。

音訊檔案的類型

SE
劈啪！　霹靂！
鏗鏘！
劈啪！
霹靂！　鏗！

遊戲必須在恰到好處的時間點插入短音效，也可選擇自己合成音效。

魔法啦啦啦魔法魔法啦啦啦～

♪ BGM ♪
是會長時間播放的音樂，因此很占記憶體。

音訊
長段的語音資料會占據大量記憶體。

近年來無論是錄製語音、遊戲音樂都採取現場收音，所以製作音訊可謂是費力又花錢。如果語音錄音失敗，就必須付出龐大成本。因此錄音現場時常會將同一句台詞微調後錄製不同的版本，或緊急修改聲優念得不順的台詞。

近年來錄音器材與音樂編輯軟體價格便宜，您也可以試著自己製作音訊。我以前還待在Compile公司時，還曾與同事一起錄製魔法氣泡的demo語音呢（？！）

每個角色的比例分配

設計遊戲故事角色時有一項重點，那就是要確定每個角色的比例分配。將角色分類為主角等級、配角等級、小角色等級3個階層後，再控制每種角色的演出篇幅吧。

① **主角等級　需刻劃出角色的雙重面相或另一面**
只要是人就一定有多重面相，描寫角色的不同面相，能讓玩家感受到角色的人性。賦予角色優點、缺點也可達到一樣的效果。根據領域、主題，可提拔為主角的角色也會不同，甚至玩家選擇的故事路線也會影響角色是否可成為主角。

② **配角等級　只仔細刻劃與故事相關的部分**
基本上不會特別著墨配角的背景故事。如果是惡人角色，那就反覆強調他邪惡的一面，坐實角色的惡人身分。

③ **小角色等級　小角色負責帶動故事的氣氛**
各位看電影時，應該也曾對某幾個小角色印象格外深刻吧？他們可能與故事沒有直接關連，但卻能從外貌、談吐烘托故事氛圍。建議用心設計小角色，畢竟小角色能帶動整個故事的氣氛、色彩。

大家在遊戲裡應該也有印象深刻的小角色吧？舉例來說，幻想類的RPG遊戲《上古卷軸5：無界天際》，就曾有衛兵因一句：「直到我的膝蓋中了一箭……」成為網路熱門話題。這個小角色，就是讓玩家感受到遊戲世界居民情感的小角色。北

134

總結

本章介紹了各式各樣的內容,一起回顧其中的重點吧!

遊戲是眾多創意的結合體

遊戲不是1個點子、一時突發奇想就能完成的東西。創作者必須結合各式各樣的創意,才能將故事、遊戲系統化為實體。想開發一款遊戲,創作者必須投注大量時間與耐心。建議活用本章介紹的三幕劇敘事手法,以及各種表單來整理創作思緒。畢竟前人的智慧不用白不用呀!

要有充足的創作養分,才能迸發創作靈感

遊戲或者漫畫如果不能帶給使用者新的知識、體驗,使用者自然不會對作品產生興趣。但如果作品題材過於新潮、抽象,令使用者難以想像作品的內容時,使用者也不會對作品產生興趣。換句話說,創作者必須對人人皆知的事物,有著比他人更深入的認識。

為了進一步擴充個人知識,請大量觀賞電影、閱讀漫畫吧!接著,為了深入認識從上述作品得知的新知識與創作素材,請延伸閱讀相關專業書籍。請注意,這時不可以只繼續延伸觀看其他的漫畫、電影。另外,網路上雖然可以輕鬆找到各種資料,但大部分內容都只擷取部分重點。想確實掌握專業知識,閱讀書籍是最好的方式。

建立自己擅長的領域

人的時間與金錢有限,如果想深入學習某項專業知識,建議選定自己擅長的領域後,有目的性的學習會更有效益。我從小學開始就對戰爭史和軍事著迷,並

閱讀了大量相關書籍。隨著年齡增長，一開始我只對第二次世紀大戰有興趣，後來則慢慢擴大到羅馬軍隊、亞歷山大大帝、十字軍等領域。

選定一個喜歡的主題深入研究，並且製作與該主題相關的遊戲吧！

電影賞析（邊看電影邊做筆記）

如果想培養一項能力，就應該仔細觀摩優秀的人的作品。想培養繪畫能力、寫程式能力的人，也建議這麼做。而想培養寫故事、文章能力的人，這是累積實力的不二法門。研究別人如何寫故事，有幾項觀察重點：

① 記錄作品的故事結構，掌握故事全貌。
② 記錄場景的地點、時間、天氣、發生的事件，挖掘場景中的巧思。
③ 觀察故事的角色刻劃，記錄角色的設計巧思。

以上就是幾個筆記的重點。
以下介紹我在教學課程時，建議的故事結構記錄方式。
每換一次場景就做一次筆記，所謂的場景是指：

● 變換地點時。
● 地點不變，但登場角色變動時。
● 同樣幾個角色對話時，即使變換地點也只算1個場景。

以上是區分場景的原則，建議採用手寫筆記能更迅速地做紀錄。我個人會用電腦播放電影，並開啟碼錶功能。來不及寫筆記時隨時都能暫停播放。想加速筆記速度，可以將角色的名字用1個英文字母代稱即可。
場景更換時，記錄當下的時間（開始的時間點與該場景總時長），並在時間旁邊寫上該場景發生的事件經過。接著不斷反覆這個程序。
最後完成的筆記，可以幫助您一目了然地回顧故事中每個敘事場景的順序。要完整闡述一個事件，順序非常重要，對說故事來說亦是如此。請藉由筆記細細品味好萊塢電影編劇的作品，學習他們用何種順序描述故事，並在描述故事時放大或隱藏了哪些內容。整理出10部電影的筆記後，您對這些電影的觀點一定會出現顯著的改變。北

遊戲形象的製作方法

4

想做的遊戲、必要的遊戲素材、
必要的故事、企劃書以及重要的開發團隊成員

講師　北野不凡

參與作品：《Disc Station》（Compile）

在構思遊戲之前

 ## 如何讓其他人理解我想製作的遊戲？

我是北野不凡，目前在專科學校、大學擔任講師，教授如何製作遊戲企劃、遊戲設計。

這一章我想與各位談談該用什麼順序統籌遊戲的開發創意。如果您是獨自開發遊戲，其實不需顧慮周遭的想法、也大可不必在意本章的內容。但現實情況通常並非如此。遊戲是整合音樂、美術、腳本等專業技術的藝術結晶，會有許多不同領域的專業人士參與其中。如果想組成團隊一起製作遊戲，那該怎麼辦呢？這時需要先讓其他人理解自己究竟想製作什麼樣的遊戲。您是否已經在苦惱：「所以要寫企劃書嗎？我最不擅長寫企劃書啦！」本章謹獻給每一位有此念頭的讀者。

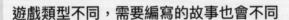

遊戲類型不同，需要編寫的故事也會不同

· 視覺小說遊戲
→ 玩家必須在遊戲中閱讀大量文章。借助影像與音樂的幫助，編劇必須寫出情感豐富且感動人心的腳本。
· 劍與魔法的RPG遊戲
→ 腳本必須包含多個小型事件、並設計多項遊戲任務。
· 動作遊戲
→ 整個遊戲會以動作戲為主。編劇須設計讓玩家會期待的破關後的事件場景動作戲。

要集齊伙伴好困難！

還是該自己來呢？

遊戲類型不同，需要編寫的故事也會不同。

請努力成為寫得出每一種腳本的全能遊戲編劇吧。

因為工作之故，我撰寫、提案企劃書至今已經20多年了。除此之外，這7、8年來我會與學生一起討論，並從旁協助他們製作企劃書。因此這一章會彙整「我與學生的遊戲製作方式」。

以往學生最大的煩惱就是寫不出企劃書，不少人寫一份企劃書就要花上3個月。但這種情況至少是有寫出成品，我時常耳聞有學生寫到一半就因為太挫折中途放棄。

與這麼多學生相遇，我花費數年（！？）終於了解學生煩惱的問題點。企劃書的關鍵是必須凝聚遊戲最有趣的內容，但學生寫企劃書時頭腦常是一片混沌狀態，導致無法將自己企劃的內容用有趣的方式呈現；或者因為過於堅持最初的創意，沒有察覺整個企劃已經失去味道。

以我自己來說，我很清楚企劃書必須包含哪些內容，所以很自然就能在腦海中想像遊戲的全貌，並整理好需要寫進企劃書的必要事項。話雖如此，這一步對第一次寫企劃書的學生來說十分困難。即使告訴他們：「先隨便在筆記本寫下現在想到的內容，之後再統整就好！」他們仍表示：「我不知道應該寫什麼才好」什麼也寫不出來。為了改善這個情況，我製作了「遊戲設計筆記（Game Design Memo）」。這個筆記的原始版本取自Michelle Menard製作的Game Design Documents模板，由於十分好用，於是自行翻譯後新增、刪減頁面，改編了一個方便學生寫草稿的格式。

整份文件採用簡報軟體「PowerPoint」製作，文件內已經有一個固定格式，彙整出創作者製作遊戲時應該事先定義的項目。寫這份資料的目的，是讓創作者在寫企劃書之前，能夠想像得出自己想製作的遊戲全貌。仔細思考，這樣的先後順序才正確呀。企劃書是一份記錄遊戲精華的文件，如果沒有先訂出遊戲的核心概念，要怎麼濃縮出遊戲精華呢？所以寫企劃書之前，確實掌握自己想製作的遊戲樣貌十分重要。

▼遊戲設計筆記

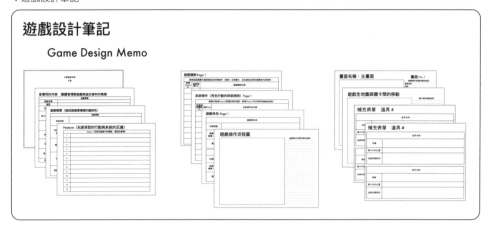

 ## 不可以直接開始寫 PowerPoint！

現在如果有學生要寫企劃書，我會請他們「不要」直接用 PowerPoint 撰寫。雖然學生常藉口自己時間不夠，但如果一開始就接觸遊戲設計筆記，學生還是沒有能力構思整個遊戲樣貌，自然就無法具象化地做記錄，最終還是寫不出好的企劃書。

但從另一個角度來看，一開始就從遊戲設計筆記開始著手的學生，反覆練習幾次後就能掌握寫筆記的訣竅。接著就能脫離筆記方式，自行製作自己的筆記格式，進而完成看得出遊戲整體樣貌的企劃書。

寫筆記的另一項妙用，就是因為有記錄的過程，所以能避免忘記以前的設定。遊戲是大量創意的結晶。人類要在不斷追加新設定的情況下，記得過去所有設定再去調整細節，根本是不可能的事。（至少我自己是如此，然後各位沒有意外應該也是）人類是健忘的生物，如果只是憑空在腦海想像，很容易就會忘記重要設定、遺漏瑣碎的靈感。而且在構思新的關鍵設定時，很可能會和之前的其他設定重複。這麼一來遊戲企劃容易方向大亂、產生諸多矛盾，重頭整頓變成一項大工程。

最理想的情況是連續花個幾天時間，一口氣整理出筆記。但大家通常還有其他事務或忙於打工，製作筆記的過程難免會間隔數日。這時最好爽快地捨棄太過破碎的片段，將可以增添遊戲豐富度的靈感調整至相同前進方向即可。這種做法不僅快速，通常還能完成更優秀的成品。不要怕麻煩，鼓起您的熱情勇往直前吧！

交錯人物關係（互補的角色關係與情感糾葛）

編寫故事，尤其是戀愛故事時，各位是否會為角色的相互關係煩惱呢？創作者時常苦於要找出角色愛上彼此的強力原因。建議各位這時可以採用「交錯人物關係」來輔助。「交錯人物關係」只是我自己亂取的名稱，這種手法或許有其他正式名稱也說不定。

什麼是交錯人物關係呢？就是為了安排角色相愛，讓角色之間為互補關係。所謂互補關係是指A擁有的特質，B卻沒有。A沒有的特質，B卻擁有。換句話說，這兩個角色能相互彌補彼此不足之處。人類總是嚮往自己不具備的能力或優點，有時甚至會因此由妒生恨。而這些情感往往就是故事的開端，並可成為角色的行為動機。因此設定角色有互補關係是非常方便的手法。

以全球最高電影票房收入排行榜第2名的《鐵達尼號》為例吧。

《鐵達尼號》的男主角是一名叫傑克的青年，他雖然窮且社會地位低下，但健康又充滿活力，還擁有繪畫的天賦。即是擁有「未來」的人。另一方面，女主角蘿絲是貌美的貴族之女，卻因為家道中落不得不與一位美國的富翁結婚。蘿絲空有美貌與社會地位，但卻已經失去了未來。兩人在船上相遇後，雙雙墜入愛河。

在愛情故事中，創作者描寫角色相互吸引的段落常落於俗套。但如果有設定角色相互吸引的原因，只要針對這個原因闡述角色之間的互動，就能自然地讓兩人加深情感。

各位也可以研究看看，自己喜歡的電影是如何設定人物關係。您會發現這種人物關係交錯的設定並不在少數。這是十分便利的角色設計手法，若有機會不妨實際應用看看喔。北

4

遊戲的必要事項

 該如何開始著手呢？

本節會向各位介紹「遊戲設計筆記」的內容，並說明該如何填寫。這只是設計遊戲用的事前筆記而已，不需要按照順序逐一填寫內容。說穿了這就是讓各位能一目了然地確認「這裡應該要事先做設定」的資料罷了。可以從已經確定內容的欄位開始隨機填寫，填寫方式也沒有限制。可以直接使用電子檔撰寫，也可以影印出來填寫。或者將筆記格式謄寫到自己喜歡的筆記本上，寫上各頁標題填寫。各位只要採用自己覺得方便的方式即可。

我自己習慣直接用PowerPoint電子檔案撰寫，如果有手繪的草稿，也會掃描後再插入PowerPoint。選擇這種做法是因為這樣就能直接在檔案中插入其他頁面，或直接貼上Excel檔案的連結，提升檔案可讀性。整份簡報如果只有10頁不這麼做也無妨。可是一直擴充檔案內容，導致簡報內頁超過數十頁時，如果沒有外部連結資料功能，閱讀資料會變得十分不便。

建議您將筆記與關連資料收納到專案資料夾，並上傳到提供雲端服務的「Dropbox」、「iCloud Drive」。如此一來，無論在家還是在外都能使用Mac電腦、IPad開啟檔案進行編輯。緊急狀況下，還可以將檔案下載到其他Windows電腦編輯。

同時可以使用共享功能，將專案資料夾與其他團隊成員共享。以Dropbox來說，只要共用資料夾中的檔案有版本更新，系統就會通知資料夾中的其他成員。這樣一來團隊成員就能同時更新進度，減少作業疏漏。不過，請不要因為系統會通知「版本更新了，請查收」，後續就什麼也不做為喔。建議還是要與團隊成員開會，確認變更內容為佳。不過即使如此，還是有成員就是不會去確認檔案呢（！？）。

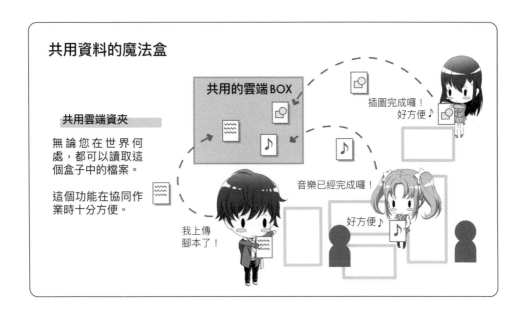

共用資料的魔法盒

共用雲端資料夾

無論您在世界何處，都可以讀取這個盒子中的檔案。

這個功能在協同作業時十分方便。

共用的雲端BOX

插圖完成囉！
好方便♪

音樂已經完成囉！

好方便♪

我上傳腳本了！

最後再提醒，編輯檔案儲存後，請務必在檔案名上加上當天日期。例如檔案名稱「桃太郎GDM180329A.pptx」，即表示這是2018年3月29日遊戲設計筆記的初始版本。同一天如果再次更新檔案，則請將檔名改為180329B。我想大家應該不至於一天內編輯檔案26次吧（！？）。朋友之間如果有共同作業需要編輯檔案，這種做法可謂十分方便。（工作現場還會使用「GitHub」，但我介紹的這種做法更輕鬆實用。）這是作業時的一個小技巧。

如果您是使用Mac，可以點選檔案圖示後按右鍵叫出選單。點擊「取得資訊」後，會看到其中有一個「註解」欄位。您可以在這裡備註檔案的編輯內容、編輯人姓名。

接下來從封面開始介紹要如何填寫這份筆記。

以下將用「桃太郎為主軸的RPG遊戲」為例示範。

MoMo Wars

最終桃子傳說

桃太郎鬥惡鬼

一起來構思RPG遊戲吧！

寫腳本前需要準備什麼呢？
製作遊戲前需要籌備什麼呢？

以童話故事《桃太郎》為基礎構思看看吧！

一款遊戲需要什麼呢？

主題？
故事？
音樂？
世界觀？
角色？
BGM？
插圖？

善用小道具

大家會如何表達角色情緒呢？最常見的手法應該是讓角色「說話」或者「說出內心獨白」吧！可是，只憑台詞玩家很難深刻地同理角色的情感，並且也很容易忘記角色經歷的情緒，最終不免對故事步調感到突兀。這對遊戲進行會造成很大的問題。

現實中我們感覺「好開心呀～」的時刻，也不會只吐出一句「真開心」就結束吧。通常我們會做出一些舉動，或是伴隨著與其他人的交談。

光是說話並不能推動故事前進。只要是編寫故事，這個原則都是互通的。如果想要傳遞角色情緒，請務必透過角色的行動或動作傳達。這時候最好用的就是小道具了。在腳本世界中，有些人會說這是Litmus，也有人稱為Charade。但因為太麻煩了，所以我把這些物品、人類通通統稱為「小道具」（笑）。例如：要表達角色開心情緒的時候，我會讓角色緊抱玩偶大喊「真開心」，這裡的玩偶就是我說的小道具。或者我會乾脆讓角色開心地一路亂抱路上的行人（笑），這時街上的行人就是小道具。比起乾巴巴的台詞，在這些小道具輔助下更能感受到角色的心情，對吧？這麼做同時還能表現出角色人性化的一面，讓玩家對角色更有好感。

善用動作、小道具傳達角色的情感，能幫助各位的作品水準更上一層樓。北

【1】封面

企劃書的第一頁就是企劃書封面，需要填寫的事項如下。

▼封面

| 企劃遊戲名稱： |||
| 文責： |||

遊戲開發成員		
職責	姓名	備註
PI		
Gr		
Pg		

修正紀錄	
日期	修正內容

GAME DESIGN DOCUMENTS
Ver.1.8
Original Design by Michelle Menard
Translated and Arranged by Masaru Kitano

① 企劃遊戲名稱

② 文責

③ 遊戲開發成員

④ 更新日期

⑤ 修正內容

如果要組織遊戲開發團隊

只是書寫故事並不能成為一款遊戲。
無法說明自己的遊戲就無法募集到成員。

我們一起開心
參加社團活動
吧～

想討伐魔王的
人就跟我走！

猶豫、
猶豫

猶豫、
猶豫

一起走吧！

猶豫、
猶豫

伙伴
快過來♪

猶豫、
猶豫

想向團隊成員介紹遊戲，
就需要「企劃書」。

①企劃遊戲名稱

　　遊戲名稱非常重要。後面還可以變更，所以只要寫上當下選定的遊戲名稱即可。請不要在檔案名上註記（暫定），看起來很遜。

②文責

　　通常這個欄位會填寫筆記撰寫人的姓名。目的是要明確責任歸屬，讓對筆記有疑問的人可以知道有事情要找誰詢問。如果檔案中的其他頁面是由他人填寫，可以在該頁「文責」寫上填寫人的姓名，減少中間聯絡的麻煩。

③遊戲開發成員

　　請寫上遊戲開發成員的職責與姓名。

④更新日期

　　檔案更新後，請一併寫上當天日期與修正內容。最初的3次版本更新可以寫在封面頁上，之後若修改次數增加，可以專門製作一個頁面記錄檔案的修正紀錄。

⑤修正內容

　　請簡單寫上修正了哪裡、改變了什麼。這個欄位如果寫得太簡略其實頗令人困擾，比起只寫上「變更角色」，建議明確地寫上「在角色表中新增了中級魔王的設定」。這樣一來該修正內容相關的負責人，很快就能注意到資訊更新。

　　這種共用文件會有多人檢閱，並數次更新版本。如果要認真管理，建議可以使用GitHub這種檔案版本管理系統。本章則是用最簡單的檔案管理方式留下修正紀錄。

 ## 【2】用於廣告宣傳的內容

　　大家或許會對廣告宣傳感到陌生。這個頁面主要是介紹遊戲全貌，讓外部人員也能了解專案內容。關鍵是讓外部人員只憑這頁的內容即可想像遊戲成品。通常寫上遊戲名稱、類型、核心概念、高概念，應該就能掌握遊戲輪廓了。

▼宣傳用的內容

宣傳用的內容　讓讀者理解遊戲與這份資料的概要	
遊戲概要	
遊戲名稱	
類型	
販售平台	
核心概念 / 主題	
高概念	
遊戲訴求	
目標受眾	
預估販售量	
預估售價	

① 遊戲名稱

② 類型

③ 販售平台

④ 核心概念／主題

⑤ 高概念

⑥ 遊戲訴求

⑦ 目標受眾

⑧ 預估販售量

⑨ 預估售價

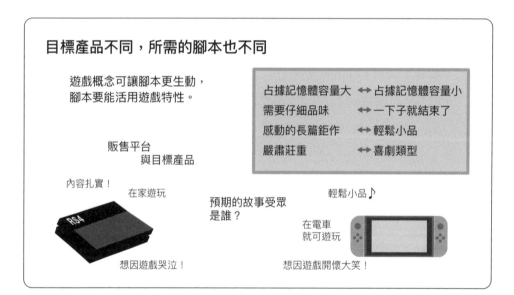

目標產品不同，所需的腳本也不同

遊戲概念可讓腳本更生動，
腳本要能活用遊戲特性。

占據記憶體容量大 ⟷ 占據記憶體容量小
需要仔細品味 ⟷ 一下子就結束了
感動的長篇鉅作 ⟷ 輕鬆小品
嚴肅莊重 ⟷ 喜劇類型

販售平台
與目標產品

內容扎實！
在家遊玩

RS4

想因遊戲哭泣！

預期的故事受眾
是誰？

輕鬆小品♪

在電車
就可遊玩

想因遊戲開懷大笑！

①遊戲名稱

　　故事遊戲名稱必須與遊戲世界觀相符，並要讓人感受到遊戲的內容、色彩（喜劇、嚴肅莊重等）。行有餘力可以一併製作遊戲LOGO。命名時能否寫成縮寫也很重要。（例：龍族拼圖 龍拼）

②類型

　　遊戲的類型十分重要。遊戲分成多種類型，如：RPG遊戲、動作遊戲、益智遊戲、視覺小說遊戲。光是知道遊戲類型就能大概知道遊戲的樣貌。但這邊我希

望大家能更進一步。書寫類型時，請更具體地形容遊戲內容。假如今天是要開發以《桃太郎》故事為主軸的RPG遊戲，可在遊戲類型之前補一句描述：日本童話RPG遊戲。這樣一來其他人不僅更容易了解遊戲內容，也能避免自己偏離定義好的企劃主軸。換句話說，這麼做還能達到自我暗示的效果。

③販售平台

所謂的販售平台指的是遊戲在哪一個硬體平台發行，知道這項資訊就能大概了解遊戲的規模。例如：PSP和PS4的遊戲名稱分量感就不同。因此訂定遊戲在哪個平台發行，就能對遊戲規模、品質有模糊的概念。

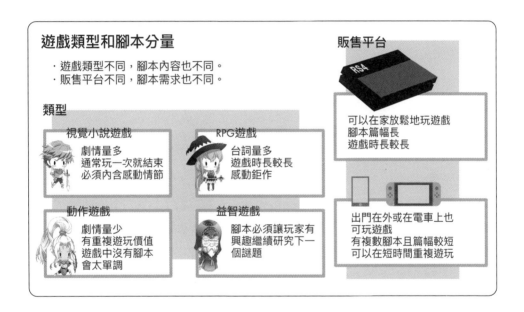

④核心概念／主題

這個項目必須填寫此款遊戲的好玩之處，也就是必須在此欄位介紹整個遊戲的趣味核心，可說是十分重要的項目。製作遊戲時，通常是從各個遊戲元素開始發想，例如：遊戲系統、操作方式、角色等，創作者會蒐集各式各樣的創意，最後整合成一款遊戲。所以蒐集靈感的過程中「這裡是遊戲的精華！」、「我們會把這裡弄得很有趣」等明確的方向非常重要。定義核心概念後，就能避免後續創作者偏離企劃主軸。同時也能幫助創作者在丟出創意時，確保創意的方向符合遊戲

主軸。如果團隊成員已經從同個方向進行創意發想，卻還是沒有合適的點子，那表示您設定的核心概念可能有問題。

⑤高概念

為了將核心概念化為實體而簡單敘述遊戲外觀、操作方式、遊戲系統。建議在填寫時可以描述明確的重點，幫助其他人更容易想像此款遊戲的高概念。例如：遊戲世界觀（漫畫版日本童話世界）、角色的前後落差（長得一模一樣的乞丐少年與王子，彼此交換身分的視覺小說遊戲）、別出心裁的操作方式（角色能沿著牆壁跑酷）等等。我個人會習慣在此項目填寫遊戲世界觀、角色前後落差、鏡頭角度（遊戲的取景畫面）、別出心裁的操作方式（如果有的話）。

⑥遊戲訴求

這個項目與目標受眾息息相關，創作者必須設定遊戲要賣給哪個族群、以什麼做為販售訴求。這項內容由於與高概念有些類似，也可以不另外分開填寫。兩項合併填寫，後續就能快速整合到企劃書上唷。

⑦目標受眾

這個項目與遊戲訴求息息相關，目的是要定義遊戲是為誰設計。建議不要只考慮受眾的年齡、性別，而是要深入到這個族群會喜歡什麼事物。如此一來還能確認遊戲的高概念是否符合遊戲受眾。例如：雖然近年比較少了，但曾有以柏青哥迷為對象製作的柏青哥模擬遊戲；以喜愛歷史的女性為對象製作的新選組模擬器等等。當然您也可以設定受眾是自己，這時就要冷靜地分析自己的消費者樣貌。例如：可能是「20多歲大學生，喜歡多人連線遊戲，而且是現代場景的RPG遊戲迷」。明確地描述遊戲目標受眾，或許能挖掘出一個龐大的客層。

遊戲概念與遊戲訴求

遊戲訴求
能以遊戲概念為核心，向他人介紹的內容
（此訴求必須足以說服他人）

高概念
記錄將遊戲的核心概念化為實體所需的遊戲外觀、操作方式、遊戲系統等（創作者自己必須認同將遊戲概念實體化的方式）

核心概念 / 主題
　遊戲的趣味之處、靈感來源
　　（突發的靈感、好的創意）

請簡單明瞭地
介紹遊戲訴求。

4

⑧預估販售量
⑨預估售價

　　這兩個項目的填寫順位較低。我有學生在應徵遊戲公司職位的面試時被問到：「你覺得這款遊戲能賣出幾套？」這真是難以回答的提問。從這個問題的回答，可以看出創作者是否有自信自己的企劃作品能與市面上的產品做出差異化，以及創作者有多了解遊戲業界生態。為了讓大家也能考慮到這個面向，我才加入了這兩個項目。

　　確實填寫完這個頁面後，各位對自己的遊戲企劃目標是否有更明確的想像了呢？

 ## 【3】 遊戲概要

　　接著要更深入描述遊戲內容了，接下來要填寫遊戲故事、操作方式、遊戲畫面等資訊。這一頁的項目都與遊戲故事息息相關，您可以選擇先訂下整體故事大框架再來填寫筆記，或一邊寫故事大綱一邊填寫筆記也可以。

▼遊戲概要

遊戲概要（描述遊戲要傳遞的趣味性）	
遊戲概要	
初始狀態	
玩家與世界的前後落差	
遊戲世界觀	
破關條件	
遊戲結束條件	

① 初始狀態

② 玩家與世界的前後落差

③ 遊戲世界觀

④ 破關條件

⑤ 遊戲結束條件（視需求填寫）

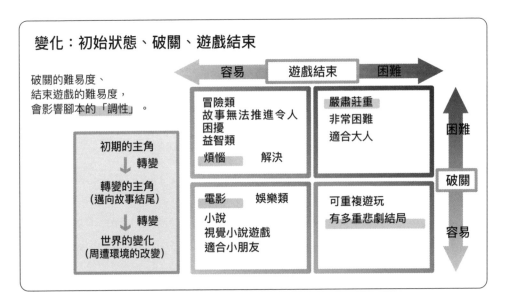

152

①初始狀態

　　指主角誕生時最初的狀態。請在此欄位描述主角身處的環境、與家人或周遭的人際關係為何。沒有先設定角色初始狀態，根本寫不出故事大綱吧！（！？）

②玩家與世界的前後落差

　　請設定遊戲結束後整個遊戲世界出現了何種變化。換句話說，請在這個項目描述故事的結局。想當然耳，這個結局必須與貫穿遊戲的主題有關。

③遊戲世界觀

　　有時候、填寫完畢後，整個遊戲世界觀也大致底定了。這時請您將上述兩欄的內容整合在這個欄位，或者備註其他注意事項。描述遊戲世界觀時，可以用現實世界進行類比會更具體。例如：這個世界的文明大概等同現實世界的某世紀、生活習慣類似現實世界的某個地區等等。畢竟平安時代、鎌倉時代、戰國時代、江戶時代，每個時代的武器與生活習慣都不同，對吧？（此處是以童話RPG遊戲做示範，因此這個項目相對比較不重要。如果您要製作嚴肅莊重的大型遊戲，這一項的內容則十分重要。）

④破關條件
⑤遊戲結束條件（視需求填寫）

　　這一頁內容十分重要，所謂的遊戲概要必須描寫：遊戲主角是誰、在遊戲中利用什麼手段完成了什麼目標、故事最後發生了什麼事。這裡指的「利用什麼手段完成了什麼目標」，其實就是指遊戲系統。這一整頁的內容會反覆應用在之後的企劃表單、企劃書中，所以請務必練習如何精準且簡潔地說明遊戲概要。建議您可以試著闡述其他款遊戲的遊戲概要來精進摘要能力。

 ## 【4】Feature（玩家採取的行動與系統的反應）

　　各位可能比較少聽到Feature一詞，這通常是指遊戲內的系統反應。請在此項目寫下玩家採取的舉動，以及系統接收到行動後會出現何種反應。換句話說，請具體地描述遊戲的遊玩流程。

這一頁只有2欄，分別是流水號和填入 Feature 的空位。請按照號碼順序逐一填寫。如果切換了遊戲畫面，請跟著換頁填寫。下面示範如何將桃太郎 RPG 遊戲寫進表單。

▼ Feature

Feature（玩家採取的行動與系統的反應）	
	Feature（玩家在遊戲中的舉動、遇到的事情）
1	
2	
3	
4	
5	
6	
7	
8	
9	
10	
11	
12	
13	

① 主角移動　左操作桿

② 主角移動方向　右操作桿

③ 選擇按鈕　移動至物品清單畫面

④ PS 按紐　移動至主畫面（主選單）

⑤ 使用上述按鍵可讓主角在遊戲中即時移動。

⑥ 移動時系統會顯示地圖。

⑦ 因派出的家臣類型不同，可優先取得資訊的範圍也會不同。

⑧ 視野範圍內如果有敵人或 NPC，會跳出相關資訊。

⑨ 會因敵人的種類、故事情況出現不同的反應。

這一頁說實話很難填寫，創作者必須站在玩家的觀點，憑空想像遊戲畫面會出現什麼資訊／系統會如何反應，並依照順序填寫。

建議填寫這個表單時，要確實區分每個按鍵的功能，而不是用「使用控制器輸入」一句話帶過。下一頁的「遊戲機制」頁面中，會更詳細記錄按鍵功能，為了方便兩相對照，這一頁請先定義出每個按鍵的功能。

最近愈來愈多遊戲可在關卡中途切換視角，並且視角一旦切換遊戲操作方式就完全不同。所以也可以依照各個關卡填寫不同的Feature。Feature、遊戲機制、系統條件，是遊戲程式設計師設計程式的重要資訊，因此填寫時您可向負責的程式設計師諮詢意見。

遊戲設計筆記並沒有明訂寫到哪個段落就可以開始寫企劃書。不過要填寫Feature時，創作者通常已經能在腦海中描繪出遊戲輪廓。所以從這個層面來說，當您進入Feature階段、能描寫出遊戲畫面，其實就可以著手開始寫企劃書了。如果您是第一次寫遊戲設計筆記，光是寫到這個階段就已經非常不容易了，但是還是請繼續加油往下寫。經過這些練習後，您一定會深感寫企劃書只是小菜一碟！

 ## 【5】遊戲機制

遊戲機制與其說是遊戲設計，通常是指稱遊戲規則、遊戲內經濟等程式編碼的部分。前述的Feature是從玩家的觀點撰寫的資料，而遊戲機制則是將Feature的內容編寫成程式的重要資料。

此項目的內容必須定義得十分詳細，所以在企劃書提案階段可以先省略這一個步驟。不過如果您的高概念有提到某些特殊操作方式，那麼先設定好遊戲機制能讓您的企劃書更完整。接著就用桃太郎RPG遊戲的左操作桿為範例介紹吧！

▼遊戲機制

遊戲機制 Page:1		
請填寫遊戲顯示畫面會因為何種條件（規則）出現變化，並且會因此舉改變哪些內部資料。		
對照 Feature No.	遊戲機制 No.	遊戲機制內容

① 對照 Feature No.
② 遊戲機制 No.
③ 遊戲機制內容

①對照 Feature No.

請在此註記這個遊戲機制會對應到哪一個Feature編碼。按照前述範例,如果要記錄左操作桿的功能,請在此欄位填入「1」。

②遊戲機制 No.

請在此欄位寫上該Feature的對應遊戲機制。1種Feature通常不會只對應1種遊戲機制,大多數情況下還有其他細節資訊。如下所示,光是前面設定的左操作桿,就會有6種遊戲機制。

③遊戲機制內容

請仔細地填上遊戲機制的內容。

A 左操作桿往前推,可向前移動(走路模式)

B 左操作桿往左推,可向左移動(走路模式)

C 左操作桿往右推,可向右移動(走路模式)

D 左操作桿往內倒,可向後移動(走路模式)

E 長按並同時推動左操作桿,可加快移動速度(快跑模式)

F 不推動左操作桿,可停止移動(角色靜止不動3秒後會進入待機狀態)

要一一填寫這些資料真的很麻煩,但定義完成後,整個遊戲的最終樣貌也在腦海中愈加清晰了

腦海能否浮現清楚的遊戲圖像非常重要,只要有明確的構想,遊戲的製作方向就不會偏離軌道。後續要丟出創意時,也不必擔心會偏離遊戲主軸。

【6】系統條件

　　提案企劃書的階段，其實還不需要定義這個項目內容。如果撰寫遊戲設計筆記時有想到其他靈感，就順手記錄在這個欄位即可。不過，遊戲正式開始開發時，就需要各個遊戲機制的詳細資訊。例如：角色前進時，1個影格的移動量為何？是否要設定移動加速度與移動慣性？什麼條件下會切換角色狀態？建議您可以與程式設計師討論後，再開始填寫這個項目。另外，這個項目的資訊也會影響到美術的作業指示。

▼系統條件

系統條件（角色行動的詳細規則）Page:1		
請寫出每個Feature對應的條件規則。單個Feature可以同時有複數條規則。		
對應遊戲機制No.	條件No.	系統條件的內容

① 請填寫遊戲機制編碼，找出此項目是對應哪一個Feature。

② 請照編碼填寫此遊戲機制是對應哪一個系統條件編碼。

③ 請填寫系統條件的內容。

　　您可以將「Feature No.」-「遊戲機制No.」-「系統條件No.」這3者用連字號連接，標註為：1-1-1、1-1-2。（我就是這麼做的）之後當要使用Office軟體將這份筆記改寫成規格書時，可在頁面、文件之間貼上超連結，如此一來就能只用一個連結顯示所有必要資料了。

　　由於Feature、遊戲機制、系統條件之間呈現3個階層結構，因此我推薦製作資

料時可以用Excel製作，並活用表格的摺疊功能。接著只要在PowerPoint簡報的遊戲設計筆記貼上Excel表格的超連結，就可以用一個連結呼叫相關資料。PowerPoint的特性是貼上圖表後簡報格式也不會跑掉。因此建議製作筆記時以PowerPoint為主，其餘資料再外連到其他軟體。長文、腳本可以使用Word或文字編輯器開啟，表格則用Excel開啟。

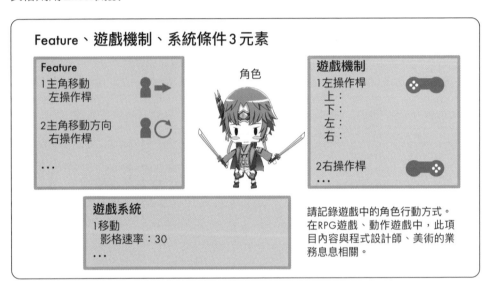

 【7】遊戲角色

▼遊戲角色

遊戲角色 Page：1	
遊戲角色名：	
外貌特徵	
遊戲中的職責、特徵	
備註	
遊戲角色名：	
外貌特徵	
遊戲中的職責、特徵	
備註	

① 遊戲角色名

② 遊戲中的職責、特徵

③ 外貌特徵

④ 備註

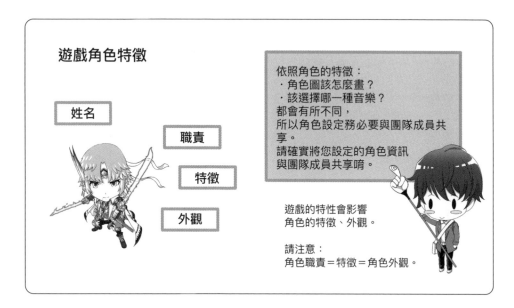

①遊戲角色名稱

　　請為角色命名，並在角色姓名旁用括號註記角色的職責。例如：桃太郎（主角）、雉雞子（桃太郎的家臣，雉雞女孩）。

②遊戲中的職責、特徵

　　請在此欄位詳述角色的職責。

　　例如：「雉雞子是雉雞女孩，如果她加入隊伍，就可以幫忙探查空中的情形，擴大桃太郎的偵查範圍。不過雉雞子是鳥類，夜間偵查能力會下降。雖然攻擊力低但攻速快，因此很少在攻擊後遭受反擊。能藉由連續攻擊對敵人造成傷害，是能對付高大的敵人或在高處敵人的家臣。性格不服輸，總是用高高在上的口吻對其他家臣說話。因為最喜歡桃太郎，在他面前反而是很害羞的模樣。」如果要設定更詳細的Feature、遊戲機制，可以在這裡附上相關資料的超連結。

③外貌特徵

請在此欄位描述角色外貌。直接在這個欄位貼上手繪草圖、參考造型會更佳。如果美術負責人願意協助，可以將這些圖像資料一併貼在筆記中，我想其他團隊成員看到後也會更有創作動力。

如果是用文字敘述，基本上只要這樣填寫即可：「因為不服輸的性格，所以衣服要比較華麗。衣著是和服造型，但袖子處要呈現羽毛的效果。眼睛的顏色會因情緒波動改變。害羞＝金色、憤怒＝紅色、鄙視＝藍色」。

④備註

這裡可以填寫前3個欄位寫不下的內容，或者不知道該歸納到哪一個項目的內容，也可以寫在這裡。

【8】遊戲操作流程圖

這個項目的目的是要預先規劃整個遊戲的必要畫面。遊戲啟動進入主畫面後開啟主選單，從主選單又會跳到哪個畫面呢？搞定了開啟遊戲相關的頁面後，您可能還要考慮物品清單頁、遊戲設定頁。物品清單頁尤其需要思考該怎麼規劃畫面配置。

▼遊戲操作流程圖

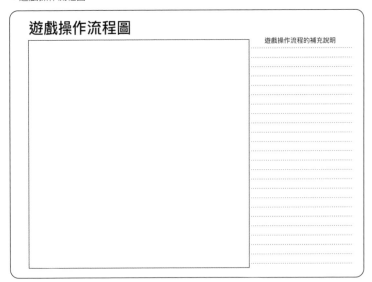

請在這個頁面用線連結畫出一格一格的方框（表示各個遊戲畫面），直覺的畫出遊戲操作流程圖吧。關於畫面的補充說明，請寫在右側的補充說明欄。

像RPG遊戲這種遊戲畫面眾多的遊戲，應該無法全部寫在這個欄位。這時不必硬把內容塞到方框中，就直接用Excel製作遊戲操作流程圖吧。畢竟這份遊戲設計筆記的版型是設計給學生，讓他們能將自己製作的小遊戲畫成遊戲操作流程圖罷了。從一個頁面跳轉到另一個頁面時，請使用有箭頭的線條將方框連在一起。如果兩個頁面可以相互跳轉，請在線的兩端都加上箭頭。物品清單頁比較複雜，建議換頁後針對物品清單再畫一個操作流程圖。

在企劃提案階段不必提交完全正確的遊戲操作流程圖，只要先大概區分出遊戲需要哪些頁面即可。

 ## 【9】畫面版型

這一頁要描述遊戲畫面的視覺效果。在企劃書提案階段，不需要在此項目過度著墨。只要寫上鏡頭哪些畫面需要渲染（rendering）即可。遊戲有多種視角，如Top、Side、FPS、TPS（編註：FPS＝第一人稱射擊遊戲、TPS＝第三人稱射擊遊戲）。這個項目的目的是讓人了解您的遊戲是採用哪一種視角。定義這個項目後，就能大致掌握主角顯示在遊戲畫面的比例了。

不過現代遊戲的鏡頭可自由切換，要一一填寫需求並不容易。這種情況建議將每個場景分開後再寫入需求為佳。以前我在學校都是用透視圖練習，近年則主要使用遊戲開發軟體「Unity」製作畫面想像圖。即使不會操作Unity，製作畫面想像圖時，也只需要在標準頁面放入遊戲零件即可完成想像圖，十分簡單。您如果還沒接觸過Unity，下次不妨可以用Unity練習看看。

▼畫面版型

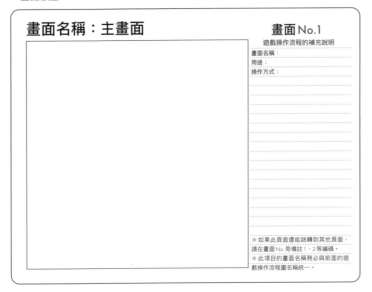

畫面名稱：主畫面　　　　　　　　　**畫面No.1**
遊戲操作流程的補充說明
畫面名稱：
用途：
操作方式：

※ 如果此頁面還能跳轉到其他頁面，
請在畫面No.旁備註1、2等編碼。
※ 此項目的畫面名稱務必與前面的遊
戲操作流程圖名稱統一。

① 畫面名稱
② 畫面No.
③ 用途
④ 操作方式

①畫面名稱

　　建議先給每個畫面命名，後續作業會更方便。例如：遊戲畫面（Field）、主畫面（顯示主選單狀態）。有個名字比較容易留下印象，這點舉世通用。

②畫面No.

　　接著要利用編號讓畫面有層級區隔。假設主畫面是畫面01，往下通常會有「NEW GAME」、「CONTINUE」、「OPTION」。那麼「NEW GAME」就是01-1、「CONTINUE」是01-2、「OPTION」是01-3。如果要再往下細分，「OPTION」之下會有「GAME MODE」、「SET UP」。這時「GAME MODE」是01-3-1、「SET UP」是01-3-2。為遊戲畫面編碼後，就能清楚看出每個畫面所在的階層。

③用途

請在此寫下這個遊戲畫面的用途，簡短地說明即可。例如：「開始新遊戲　清除存檔後跳至主要遊戲畫面02-1-1。」

④操作方式

請在此寫下畫面的操作方式。不必贅述遊戲中通用的操作方式，只要針對有特殊操作方式的頁面說明即可，例如：物品清單頁。建議可以貼上Feature、遊戲機制的頁面連結，能更清楚易懂。

 【10】遊戲全地圖與關卡間的移動

每款遊戲的世界大小都不一樣，如果遊戲主角從頭到尾只會待在自己的書房，就不需要擔心主角移動的問題。不過如果這位主角是只有人類100分之1大小的小人族，還是要考慮這個問題吧（！？）回到正題，大部分遊戲世界的背景是道路、學校、某大陸一隅、世界全貌。如您所見遊戲可以呈現各種不同規模的世界。

▼遊戲全地圖與關卡間的移動

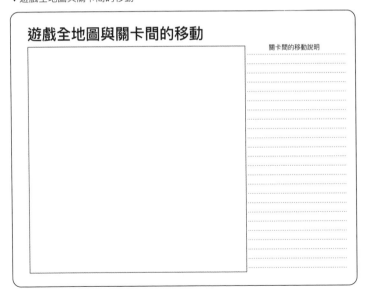

寬廣的遊戲世界中，從玩家在地圖的移動方式就可看出遊戲的特性。例如：有些開放式遊戲的幻想RPG（如《巫師3：狂獵》、《上古卷軸Ⅴ：無界天際》）能讓玩家鑽地洞、或可讓玩家透過自動移動裝置移動。此項目目的是讓創作者描寫遊戲世界的全貌（又稱為遊戲全地圖），並說明角色在地圖的移動方法。

最理想的狀態是在此頁面就設定好遊戲全地圖、角色可移動地點、角色移動方法。

可是這麼一來，就必須先設定好所有遊戲故事與任務。讀到這裡各位讀者應該也已經很清楚了，製作遊戲很少能按部就班一直往前推進，通常都是一邊微調一邊定義各個項目所需內容。因此就像前面叮嚀的一樣，大家不需要一步步按照順序填寫遊戲設計筆記，只要一點一滴慢慢寫，適時修改、添增內容即可。這個過程就像玩黏土、畫素描一樣。各位只要一點一點地微調設定，慢慢將遊戲調整到位就好。

 ## 【11】QB 表和 SB 表

「QB表」、「SB表」其實比較像是規格書，而非遊戲設計筆記。在提交企劃書的階段通常不需提交這2份表單，但如果您的企劃書中包含了遊戲故事，可能還是會用上。將遊戲故事線分配到遊戲後，就必須設計遊戲任務與關卡。所謂的「QB表」、「SB表」就是記錄這些資訊的表單。

不妨趁機複習一下吧。「QB表」的內容就如下方表單所示。這份表單中尤為重要的項目就是關卡總覽，從關卡總覽可以得知，玩家必須通過哪些關卡最終才能完成任務目標。

Level

「Level」其實也表示地點（Stage），是遊戲業界常用的詞。但因為這個詞語涵蓋太多意思，為避免混亂，本書統一用「Stage」來稱呼關卡。

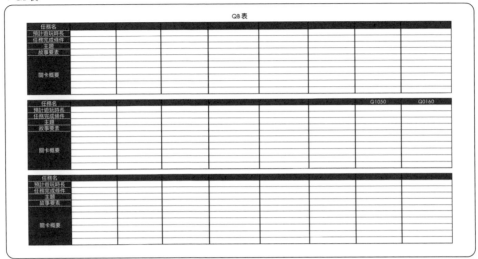

QB表								
任務名								
預計遊玩時長								
任務完成條件								
主題								
故事要素								
關卡概要								

任務名							Q1050	Q0160
預計遊玩時長								
任務完成條件								
主題								
故事要素								
關卡概要								

任務名								
預計遊玩時長								
任務完成條件								
主題								
故事要素								
關卡概要								

4

①任務名稱（任務名稱能讓人聯想到任務內容）

②主題（透過本任務希望玩家獲取的重要資訊）

③預計遊玩時長（預測正常遊玩情況下所需時長）

④故事要素（簡短地寫上此任務目的是要展現故事的哪些內容）

⑤任務完成條件（如何才能完成遊戲任務）

⑥任務內關卡總覽（要完成任務必須破解的關卡總覽）

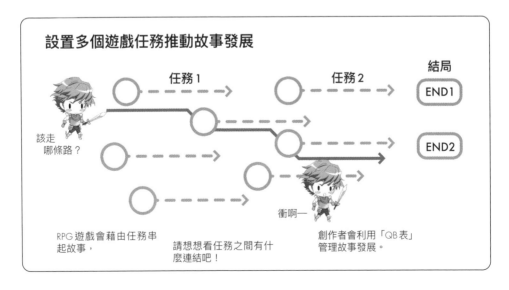

設置多個遊戲任務推動故事發展

任務1　　　　　任務2　　　　結局

END1

該走
哪條路？

END2

衝啊—

RPG 遊戲會藉由任務串
起故事，

請想想看任務之間有什
麼連結吧！

創作者會利用「QB表」
管理故事發展。

接著要介紹「SB表」。所謂的「SB表」就是將上述「QB表」的任務內關卡總覽中提到的關卡，逐一填寫進行介紹。

▼ SB表（Level Chart）

Level Chart

任務名：			觸發條件：		
關卡名：			破關條件：		

關卡內容

時間、天氣	事件內容	關鍵敵人	新防護罩	再次使用防護罩	設置道具	獲得新能力	加分要素	代表BGM	關卡色彩

關卡進行

遊玩／事件	事件名	種類	時間、天氣	事件內容	觸發條件	破關條件	對話內容	

■註記事項■
詳細資訊資料夾：
預計遊玩時長：
使用的防護罩：
重要遊戲互動：

關卡概要：

特殊技術	預設動態	期待美學

① 關卡名稱（關卡名稱應能讓人聯想到關卡內容）

② 主題（簡短描述本關卡玩家會出現何種變化、認識到什麼資訊）

③ 關卡概念（簡短地描述本關卡玩家會要去何處、遇到哪些事情，並且希望玩家在本關卡能認識哪些事物）

④ 關卡內容（簡略地描述關卡地點、時間以及為了完成關卡主題會發生哪些事。）

⑤ 觸發條件（進入該關卡的條件）

⑥ 破關條件（結束關卡的條件）

⑦ 主要遊戲操作方式（移動、戰鬥等基礎遊戲機制）

⑧ 追加遊戲機制（自動儲存點、規則、能力或是道具等）

⑨ 動態要素（設定遊戲希望玩家用何種方式推進遊戲）

⑩ 美學元素（醞釀玩家情緒的重要元素）在企劃書階段如果已經能詳細制定出關
　卡內容，那是再好不過了。不過也不必過分勉強自己。之後一邊寫企劃書一邊
　完成表單內容也沒有問題。

藉由關卡（地點）推動故事

RPG遊戲會在各個地點觸發任務，進而推動故事發展。請為地點與故事製造關聯性。

創造玩家能自由遊玩的環境，並慢慢認識創作者編寫的故事。

創作者利用「QB表」管理故事發展。

啊嗚？

我想去哪裡就可以去哪裡！

該走哪條路好呢？

要和我說話嗎？

　　至此「遊戲設計筆記」的說明就結束了。各位覺得如何呢？應該有不少人覺
得「怎麼這麼麻煩」吧？沒錯，製作遊戲就是這麼棘手，因為遊戲本身就是這麼
複雜的東西。請仔細觀察曾玩過的遊戲吧，您會發現每款遊戲都是由各種遊戲機
制組合而成。所謂開發遊戲，就是仔細地定義遊戲機制的運作方式，進而設置遊
戲互動，最終反覆測試確保遊戲趣味性的工作。

從遊戲筆記進入企劃書

　　前面的小節介紹了「遊戲設計筆記」的填寫方法，幫助創作者在腦內建構遊
戲的輪廓。但大家可別忘了，撰寫這份筆記的原始目的是要幫助大家撰寫企劃書，
本節終於可以開始寫企劃書了。

若寫出好的企劃書，可以拿給周遭的人看。一定會有朋友表示：「哇！你想的遊戲好有趣，我也想參與製作！」像這樣募集有幹勁的成員一起製作遊戲，過程不僅非常開心，也會成為難忘的回憶。正式要開發遊戲時，活用「規格書」、「開發指令書」確保內容無誤後再著手進行。稍後的段落會再對此多加介紹。

　　接著來談談企劃書吧。說實話，企劃書依照讀者是誰、讀者的閱讀目的和讀後見解都有不同。因此製作企劃書時，請先預設幾種不同程度的說明方式與介紹方向。您個人的創意將影響企劃書變得有趣或無趣。最普通的企劃書形式就是紙本企劃書，但在製作企劃書的階段，就該預設未來會需要做口頭簡報。如果做口頭簡報，建議不要只是投影簡報乾巴巴地讀稿。請多費些心思想一想如何讓簡報更有趣，例如：活用小道具。

團隊成員都會感興趣的企劃書

這個遊戲故事絕對能讓人感動落淚！

想要討伐魔王的人跟我走！

啊

啊嗚、啊嗚

我保證遊戲的角色魅力十足，絕不會輸其他遊戲！

我想到一個空前絕後超讚的動作劇情啦！

好期待啊～

好期待啊～

原來如此……

這裡超有趣

如果企劃書內容無法感動遊戲開發成員，那遊戲怎麼可能感動玩家呢？

試著編寫遊戲企劃書吧

前面的小節已經說明如何將腦海中的遊戲輸出到遊戲設計筆記上了。接著要來思考，如何將遊戲筆記改寫成遊戲企劃書。

無論腳本、故事或是遊戲，如果只是儲存在自己的腦袋裡，永遠不會有人知道這些東西多麼有趣。甚至連您自己都不曉得其價值呢！

因此需要將腦海裡的這些創意輸出成企劃書。

● 想藉由故事感動許多玩家➡先感動身邊的團隊成員。

● 目標受眾不同，會覺得感動的地方也不同➡寫出能感動目標受眾的故事。

● 無法寫出好企劃書➡先向自己說明遊戲的有趣之處。

 Level 1 企劃表單

「企劃表單」是指將遊戲企劃統整在1張A4紙上。因為整份內容只有1頁，所以又稱為企劃書草案。

請思考遊戲中哪個地方會讓人覺得「啊！這真是太有趣了」。接著在表單上寫上您覺得這個點子最有趣之處（核心概念）。只需要先寫出最基礎的內容即可。如果您已經完成「遊戲設計筆記」，也可以直接從筆記中彙整出所需資料。

① 遊戲名稱

② 類型

③ 遊戲概要（可以從高概念、破關條件整理出相關資訊）

④ 目標受眾

⑤ 販售平台

⑥ 遊戲畫面

⑦ 個人介紹（您的學校、姓名等資料）

能夠填寫的空間就是1張A4紙，所以可以盡情發揮創意。一開始就要放上遊戲畫面嗎？還是要在表單最下面放入一個大大的遊戲LOGO呢？撰寫此份表單時，請留意前面小節提醒的筆記撰寫重點。如此一來應該就能簡潔、流暢地針對各項目做說明。

正式要填寫企劃書草案時，建議可以先在作業紙上練習寫幾個版本。請不要一下子就跑去打開PowerPoint或者Word，這是讓您能享受自由填寫樂趣的祕訣。請抱著輕鬆的心情用最傳統的方式，編寫不同版本的遊戲企劃吧，這才是邁向優秀遊戲設計者的捷徑。

我希望各位可以試著填寫100份遊戲企劃看看，這個過程會成為各位難能可貴的力量。如果您能想出100個遊戲，並將每個遊戲寫成可給面試官看的企劃書草案，那麼這份資料就能淋漓盡致地展現出您的實力、執行力與熱情。這就像目標成為設計師的學生會每天在家練習寫生一樣。請您抱著3天就要寫出1張遊戲設計草稿的決心，試著挑戰看看吧！

Level 2 企劃書（5頁左右）

您必須意識到這份企劃書將是您的提案作品，所以請帶著熱情與幹勁努力吧。只要擁有足夠的熱忱，那份情感一定會傳遞到閱讀企劃書的讀者身上。相信我，讀者一下子就可以看出企劃書的用心程度，毫無熱情的企劃書根本不會讓人想多看一眼。

遊戲公司應徵遊戲企劃時，通常會要求面試者繳交2、3部作品各5頁的企劃書。據說以前是要求寫3頁，但近幾年好像放寬了規範，所以企劃書變得更好寫了。學生時常問我遊戲企劃書的內容結構，但我只能說每次專案的狀況都不同。

這是因為目的不是要繳交企劃書，而是要提出能讓人感興趣的企劃。就像遊戲的類型有無限多種，要寫出讓人感興趣的企劃方法也是無限多種。就算是同一款遊戲的企劃書，也會配合閱讀的受眾改變企劃書的內容。

稍後會介紹我認為一份企劃書一定要確實掌握的內容，歡迎各位參考。

另外，這種5頁企劃書通常是用PowerPoint製作後印出來提交。由於閱讀手寫字會比較吃力，所以不建議用手寫。影印出來的資料必須是A4大小，所以一開始使用簡報軟體製作企劃書時，請留意PowerPoint的紙張尺寸一定要設定為A4。

最後寫這份企劃書時，請像寫企劃書草案一樣，先試著寫幾份草稿吧。這樣一來即使使用馬克筆在企劃書草稿上做記號也沒關係。

請好好享受手寫的樂趣吧。等整份企劃書的版型底定後，再請移至PowerPoint作業。使用軟體作業後，請先輸入頁面標題與純文字的部分。作業時請注意字數，並選擇合適的字型大小，確保電子檔的企劃書與草稿的版型能一致。

設定完成後，再請您按照下列順序檢查企劃書內容。

● **說明文字是否夠簡單易懂？**
● **企劃書的前後銜接是否會太突兀？**
● **為了讓讀者有興趣掀開下一頁閱讀，企劃書是否有故事性？**

請參考上方條列的事項審視您的企劃書內容。等文字部分大致完成後，就可以插入圖像、裝飾企劃書了。如果要利用AutoShape繪圖，建議也先用草稿畫出大致框架後再使用軟體作業。作業時請留意，千萬不要使用系統建議色。很多人會直接取用系統建議版型和顏色，我認為非常不妥當。這麼做會讓人錯覺好像已經在別處看過類似的作品，最終白費了您辛苦的成果。

以下針對企劃書每一頁應有的內容做介紹。

什麼樣的企劃書會讓人想往下閱讀？
　　企劃書也需要故事性。

將讀者想了解、知道的事情
按照順序整理。

　　為您的企劃書讀者
　　提供超、貼、心、服、務。

不要急躁。

沒有人想讀
從開頭就無止盡描述世界
設定的小說，
企劃書也是如此。

戀愛也能
通用呢。

①封面

　　封面非常重要，必須讓讀者從封面就能對遊戲產生想像。填寫這頁內容時請千萬要慎重。

- 日期（企劃書製作日期，這會成為企劃書的版本依據。）
- 遊戲名稱／LOGO（請勿在遊戲名稱後面用括號備註暫訂，請寫下製作企劃書時您認為最完美的遊戲名稱吧。）
- 前言（請用20字為遊戲名稱補充說明。也可以從高概念彙整前言內容。）
- 販售平台（請參考您之前寫的筆記內容填寫。）
- 類型（請參考您之前寫的筆記內容填寫。正如前面所述，建議您在遊戲類型之前可以多補上一些遊戲說明。）
- 個人介紹（姓名、隸屬的遊戲團隊、學校名。如果學校有其他規範，也請一併寫入。）
- 角色圖像（如果您已經有角色圖也可以一併貼上。不必放上角色全身像，重點是要利用角色圖展現角色的魅力。）

②遊戲概要

　　善用遊戲畫面、遊戲概要，想辦法讓讀者覺得「好有趣」。

- 遊戲概要（您可以整合筆記中的核心概念、高概念，濃縮為50字內容後填入。）
　　或者您也可以用條列式大致說明遊戲內容。
- 遊戲畫面（請明確說明該遊戲畫面正在發生什麼事。也可以多插入一張好看的圖片做宣傳。）

　　不需要將文字與圖片分開，為了確保影印出來的企劃書清晰易懂，通常會放上大張圖片。遊戲畫面與條列式的說明文相互重疊也沒有關係（但要小心不要讓顏色影響了文字閱讀）。

③遊戲概要（詳細）

　　請在這一項填寫更詳細的遊戲內容。如果您的遊戲特色是關於遊戲系統，那就請多描述勝利條件、遊戲規則等資訊。可以直接從筆記擷取合適內容，再多加幾句說明即可。如果有需要也可以用條列式做說明。

　　建議使用說明圖，幫助讀者理解遊戲系統或主角與伙伴的關係。如果使用文字說明複雜的人物關係、遊戲系統介紹，文章會變得又臭又長，讀者會閱讀得很辛苦。適時插入說明圖，再寫上補充說明，就能幫助讀者理解全文。

④遊戲發展

　　遊戲發展與遊戲故事、遊戲世界觀息息相關。如果能在此描述出大概的遊戲故事，並說明要推進故事必須抵達何處做什麼事情，那就太完美了。讀者讀到這裡已經大致掌握遊戲概要與重要遊戲規則，並且迫不及待想了解您會如何活用系統打造出有趣的關卡。請描述故事的前後落差與主要衝突點，穿插「QB表」內容，用圖文解說的方式將遊戲從頭到尾解說一遍。如果其中能插入關卡特徵的說明圖就更棒了。

　　如果是篇幅較長的故事，根本不可能在1張A4紙內用圖文進行解說，因此如何取捨放入的片段至關重要。所謂的企劃表單、企劃書，說穿了就是「擷取遊戲說明筆記的精華後，省略過於冗長的部分，想辦法用精練的文字呈現遊戲內容」。

⑤角色

　　最後一頁是「角色」，但其實要寫的並不只是角色而已。如果是著重強調角色魅力的遊戲，介紹角色時建議一併介紹角色的外型設計。如果是視覺小說遊戲，那麼可以一併說明角色表情，即使用上數頁篇幅也沒關係。我所屬的公司在介紹角色的比例大致是：主角與可攻略角色2頁、敵人角色1頁。如果您的遊戲中有角色搭乘的機械工具、額外的特殊能力或道具，也可以一併記錄於此。就算要花上2頁的篇幅，也請好好表達出遊戲的魅力吧。

⑥設計手機遊戲時必須考慮獲利機制

　　近年來有許多手機遊戲的開發專案。可能受到這個趨勢影響，時不時就會看

到針對手機提出的遊戲企劃。現在的手機遊戲很少是單次付費購買後即可享受所有遊戲內容。熱門遊戲更是會開闢各種管道，藉由課金獲取利益。所以，針對手機提出的遊戲企劃重點，必須考慮要用什麼方式課金、課金的理由是否能吸引消費者。各位應該早就摸透平時會在手機遊戲課金的人的喜好，但學生有限能力下製作出的企劃很難提供多種角色、造型來吸引消費者課金。

　　請在此項目具體描述您會如何吸引消費者課金、如何回饋玩家、如何吸引消費者繼續遊玩。

　　建議這部分用簡短的圖文說明為佳。

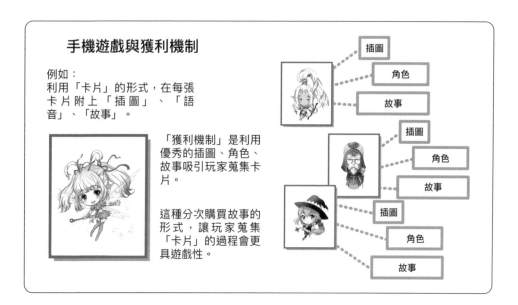

⑦企劃書排版的注意事項

　　在開始排版之前，需要提醒各位2件事。

- 您製作的是企劃書，不是提案簡報。請設定便於讀者閱讀的文字大小、字型、顏色。
- 企劃書必須能讓人短時間掌握企劃書內容。如果文章太長，讀者很可能中途就放棄閱讀。

排版時請各位千萬要謹記上述2項重點。

接著介紹企劃書排版的4項原則。

4

● 對比：

改變文字的顏色、大小來強調您想重點介紹的內容。但整份簡報的顏色不宜超過2、3種。

● 一致性：

頁面標題、文章標題請使用同樣的字型、大小、設計，這樣讀者一看就能了解這是文章標題。

整齊：

● 請將圖文資料排列整齊，可以將圖文資料對齊左側、右側、上緣、下緣，看起來會十分井然有序。

配置：

● 圖文、詞語如果安排在鄰近位置，讀者就知道這些內容彼此之間有關連。反過來說，如果圖文、詞語之間有些距離，讀者會認為這些內容彼此毫不關聯。

排版時請務必謹記以上原則。

最後再提醒1件事。

請在製作企劃書初期就先將資料印出來，確認文字大小和圖片尺寸。尤其若是使用筆電製作企劃書更要注意，適合畫面的文字大小與印刷後容易閱讀的文字大小會有差異。再加上筆電製作的資料文字通常偏大，成品容易帶給讀者壓迫感。

眼睛和紙本資料的距離、眼睛和電腦畫面的距離也不相同。另外不建議排版時文字在後。文字在後時，印刷的顏色會跑掉，影印出來的成品較不美觀。

我使用的是26英寸長寬比16:10的螢幕，並將PowerPoint的簡報頁設為與A4相同尺寸。如果您的電腦螢幕能完整放入A4頁面，建議製作企劃書時最好將頁面顯示與A4相同尺寸，並以閱讀紙本資料的距離確認簡報內容為佳。

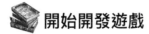 **開始開發遊戲**

相繼完成遊戲設計筆記、企劃書後,也與遊戲開發團隊取得了共識,接著就要正式開始開發遊戲了。在這個階段要製作「規格書」、「遊戲設置指令書」,確保開發團隊中每位成員能朝著同一個方向前進。

在撰寫規格書之前,最重要的是備齊各種資源一覽表。遊戲是由多種領域創造的資源(Resource)製作而成,如:動作、特效、音樂、SE、角色、圖像。必須先製作各種領域的一覽表,劃分出各自部門需要提供哪些內容。

如果沒有資源一覽表,根本無從判斷現在的專案成員是否能夠趕上交期、完成這項專案,這種作業方式形同是在走鋼索。

一般作業順序會先製作資源一覽表,接著才製作遊戲開發時程表。但這部分內容這裡就不多著墨了。究竟什麼是資源一覽表呢?從一覽表可以確認各個部門該在何時完成哪些資源內容,又有人稱資源一覽表為「進度管理表」、「TRM」。準備好資源一覽表,接著安排遊戲設置順序,最後就可以開始開發遊戲了。

完成資源一覽表、進度管理表後,就要開始開發作業了。這時最重要的事就是:每日一檢查(!?)。遊戲能照規格運行嗎?遊戲動作是否流暢?遊戲是否出現 Crush?請時常檢視遊戲的製作現況。建議最好要能與團隊成員一起試玩遊戲,在這個過程中成員之間自然會產生「共同作業」的伙伴意識。但是如果遊戲開發到後期,作業進度不如預期、或者又想額外插入其他遊戲元素,這時該怎麼辦呢?

首先您要認識到一個事實,團隊作業中沒有所謂絕對的公平。一個團隊中,每個人一定都有各自的課題,也一定有能力差異、作業環境差異。在這種情況下,如果想要「公平地」將工作分配給每個人,那其實才是「不公平」。開發遊戲時最重要的事,就是完成遊戲。為了完成遊戲,請團隊成員一起思考解決問題的方法吧。

製作進度延遲通常有兩個原因:

● 團隊的整體執行效率有問題
● 每個成員的作業效率問題

如果事關團隊的作業效率，請與團隊成員一起檢討現在的作業順序是否有問題，或者工作、業務銜接程序（即工作流程）是否需要調整。共享資料時是否有無謂的等待時間？或者業務交接時，是否有徒勞的轉檔過程？請與團隊成員一起檢討現在的作業流程吧。

如果是單個成員的作業效率出現問題，首先可以搜尋是否有可以縮短時間的執行方式：從軟體找尋有效解決問題的功能，或者乾脆改使用其他軟體等有各種改善方式。這些問題雖然只出現在單一成員身上，但請不要認為那是該成員的個人問題，要他自行解決。如果能聯合團體之力提供協助，一定很快就能找到簡單的解決方法。

另外也時常發生，成員的熱情因為某些原因減弱進而影響作業效率。這時就只能仰賴行有餘力的成員主動扛起工作了。大家或許也曾遭遇過這種情況，明明團隊中有3個程式設計師，但幾乎所有工作都是自己獨力完成。這時請想著「整個團隊就靠我了！」然後努力苦中作樂吧。等遊戲完成後，我想您絕對能自豪地說：「這可是我做出的遊戲」。要成就一款遊戲需要每個成員的犧牲奉獻，每個成員在製作遊戲的過程一定都有所犧牲。

團隊的成員就是您的戰友，請相互扶持、努力邁進，並在最後一起為成果大聲喝采吧。

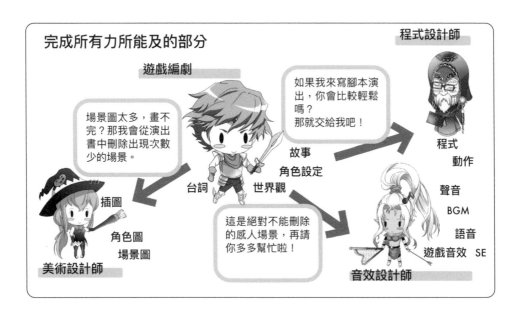

完成所有力所能及的部分

遊戲編劇

程式設計師

如果我來寫腳本演出，你會比較輕鬆嗎？那就交給我吧！

場景圖太多，畫不完？那我會從演出書中刪除出現次數少的場景。

故事
角色設定
台詞　世界觀

程式
動作

聲音
BGM
語音
遊戲音效　SE

這是絕對不能刪除的感人場景，再請你多多幫忙啦！

插圖
角色圖
場景圖

美術設計師

音效設計師

總結

　　這一章介紹了遊戲設計筆記，以便創作者針對想製作的遊戲能產生具體輪廓，進而完成遊戲企劃書。

　　遊戲是整合音樂、影像、腳本等跨領域的綜合藝術，是集結團體之力才能打造出的成果。如果每個成員都是單打獨鬥、各自為政，最終一定無法收穫甜美的果實。

　　如果您堅持「我只是遊戲編劇，哪知道其他人該幹嘛。我只想寫故事而已，插圖、音樂、程式都與我無關啦」，我想這個團隊一定做不出創意豐沛的遊戲。想製作出好遊戲，就必須讓參與遊戲製作的每個人都能對遊戲成品有具體想像。所以您應該要確保每個成員都有清楚認識這款遊戲的重點。

　　說了這麼多，大家是否想著手撰寫遊戲設計筆記了呢？如果您長期為遊戲企劃書所苦，這次不如就死馬當活馬醫試試看我推薦的方法吧！您也可以試著為自己喜歡的遊戲編寫遊戲設計筆記，這也是一種很好的練習喔。建議可以針對封面、廣告宣傳、遊戲概要做筆記練習即可。這項練習能幫助您用理論方式理解遊戲設計。

- 企劃書必須濃縮一款遊戲的精華。如果您對想製作的遊戲毫無想法，怎麼可能寫得出企劃書呢？請使用遊戲設計筆記做為輔助，刻劃出遊戲的樣貌吧。
- 不要直接使用PowerPoint製作企劃書。建議先用傳統的方式編寫初稿、繪製草稿，如此一來能創作出更多樣化的內容。
- 不要馬上開始排版。一開始請只輸入頁面標題與純文字的部分，接著再斟酌頁面內容與介紹順序。
- 企劃書必須點燃讀者往下閱讀的興趣。
  開始排版後請謹記排版的4項原則。
- 在正式進入排版之前，請務必要先試印一次資料。確保檔案的文字大小、顏色正確再繼續作業。

　　一不小心又寫了落落長一大串，非常感謝各位讀到了最後。最後要強調，這裡介紹的遊戲製作方法僅是我個人的習慣做法，如果其中有任何各位覺得可以參考的實用內容，並能幫助各位摸索出自己的作業方式，那就太好了。那麼就有緣再見啦。

我製作遊戲的方法 5

HOW TO MAKE

MY GAME

我製作遊戲的方法
長山豐

參與作品：《伊蘇IV：太陽的假面（PCE）》、《空想科學世界》、《天外魔境：第四默示錄》、《北方戀曲》、《陸行鳥系列》、《龍族拼圖Z》、《計步天使》、《蒼之騎士團》等等。曾任職於 Hudson Soft，後成為遊戲編劇。

 致準備成為遊戲編劇的讀者

　　我想會拿起這本書的讀者，應該都希望成為遊戲編劇吧？可是，只是「希望」是遠遠不夠的。我從小就希望成為有錢人、萬人迷、成功人士，但現在看來這些願望一個也沒能實現。所以只是希望是不夠的。希望大家是「正準備」成為遊戲編劇。

　　當我們斷定自己「正準備」成為遊戲編劇，自然就能逆推回來現在應該採取哪些行動。這種堅定的意念絕對勝過只是「希望」成為遊戲編劇的人。

　　如果只是夢想或是希望成為遊戲編劇，這反而會使我們的執行力下降。所以希望大家帶著破釜沉舟的決心，堅定不移地相信自己會成為遊戲編劇。而且您現在不是正為了成為遊戲編劇，努力向前邁進嗎？下定決心之後，就可以來思考要何時成為遊戲編劇、想成為哪種類型的遊戲編劇了。

找出您的天職

　　1988年4月我大學一畢業就進入 Hudson Soft，並就此開啟遊戲編劇生涯。直到2018年為止，已經入行將近30年了。之所以能在這一行待這麼久，主因就是這份工作十分有趣。當然過程中也有過艱辛的時刻，但這一切都比不上這份工作帶給我的快樂。我不僅對這份工作樂在其中，甚至時常認為能做自己喜歡的事情還能賺錢，未免也太幸福了吧。從這點看來，我生來就應該成為遊戲編劇吧。

大學打工的時候，職場的正職前輩曾對我說：「人類為了賺錢不得已才會去工作，平日我們都戴著『虛假的面具』，直到週末才得以享受自己的時光，成為『真實的自己』。」當時還是學生的我聽到前輩這番感嘆，不禁覺得「成為社會人士好痛苦」，並對未來感到憂鬱。不過實際情況完全不是這樣。比起過去必須依附父母、去大學聽無聊的課，我反而覺得像現在這樣做喜歡的工作賺錢的生活更充實、更愉快。做一份無聊的工作，表示一週可能會有7分之5的機率會因工作感到無趣。但如果能做一份快樂的工作，不就表示一週7天、也就是未來的每一天，都能開心地做為「真實的自己」幸福生活嗎？既然無可避免必須成為社會人士，那麼後者的生活不是更開心嗎？……而現在正準備成為遊戲編劇的各位，您現在也正準備踏上這條康莊大道了。

您適合擔任遊戲編劇嗎？

……不好意思，剛才好像說得太誇張了。說實話，並不是每一位遊戲編劇都能對自己的工作樂在其中。遊戲開發需要團體協作，如果團隊無法順利運作也會很痛苦。常言道單憑「滿腔喜愛」工作，時常伴隨巨大風險。因為一旦工作不順，很可能會開始「討厭」這份工作，從而失去熱愛至今的重要愛好。如果一開始就認定工作＝虛假的自我，即使工作遭遇失敗，也不至於一下就跌落谷底。但如果是100%全心全意投入工作，假如遭遇失敗也將承受100%的痛苦……不過我仍衷心推薦大家成為遊戲編劇。因為這份工作不僅有趣還十分有意義。

無論您是開發家機遊戲（家用主機）還是社群網路遊戲，只要能做出熱門作品，在日本就會有數萬至數十萬人玩您製作的遊戲。尤其現代紙本書籍銷量下滑，遊戲編劇撰寫的文字反而是「這時代最多人會閱讀的文章」。這份工作的價值從此可見一斑。不過這份工作也存在風險。

畢竟是關係到一生的抉擇，我們都希望負擔的風險愈小愈好對吧？那麼就讓我們來驗證「您是否適合成為遊戲編劇」吧！驗證的方式非常簡單，請問：「您是否曾寫出任何作品？」

遊戲編劇的天賦並不是「有」、「沒有」的是非題，而是「自然滿溢而出」的一種能量。擁有遊戲編劇天賦的人，即使沒有任何人委託仍會筆耕不輟。這就好

比現在不會游泳的人，未來也不太可能成為游泳選手。只會在嘴上說「持續累積人生經驗，總有一天我會開始創作」的人，通常一輩子都寫不出東西。

要澄清我想表達的不是「不適任遊戲編劇的人，就不要立志成為遊戲編劇」。而是想強調，這樣的創作者在起跑線就已經落於人後，如果執意成為遊戲編劇，勢必要吃一番苦頭。反過來說，這種創作者如果能正面看待過程中的痛苦，並積極向前邁進，我認為一定能成為了不起的遊戲編劇。不過擁有遊戲編劇天賦的人，很可能對工作太過得心應手，反而怠惰學習、工作不夠仔細。沒有遊戲編劇天賦的人反而能時時努力不懈，對自己的創作字斟句酌，最終反而能寫出傑作……我是這樣想的。

該如何成為遊戲編劇？

假如已經做好心理建設「準備」成為一個遊戲編劇，那麼下一步該如何做才能成為專職遊戲編劇呢？這其實很簡單。要成為遊戲編劇不需要任何執照，只要自稱是遊戲編劇，就已經是遊戲編劇了。如果能印製個人名片發送，那就更完美了。要成為遊戲編劇最大的困難點其實在於：沒有過往作品的菜鳥幾乎接不到工作。接不到工作，就代表沒有機會累積作品……於是陷入惡性循環。該如何避免掉入惡性循環中呢？說實話這真的是一個大哉問，不過我認為有4種處理方式。

①先寫就對了

建議不管有沒有發布作品的機會，都請開始創作。大量閱讀、大量創作，這是精進創作功力的唯一方法。請不要只寫出故事設定就感到滿足，或寫到一半就半途而廢。就算是短篇作品也好，請試著努力寫到結局吧。

另外，建議養成每天寫作的習慣。我認為將腦海的思緒化成文字是可以藉由練習鍛鍊的能力。這就好比練鋼琴，只要堅持每天彈琴，相信您的琴藝一定會上升。但只要稍微懈怠，下次彈琴就會覺得退化了。如果有時間胡思亂想，不如去創作吧！請務必徹底執行上述兩項建議。

②公開創作的作品

無論是多麼厲害的作品，如果沒有人看見，那這部作品等同於不存在。完成一部作品後，請分享給朋友、讓他人閱讀吧。了解其他人如何看待自己的作品也是一種學習……應該說，讀者閱讀後接收到的訊息，才稱得上是您的「創作」。

現代網際網路發達，能發表自創作品的機會也更多了。例如可以投稿到小說投稿平台。可惜我們的目標不是成為小說家，既然立志成為遊戲編劇，建議您不如親手製作一款遊戲。只要使用「吉里吉里」、「NScripter」等軟體，就能輕鬆做出一款冒險遊戲。練習將自己創作的腳本轉換成實際遊戲畫面，這對遊戲編劇來說也是一項重要的練習。

▼視覺小說引擎

> **吉里吉里**
> http://krkrz.github.io/

> **NScripter**
> http://www.nscripter.com/

③擴大人際網

遊戲編劇大致可分為2種類型：自由接案的遊戲編劇與隸屬遊戲公司的遊戲編劇。只要宣稱「我是遊戲編劇」並廣發個人名片，那麼您就稱得上是自由接案的遊戲編劇了。可是這裡有個問題，接不到案件的自由接案編劇與無業人士並無差異。

要怎麼做才能接到工作呢？……誠如前面所述，沒有過往作品的遊戲編劇幾乎接不到工作機會。不過如果這時候就放棄，那您就真的只是一介無業人士了。請多出去認識其他人，拓展您的人際網吧。名片都做好了，就多多分發給別人吧。

這時您可能想問：該如何拓展人際圈？該去哪裡發送名片？其實網路就是您的絕佳幫手。現代真的是太方便了，只要善用網路搜尋，相信您可以找到許多面向遊戲編劇的研討會、交流活動。只要積極參加各種聚會活動，有朝一日一定能遇到合適的機會。

您也可以從推特追蹤其他遊戲編劇，其中一定會有定期舉辦交流會、或者願意熱心介紹工作的遊戲編劇。為了避免造成這些編劇的困擾，這裡就不點名這些人是誰了。這點小事希望大家能自行查詢。另外，我很不會帶人，所以請不要期待我能提供相關幫助。

像這樣慢慢拓展人際圈，一定會遇上好伙伴、好前輩。接著只要好好建立彼此的信任關係，總有機會可以接到工作。這時請注意，千萬不要一直煩別人要他們給您工作。沒有人會把工作交給不認識的人。相反地，如果有人輕易就丟工作給您，也應該要思考：「這會不會是一個黑心專案呢？」

④應徵遊戲公司

經驗不足又沒有人脈的時候，冒然成為自由接案的遊戲編劇是很冒險的選擇……或者該說，是十分有勇無謀的做法。建議先堅持「每日創作」、「發表作品」、「拓展人脈」，同時試著應徵遊戲公司的職位。30年前，我一畢業就進入Hudson Soft就業。當年我其實是個連鍵盤都沒摸過幾次的超級大外行，但因為遊戲公司裡唸文科的人不多，所以公司如果有企劃專案、腳本的工作都會交給我，今天才能走到現在的位置。

不過遊戲產業與30年前相比，已有了天翻地覆的變化。以往想進入遊戲產業就職的人寥寥可數，現在則搖身一變成為小有人氣的產業。我曾在業界的某龍頭公司工作過1年，當時有好幾個年輕人都是東大畢業生，這在以前根本是不可能的事。從這點就可以知道，現在這個產業競爭有多麼激烈。

既然競爭這麼激烈還是放棄吧……會產生這樣的想法很正常，但既然已經「準備」要成為遊戲編劇了，還是試著再努力一次吧。您不需要執著加入大型遊戲公司，以我現在任職的株式會社f4samurai為例，定期都會開出遊戲編劇的職缺，而且過去公司也錄用過沒有過往作品的新人。雖然現在敝公司還只是間100多人左右的小公司，但也已經開發出《蒼之騎士團》、《魔法紀錄》等遊戲。至今在公司待了3年多，我認為這是間不錯的公司。您要不要考慮來當我的同事呢？……哎呀，不小心就幫公司打廣告了。總之我想表達的是，只要努力嘗試，其實有不少管道可以進入遊戲公司就職。

5

　只要搜尋遊戲公司的職缺，應該會發現不少公司在招募「遊戲企劃」，但卻很少公司招募「遊戲編劇」。目前遊戲公司內部專職腳本創作的遊戲編劇其實不多，有不少遊戲公司會選擇將腳本外包給外部人員負責。想進入遊戲產業必須先跨過職業的窄門，如果想成為遊戲編劇，又必須跨過一道更窄的門了……與其說我們是在跨過窄門，不如說是在努力穿過一個超小的洞口。在這種情況下，如果還有遊戲公司特別開設遊戲編劇的職缺，那表示他們一定很看重遊戲編劇。請大家務必優先考慮這些公司，千萬不要錯過機會。

　如果您心儀的公司沒有在招募遊戲編劇，那該怎麼辦呢？這時可以試試應徵遊戲企劃。我聽過有人起初是用兼職身分擔任公司內的遊戲測試員，後來才開始接觸公司的遊戲開發工作。換句話說，進入公司後的努力與表現十分重要。如果您有想加入的公司，就不要害怕勇敢地去應徵吧。

　如果想應徵某間遊戲公司，建議先玩過該公司發行的遊戲。我也擔任過面試官，從許多面試者的談吐可以感受到，明顯是面試前才默背完公司官網看到的資訊。或者可能是前幾天才剛安裝遊戲，看過遊戲序幕罷了。我理解對面試者來說，這場面試可能只是他應徵的10多間公司中的其中1間，很可能根本沒有時間了解每間公司的背景。但正因為如此，如果面試者有認真做準備，那他被錄取的可能性就更高。建議從要面試的公司中挑選幾間公司做好事前準備。玩過一輪該公司開發的遊戲、並將遊戲中的優點與缺點筆記起來。接著在參加該公司舉辦的說明會時，向公司職員分享您的遊戲感想……只要多花一些時間做好事前準備，一定輕易就能讓面試官對您印象深刻。

　「如果想進入遊戲公司，我一定要唸大學嗎？還是唸專門學校就足夠了呢？」這好像是許多人的共同疑問。我在自由接案的時期曾進入遊戲專門學校擔任3年的講師，根據當時的經驗我能告訴各位，就讀大學絕對更有優勢。

並不是要貶低專門學校，事實上遊戲業界中許多人都是專門學校畢業。而且有許多我深感敬佩的對象，大多數都是從專門學校畢業。但是我認為這些人之所以厲害，並不是因為他們曾就讀專門學校，單純是因為他們本身就天賦異稟。

我擔任專門學校講師的3年間，遇見許多充滿衝勁、才華洋溢的學生。我努力在過程中支持他們實現夢想，也努力將幾個學生送進遊戲公司就業。遺憾的是，這些人只是鳳毛麟角。大部分的學生沒能進入遊戲公司，只能轉而應徵行政職的工作。但如果要應徵行政職，就讀遊戲專門學校畢業的身分就變成一項劣勢。聽過不少學生感嘆「早知如此，當初要是去唸簿記的專門學校就好了」。

總結來說，如果您有自信自己在這一行擁有一流的實力，那麼就讀專門學校能讓您如虎添翼。如果對自己的能力感到不安，那麼讀大學絕對是比較安全的選擇。

我的遊戲歷史

我在大學時期認識了紅白機版的《勇者鬥惡龍》，著迷於這遊戲的我反覆將遊戲玩了好幾次。「原來遊戲可以這樣說故事！」那時我深刻感受到遊戲的可發展性。

《勇者鬥惡龍II》販售當天，我在新宿的友都八喜（編註：日本一家大型連鎖量販店，主要銷售家電、電腦、相機等3C產品）排著隊，內心暗自發誓：「有朝一日我也要開發出這麼厲害的遊戲！」在那之後，勇者鬥惡龍的創作者堀井雄二就成了我最尊敬的人。

大學畢業後進入Hudson Soft就業。當時Hudson Soft正是拓展遊戲CD事業的草創時期，為了填滿CD的龐大容量（當時認為），遊戲就必須塞入一定分量的遊戲腳本。於是這段時期公司招募了許多像我這樣的文科生。

接著遊戲載體的容量愈來愈大，我們陸續開發了多款全語音遊戲、附過場影片的遊戲、角色唱歌的遊戲等等。可是猛衝過頭，開始出現「玩家無法順利操控遊戲」、「遊戲開發成本過高」等問題。

開發的遊戲賣不出去，公司對遊戲編劇的需求也隨之降低了。當然，同時間DS等輕量遊戲的崛起，也是對遊戲編劇需求下降的一項主要原因。隨著需求演變，遊戲公司開始認為，與其花費大筆開銷養一群專職遊戲編劇，不如遣散遊戲編劇等有需要時再將專案外包。

最終整個遊戲業界都轉而開發社群網路遊戲。當時就算是熱門的社群網路遊戲，也幾乎沒有劇情可言。這種情況一直延續到智慧型手機興起的時代，當時曾有人認真地表示「使用手機玩遊戲的玩家，根本不需要遊戲劇情」。

後來SEGA的《鎖鏈戰記》爆紅，連帶影響手機遊戲對遊戲腳本的需求急速上升。我也趁勢而為，為SEGA的RPG遊戲《蒼之騎士團》寫了3年多的腳本。這3年每天寫的文字量，遠超過我在家機遊戲業界工作時每天的作業量。如今所在的f4samurai有100多名職員，其中遊戲編劇就超過10人。一家公司的遊戲編劇居然能占總職員人數的1成，從這點就能知道現在對遊戲編劇的需求量有多大。

沒人能預見遊戲業界還會出現什麼樣的變化。或許未來又有人會說「遊戲根本不需要劇情」。不過，從大學開始玩《勇者鬥惡龍》並深深為之著迷後，我就不曾懷疑遊戲編劇這一行的發展性。

遊戲編劇的心得分享

以下想為大家介紹我創作時會使用的工具、以及我的作業原則。

有了會很方便的工具【日語輸入法（ATOK）】

這是由JustSystems開發的日語輸入法軟體，這款軟體有智慧選字、自動校正等功能，能協助挑出輸入錯誤。有些讀者或許認為微軟與Mac內建的輸入法已經堪用，但我用過已經回不去了。我認為ATOP有四大優點：

①錯字的自動校正

例如輸入「あっっぷる」，即使多打一個「っ」，系統仍會自動校正成「アップル」（Apple）。如果是使用Microsoft IME輸入法，則只會照樣顯示「あっっぷる」。

②日語的錯誤校正

輸入「ひとりづつ」後，系統會提醒「ひとりづつ原則上應為「ずつ」。輸入「ふいんき」後，系統會提醒正確應為「ふんいき」。這項功能可減少腳本出現錯字的機率，有些人覺得這個功能很多餘，但對我來說十分重要。（編註：此處狀況類似：「壹個壹個來」原則應為「一個一個來」、「氣分」應為「氣氛」）

③商標提醒

　　要輸入「ほっちきす」時，系統會顯示「ホッチキス（商品名稱）」，並推薦替換用語「　ステープラ」（編註：2個日文單字都指釘書機。前者同時也是日本MAX公司的釘書針註冊商標名稱）。編寫腳本時，遇到這種「實為商品名稱的用語」必須格外小心。「ラジコン」（遙控模型）、「キャタピラ」（履帶）、「エレクトーン」（電子琴）、「ピアニカ」（口風琴）、「テトラポッド」（消波塊）……大家猜猜看，這裡面有哪些名稱是註冊商標呢？答案是，每一個都是。如果要開啟商標提醒功能，請將「プロパティ」（指屬性）的狀態改成ON。建議大家寫腳本時一定要開啟這項功能。

④使用者造詞功能（お気に入り文書ボックス）十分方便

　　您可以事先在系統的「お に入り文書ボックス」輸入經常使用的文章、指令，接著按Ctrl+Shift+F12就可貼上文字。這也是個學會後就令人愛不釋手的功能。例如，我在編寫《蒼之騎士團》腳本時，必須在主角的名稱前輸入[user]。使用這項功能後，不需要切換成英語輸入，即可直接貼上[user]。這項功能可記錄多個文章、詞語，事先將常用字詞輸入系統，之後作業就能事半功倍。

　　除了上述四項優點之外，ATOK還有許多方便的功能。但我怕再寫下去會被當成JustSystems派來的業務，所以就不多加贅述了。順道一提，我撰寫這本書時ATOK的價格是8,640日圓，線上版的ATOK passport則要價286日圓／月。（我簡直就是JustSystems的業務……）

有了會很方便的工具【文字編輯軟體】

　　微軟內建的「記事本」其實就足以撰寫遊戲腳本，不過既然這是遊戲編劇的生財工具，不妨就選擇一套實用的文字編輯軟體吧。市面上有形形色色的文字編輯軟體，您只要選擇自己覺得方便又實用的款式即可。我是使用WZ Editor，但因為這款軟體十分小眾，不推薦大家使用。想找免費的文字編輯軟體，推薦「Sakura Editor」、「TeraPad」。收費的則有著名的「Maruo Editor」。以下向大家介紹學了會很方便的功能。

①Grep功能

這是可同時搜索多個文字檔，一次性取代文字的功能。多位編劇一起編寫腳本時，會出現「ください」、「下さい」，或是「できる」、「出来る」等，雖然不是錯字但屬於相同意思的不同表達詞語，這種情形稱為「通用字未統一（表記搖れ）」。這項功能可同時在多個文字檔搜尋目標詞語，並執行一鍵取代，十分方便。

②大綱模式

這是將文章按照層級編排後，摺疊本文只顯示標題的功能。這項功能在撰寫長文時十分方便，對我來說是必不可少的功能。「將文章按照層級編排後，摺疊本文只顯示標題」，只看文字敘述應該很難理解是怎麼回事，請大家參考下圖範例。

▼大綱模式

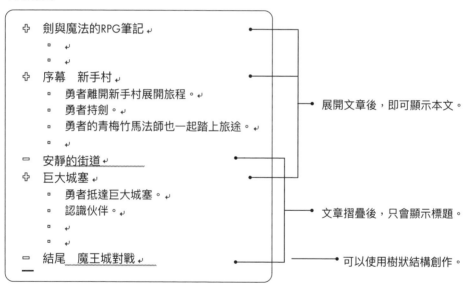

③區塊選取

　　區塊選取是可跨行垂直選取特定區域，進而複製貼上文字的功能。使用 WZ Editor 時，只要按住 Alt 鍵後用滑鼠就可選取特定區塊文字。這時只要再點按 Ctrl+C 就可複製文字，Ctrl+V 就可貼上文字。這項功能很難用文字描述，建議各位可以參考下方的參考圖。

▼區塊選取功能

・**序幕　新手村**↵
　勇者 離開新手村展開旅程。↵
　勇者 持劍。↵
　勇者的青梅竹馬法師也一起踏上旅途 ↵
　↵

選取區塊（四方形）後，可以複製貼上文字。

有了會很方便的工具【字典、辭典】

　　有了聰明的日語輸入法軟體、慣用的文字編輯軟體，您就已經掌握遊戲編劇的生財工具了。相較於設計師必須花費數十萬日圓投資平板電腦、Photoshop，遊戲編劇這點支出已經是很客氣了。這時如果還有字典又更方便了。以下向大家介紹我使用的字典。

①電子辭典

　　建議手邊常備字典，遇上不懂的詞彙、不確定意義的詞語，請務必確實查詢定義。桌上如果常備一本厚重的廣辭苑看起來會很帥氣，但需要攜帶外出時就有些不便了。所以推薦各位使用電子辭典。電子辭典的優點就是可以用字尾進行查詢。一般來說搜尋「あい」這個字時，只會出現「あいいく／アイーダ／あいいろ」等以「あい」為首的詞語。但如果使用字尾搜尋功能，就會出現「あずけあい／あたりあい／いあい」等以「あい」結尾的詞語。如果想找押韻的詞，這項功能可說是十分方便……或許有人會想駁斥我寫遊戲腳本幹嘛考慮押韻，但我其實很常使用這項功能。

即使撤除押韻的需求，遊戲編劇仍須確保自己能正確使用詞語。無論是攜帶型電子辭典、或是在iPhone安裝辭典的應用程式都沒關係。建議一定要在身邊準備一本辭典。

②命名辭典

您可在命名辭典中找到一個詞語的多種語言版本，如：英語、法語、德語、義大利語、俄語、希臘語、拉丁語。構思遊戲道具名稱、地名時，有這本辭典十分方便。

我個人愛用的是學研Gakken出版的命名辭典。

③寶寶取名辭典

要幫角色命名時，推薦使用「寶寶取名辭典」。裡面會介紹名字的語感、含意，也可以從使用的文字搜索合適的名字。要為美少女遊戲的角色命名時，這本辭典更是關鍵工具。不過單身人士帶著這本書，很有可能會引來街坊鄰居的流言蜚語就是了。

作業原則【文本篇】

我曾在某公司為「某款手機RPG遊戲」寫腳本（請原諒我不能說得太詳細）。我非常開心能參與這款遊戲的開發，因為遊戲的原作者正是當年啟發我踏進遊戲業界的人物。創作過程中雖然盡己所能的努力付出了，但是最終我連原作者的一面也沒見到就離開了該專案。根據工作人員的說法，原作者對我的意見是「文字也需經過設計」。換句話說，編寫腳本不能只考慮內容，還必須考慮到遊戲畫面呈現的美觀度。

來看下方的範例（編註：以《蒼之騎士團》的角色和台詞為例）：

> **庫兒**
> 找到馬利歐斯了摩嚕！
> 讓庫兒來幫助你摩嚕！

範例中「庫兒」是發話者，下面則顯示兩行對話文字。如您所見這兩行句子字數不僅完全相同，連結尾標點符號都完全一致，所以視覺上不甚美觀。可以調整成下面的句型：

```
庫兒
啊！找到馬利歐斯了摩嚕♪
讓庫兒來幫助你摩嚕！
```

可以看到我增加了一些詞來改變字數，同時將重複的「！」改為「　」。雖然對話內容完全相同，但後者在視覺上給人的感覺就是比較舒服。

另外一種視覺上不美觀的句型如下：

```
@@@@@，@@@@
@@@@@，@@@@@@
```

這個範例中上下文的逗號都出現在同一位置，建議改掉會比較美觀。

```
@@@
@@@@@
@@@@@@@@　　@@@
```

```
@@@　@@@　@@@
@@@@@　@@@
@@@@
```

上方兩個範例的句型都呈現「階梯式」，這也是業界認為不甚美觀的句型。

```
@@@@@@@
@@@@
@@@@@@@
```

```
@@@@@@@
@@@@@@@　@@@@
@@@@@@
```

修改成上圖的形式後，是不是看起來比較舒服呢？

腳本的內容固然十分重要，但創作時如果能考慮到文字在畫面的呈現，不僅畫面更賞心悅目，還能幫助玩家輕鬆閱讀文字。

作業原則【語音篇】

我在2014年秋季加入株式會社f4samurai，進入公司後馬上開始參與即將發售的《蒼之騎士團》遊戲開發。與前面說的某RPG遊戲相比，在這裡我很開心可以寫更長的腳本，而且這一款遊戲還附帶語音。《蒼之騎士團》已經發行3年（編註：該款遊戲發行時間為2015年，本書日文版發行時間為2018年），如今我們仍以每個月1至2次的頻率去錄音室錄音，密集時甚至每週都必須進錄音室。在這種情況下，遊戲編劇的工作包含：編寫語音腳本、到錄音現場協助聲音總監、指示聲優的表演方式。

如果是需要錄製語音的遊戲，當聲優開始念台詞的同時，經費就開始燒了。除了聘請聲優的費用之外，租借錄音室等成本也不容小覷。所以編寫台詞時也要努力寫出符合經費效益的內容。以下是我個人作業時的原則。

①不要用語音說明遊戲設定

長段的設定請盡量用文字敘述。像歷史課本一樣內含大量專有名詞的文章如果用語音呈現，無論聲優還是聽語音的玩家都會覺得厭煩。這個道理在說明角色設定時也相通。例如「我的生活很窮困」這句話只表達了角色的設定，導致聲優很難在台詞中帶入情感。如果改成「我整個禮拜只吃得起吐司邊」像這樣有具體情節，聲優更能展現聲音的演出。

②語音才能展現的表演

大笑、大哭、憤怒、小聲私語……有許多憑藉語音才能展現的演出。如果聲優只知道角色的性格開朗，所以從頭到尾只用開朗的聲音錄音，相對地角色情感就顯得單調乏味。請盡量在腳本中加入表演時所需的資訊，例如：情感變化、音量變化、聲音距離等等。

1999年Hudson Soft發行了美少女遊戲《北方戀曲～ White Illumination ～》，遊戲編劇是我，當時寫的腳本如下。

> 主角：「妳好，我是＜輸入姓名＞。」
>
> 女孩：「......啊！」
>
> ★SE：喀鏘—
>
> 女孩：「抱歉！我剛才沒拿好電話......」

那個年代手機還不流行，所以腳本的場景是在家接電話的情境。這是主角第一次打電話給女孩，所以我安排了「喀鏘—」的音效，故易讓玩家誤以為「被掛電話了」而感到沮喪。但是當女孩表示「剛才沒拿好電話」，又給了玩家遐想空間：「她是因為我感到動搖嗎？」、「莫非她喜歡我？」我認為一開始低落的心情能讓後面回升的情緒更高昂，所以故意製造了這個反差。由於看不到玩家遊玩當下的反應，所以我也不確定這麼做是否真有成效。但像這種情境，就是語音（和音效）才能展現的表演。

③滿足玩家的認同需求

日常生活中很難得獲得別人稱讚，所以社群上有人對我們的貼文按讚就能讓我們感到開心。而遊戲因為具有互動性，所以很能適時給予玩家獎勵。例如：動作遊戲中只要完成任務即會跳出「Congratulation」的字樣，脫衣麻將遊戲獲勝後女孩的衣服就會減少等，這些都是從以前就存在的獎勵模式。在RPG遊戲中，只要解放一個地區，該地區村民都會向玩家道謝也是同一個原理。遊戲＝滿足玩家認同需求的裝置。而美少女遊戲更是這個概念的集大成。

製作遊戲時，遊戲編劇很常不自覺就偏向自己想寫的內容，而忘記考慮玩家在遊戲中的心情。但遊戲編劇屬於服務業，永遠都要將顧客的心情放在第一位。

這個世界人人渴求「被讚美」，而遊戲這種媒介又很適合給予玩家獎勵……既然知道這2點，遊戲編劇應該處理的課題就很明顯了吧。總而言之，就是要想方設法獎勵玩家。所以我們能做的就是寫出最棒的稱讚，讓玩家能被自己喜歡的聲優用聲音讚揚，這對玩家將是最棒的獎勵。請努力滿足玩家的認同需求吧。

④之後可能異動的詞語盡量用文字呈現

　　語音腳本的缺點就是「之後不能回頭修改」。如果腳本有疏失，導致語音錄製了錯誤的內容，為了修正語音就必須重新安排聲優去錄音室錄音。不過考量到成本問題幾乎不可能這麼做。所以一開始寫腳本時就應該非常謹慎。單純的錯字通常很快就會發現，但請多留意不要用錯詞語。

　　尤其要請多注意，遊戲開發過程中最有可能出現異動的就屬專有名詞，如果擔心後續會衍生出其他問題，也可以考慮用下述的方式蒙混過關，例如：

長老：「我就賜予你王者之劍吧！」

　　假如您擔心「王者之劍這名詞可能出於其他考量無法使用」，可以用下方的形式呈現：

長老：「我就賜予你這柄劍吧！」
系統：「＜主角名稱＞獲得王者之劍。」

　　……像這樣，可以使用系統訊息（文字）來規避（？）可能發生的問題。簡而言之，遊戲發售前如果需要錄製遊戲語音，事前請盡可能向相關人士確認專有名詞的正確性。如果有任何疑慮，請務必像範例一樣安排好巧妙避開問題的做法，這是作業時的重要鐵則。

⑤遊戲編劇自己要念過一遍台詞

　　完成語音腳本後，請帶入聲優的心境自己念過一遍台詞。實際唸出聲音後，您會發現從字面難以察覺的問題，例如：拗口、節奏不佳的台詞等等。當然，如果您是突然在辦公室大聲唸出台詞，一定會被當成怪人。這時在心中默念即可。既然是在心中默念，請務必在內心激情地用聲音表演。如此一來一定能凝練出更棒的台詞。

在錄音現場，如果發現專業聲優台詞念得結結巴巴，請反思看看「是不是我台詞寫得不太好呢？」這時最理想的狀況是，馬上提出替代方案以便聲優錄音。（說實話，我自己是沒有這種靈機應變能力啦）

改稿的處理方式

改稿的方法

遊戲是團體協力作業的成果，遊戲腳本充其量也只占遊戲的一小部分而已。所以遊戲編劇寫的腳本，幾乎不可能一次都沒檢查就直接問世。假使真的有這種狀況，那也是極端「不幸的狀況」。

檢查遊戲腳本的人通常是遊戲總監。遊戲總監是負責遊戲品管的偉大人物，通常是團隊中格外優秀的人負責這項工作。雖然有時也會遇上令人搖頭的遊戲總監，這真的是很碰運氣。不過人際關係是雙面鏡，很可能那位遊戲總監其實也覺得，我（或者是您）是「令人搖頭的遊戲編劇」也說不定呢！

無論遊戲總監是怎樣的人，既然專門吃這行飯就勢必會遇上改稿。如果改稿的原因情有可原倒還好，如果遇上難以接受的修改原因該怎麼辦呢？我認為有以下幾種解決方法。

①直接拒絕

如果對方提出不合理要求，我想直接拒絕對方也是合情合理。不過這種處理方式絕對會引起紛爭。如果紛爭演變成團隊內部的爭吵，彼此的關係只會惡化。而且相同的作業會因此要花更多時間處理，繼而影響到其他部門人員。最終導致遊戲的品質下降，也無法滿足消費者的需求……從結果來看，這種處理方法對每個人都是百害而無一利。因此要拒絕對方時，也請保持友善的態度喔。

②溝通

我認為保持開放溝通態度十分重要。有些人以為溝通的目的是要「說服別人」，但這種做法其實和 如出一轍。請注意溝通態度，建議可以想成「我是要聆聽別人的意見，找出修正的方法」。既然有人提出修改指示，就表示腳本中有需要調整的

196

地方。20個工作人員中，如果有1個人提出質疑，按比例來看，假如未來有20萬名顧客，就表示有1萬人可能會有相同感受。遊戲編劇的工作之一，就是要釐清腳本問題並加以修正。

③按照指示修正

　　這也是一種處理方式，尤其在聯名遊戲中，如果要針對版權方提出的要求做協商，一來一往會非常花時間，所以通常會直接照指示修正。不過，如果照指示修正只會降低遊戲品質，就失去意義了。這種情況下，還不如選擇「直接拒絕」。

④找出折衷方案

　　這是最實際的處理方法。首先先經過 溝通後，再根據問題點找出彼此都能接受的折衷方案。有時這麼做反而能夠帶出更好的結果。但是折衷方案的效果有時可能會不上不下。這時如果依照折衷方案修改，反而會讓雙方都感到不滿，那還不如選擇「直接拒絕」。

⑤100%接納對方意見後，加入自己也能接受的創意

　　這是最佳的解決方式。如此一來，提出意見的人會很開心「遊戲因自己的意見變得更好」，遊戲編劇也會開心自己寫出了好腳本。最後只要玩家也玩得開心，那就是歡喜大結局了。每次我都會以此為目標努力，但其中難免有成功也有失敗。不過我相信只要秉持這個態度積極腦力激盪，一定能磨練自己的創作技能。

對改稿的抗壓性

　　在遊戲產業待了30個年頭，我遇見許多遊戲編劇。以過往經驗來說，很驚訝大部分遊戲編劇對改稿的抗壓性很低。我見過有人在遊戲總監提出修改指令時，花上2小時反駁：「我是基於某某目的才會這麼寫……」。我是覺得與其花時間和對方爭論，這個時間都足夠重想一個符合對方需求、自己也滿意的「合適修正版本」了。對遊戲編劇來說，寫出來的文字才是一切。就算口頭上爭贏了也沒有任何意

義。我認為真正優秀的遊戲編劇，就應該吞下所有辯解，提交一個讓所有人心服口服的修正版本。

其他版本

有時也會遇上修改指示為「請提交其他版本」。這句話其實是圓滑地表示「稿件不採用，請重寫一遍」。不過整篇稿件被退稿，有時也不全然是是壞事。

《蒼之騎士團》中有一個角色叫做「朵兒特」，我在編寫這個角色的腳本時，遊戲總監表示：「劇情雖然不錯，但好像劇情風格與插圖不相符」。於是我融合原插圖的氛圍，重寫了一個新腳本，同時將被退稿的腳本拿去請美術人員重新製作另一個角色「芙緹」的插圖。結果兩個角色都一躍成為人氣角色，在角色投票活動後，朵兒特在賞月活動推出UR卡（編註：指集換式卡牌類遊戲中稀有程度的卡片），芙緹則在新年活動以雙人組合推出UR卡。

如果當時我堅持以原腳本為主體改寫，大家最後就只能看到一個插圖和劇情都很微妙的角色吧。這都要多虧當時被退稿，才能帶來圓滿的結果。

不過這是非常幸運的案例，大部分的情況下，被退稿的腳本只能從此在黑暗中長眠。但即使是這種情況，我認為反覆寫稿的過程還是能幫助提升寫作能力。換句話說，一切都取決於怎麼看待退稿。有句話說：「如果你叫囚犯挖坑，卻又馬上把坑填上……反覆幾次後囚犯就會因為無力感而發狂。」真的是這樣嗎？在反覆挖坑的過程中，囚犯的肌耐力也會增強吧，所以只要能轉換思考模式，即使是拷問也能變成一種訓練（？）。

每個人在寫作時一定都想寫出「有趣的腳本」。也因為如此，我們總認為自己的作品就像自己的孩子一樣可愛。不過，過度堅持己見，很可能反而會錯過讓自己的能力、作品更上一層樓的機會。

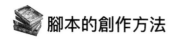

腳本的創作方法

如何撰寫腳本？

時常有人問我：「要如何成為會寫腳本的人呢？」……說實話，我也不知道。我只是將浮現在腦海的想法寫下來罷了。硬要說的話，我曾在國中時被國文老師稱讚作文寫得不錯。在那之後就愛上了創作這件事。我也會在大學筆記本上寫一些詩一般的小說。我的妻子在 Hudson Soft 擔任設計師，據她所述也是國中時被美術老師稱讚畫得很好，才從此愛上繪畫。所以問題的關鍵或許是「國中時是否獲得肯定」也說不定。

「熱愛」自己做的事情，非常重要。如果對自己做的事情有愛，一定輕輕鬆鬆就能實現一般人非常努力才能完成的事情。人自身的努力有極限，可是如果能用玩樂的心情工作，想必無論何時都能樂在工作。因為工作認識了許多繪圖技藝精湛的繪師。觀察這些繪師，發現無論是在開會還是休息時間，他們無時無刻都在畫圖。我不認為他們是想「練習畫畫」才在畫圖，而是因為對他們來說「好無聊，來畫圖吧」已經成為一種「生活習慣」，才會出現這種反射動作。

這一點遊戲編劇亦然。如果您能喜愛創作這件事，就算每天只是寫日記也好，只要保持一有空就創作的習慣，相信您的寫作技巧一定會提升。

如果您已經下定決心要寫作卻一個字都寫不出來，很可能是對自我要求過高，在寫作時不斷自我批評「這種內容太無聊了」所導致。這種自我批評的能力其實也是一種才能。不過，請先試著接納自己，努力創作吧。總有一天一定能寫出讓自己滿意的作品。

我創作腳本的方法

以下我會向大家介紹自己寫腳本的方法，由於內容過於抽象，其實很擔心對大家沒有什實質幫助，但還是記錄如下供大家參考……

首先在大腦中概略地思考。

然後不經意間，有些詞語出現了。

將浮現的詞語輸入到電腦上後，其他詞語也接二連三地出現了。

重新整理這些詞語後，不知不覺地腳本成形了。

什麼都想不到的時候，我會到腦海裡「潛水」。

閉上眼睛，盡量不要去在意外在的聲音，向內聚焦到自己的思緒上。

我會想像自己在「自由潛水」，深入美麗的海洋並在海底捕撈海膽與鮑魚。

這片海洋資源豐富，只要下潛一定能帶回漁獲。

回到岸上後，我會一一排序海中撈起的詞語，接著不知不覺地腳本成形了。

……大家覺得如何呢？以前我在札幌某遊戲公司上班時，同時在一家遊戲專門學校開設了腳本課，課程頻率大約是每週一次。當時我唯一沒辦法和學生分享的就是這套抽象的腳本發想過程。我想就算當時和學生分享這套方法，也只會引起他們的一陣騷動吧。

後來幾經思考，終於知道這種創作方法的關鍵是什麼了，那就是自我暗示。

長山豐的腳本創作方法

剛進入 Hudson Soft 時，首先參與的腳本就是真人 ADV 遊戲《蜜蜂學園》。

遊戲內有 4 個章節，公司表示其中 2 個章節可以任我發揮，於是我也拚命地創作了。

很快就完成第 1 章的遊戲劇情，自己也對成品頗為滿意。

可是要著手撰寫第 2 章時，糾結於「怎麼寫都無法超越第 1 章」，於是一個字也擠不出來。

煩惱的過程中，腳本的交期也一天天迫近。

「只要看完一部電影，我就寫得出來了！」這時腦海突然閃過這個念頭。

實際看完電影後的確文思泉湧。慌慌張張地記錄下腦海的靈感後，總算是交出了腳本。

某知名編劇的做法

我有次很榮幸見到一位知名動畫編劇，並且和他聊起了類似的話題。

根據他的說法，他曾一度陷入低潮，差點就要放棄編劇這份職業。

當時他的太太對他說：「只要你吃完好吃的肉後，一定寫得出來！」他半信半疑地照做後，還真的脫離了創作低谷。

事實上，看電影、吃肉並不能讓您突然擁有寫作能力。關鍵在於強烈的信念，相信「只要我做了○○，一定寫得出來」。

遊戲編劇如果寫不出東西，那就是個廢物。無論是經驗多麼豐富的編劇，每個人都無法保證下一部作品也能順利地完成。可是如果掉進這種負面思考中，那就更加寫不出來了。當年還是菜鳥編劇的我，就是因為掉進「無法超越第1話」的漩渦才寫不出第2話。換句話說，是我親手給自己上了枷鎖。

後來我在創作期間，都會不斷給自己施加自我暗示（以前我一直是無意識這麼做，這幾年終於能有意識地這麼做了）。「等一下去完廁所，就寫得出來了」、「起來走幾步路，就寫得出來了」、「去小睡一下，就寫得出來了」、「吃飽後，就寫得出來了」、「明天開始就寫得出來了」……事實上自我暗示過後，寫不出腳本的次數仍舊大於寫出來的次數。但是仍會堅持自我暗示，直到成功為止。於是神奇的事發生了，不知何時開始，自我暗示後靈感就出現了。（其實是因為我會不斷嘗試直到成功為止，所以這顯然是理所當然的結果……）

說穿了，最重要的其實是「相信自己擁有寫作的能力」。前面介紹的「腦海潛水」正是因為我真切地相信自己的能力、相信這片海總是有滿溢而出的靈感。請先不要管這種自我暗示理論有沒有效，先努力相信自己吧。接著等自我暗示帶來正面效果，就能加深對這套理論的信心。即使自我暗示失敗，也能很快就忘卻。久而久之，這就成為信心根源，讓您逐漸感到自信……最終就能「自動地」創造出良性循環。

一眨眼，我已經從事遊戲編劇這一行30年，但是自那次挫敗之後就再也沒有陷入低潮過了。

想像力訓練

像這樣盲目地相信自己「有能力創作」，反覆自我施加暗示的過程，與想像力訓練十分相似。我並非這個領域的專家，以下只是向大家分享個人研究後的心得，如果內容有任何錯誤還請見諒。

想像力訓練的原理來自「大腦無法分辨現實與想像」。證據就是當我們在腦內想像酸梅乾、檸檬，嘴巴就會自動開始分泌唾液。明明眼前沒有任何酸溜溜的物品，但光憑想像力大腦就會產生反應。這就是想像力訓練的原理。

據說運動選手平時不僅會鍛鍊肉體，沒有身體訓練的時候，也會推演自己和對手的對戰過程，並想像自己戰勝對方後站上領獎台的模樣。按照這個邏輯來說，就算沒有實際戰勝的結果，光憑想像力就能讓我們累積真實的成功經驗。

相對地，如果滿腦子想著負面的事情，就會養出壞習慣。這種思考方式也和言靈很類似。

Memo

言靈
指深信說出口的話語，會對現實世界造成影響。
說出正面的話，好事就會發生；說出負面的話，壞事就會發生。

說話，並不是單純將語言從嘴巴吐出而已。說話之前，這些話語都會先在腦海「迴響」一次。所以如果持續說出負面的話語，如：「不可能」、「辦不到」、「行不通」、「好無聊」，這些話就會慢慢深植到您的大腦與內心，造成負面影響。相反地，如果能刻意將正面的話語掛在嘴邊，如：「太棒了」、「行得通」、「沒問題」、「好開心」，正面效果就會逐漸滲透我們的內心。

現今網路上到處都是抱怨、責怪他人的聲音，我認為在社群網路不斷發送酸言酸語的人內心已經生病了，如果要他們一天不抱怨反而會感到不舒服。可是假如他們不改變態度，有朝一日身邊的人一定會感到反感，這種行為也會讓他們樹敵無數。最糟糕的是，這種說話方式其實就是一種自我詛咒，根本不會帶來正面結果。我認為人遇到低谷時，更該努力開懷大笑、讚美鼓勵他人才是……抱歉，話題扯遠了。

 總結

亂七八糟地寫了一大堆，這些其實都只是我自己「創作遊戲腳本的方式」罷了，我並不確定這些內容對各位是否有參考價值。我認識許多遊戲編劇，他們大多博學多聞，對眾多電影、小說、動畫都如數家珍，言行談吐也是幽默風趣。我總是想像他們腦內有一個作品資料庫，創作時會一邊寫作一邊在腦內不斷搜索相關資料。反觀自己，我對電影、小說、動畫並不了解，說話也很無趣。寫腳本時大多也只是將「當下想到的事物」寫下來而已。所以總覺得自己與一般遊戲編劇似乎有些不同。

不過，那也沒有關係。本書就是為此以同一主題邀請多位遊戲編劇分享如何「製作遊戲」，所以本章才會取名《我們製作遊戲的方法》吧。

比起玩遊戲，我覺得製作遊戲更有樂趣。做這一行已經30年了，從未厭倦這份工作。如今我已經52歲，雖然並不覺得自己老了，但無論去到哪裡通常是最年長的那一個。不過，我敢說我工作起來比年輕人還認真。即使到了退休的年紀，

仍期許自己能繼續編寫遊戲腳本、製作原創遊戲。

　　寫腳本時，有時會覺得腦內有小煙火「砰」的一聲升空炸裂。這時腦袋還來不及思考，就會有文字不斷湧出。為了不錯過一字一句，只能在電腦前拼死地敲打鍵盤。這時我能感覺到自己的腎上腺素急速分泌，產生非比尋常的刺激感，那種快感就像毒品一般令人上癮。只要我還能體會這種刺激感，就無法放棄這份工作。我想自己大概生來就是做遊戲編劇的料。之所以想寫下這篇文章，就是希望能鼓勵更多擁有這個天賦的人一起進入這個產業。

　　我會窮盡一生，拚死寫到最後一刻！大家也要抱著必死的決心努力加油喔！

我製作遊戲的方法
HASAMA

參與作品：《Summer Pockets（Key）》、《Mell Kiss（戲畫）》等等。

 前言

請容我先向大家自我介紹。

我是HASAMA，在編劇這一行的年資還不滿二位數，大部分人應該都沒聽過我的名字。再加上入行經歷與其他編劇頗為不同，也不確定我的經驗分享是否對大家具有參考價值。不過，入行至今能穩定接到工作，薪資也比一般上班族稍微好一些。

我想大家應該也很嚮往這樣的生活，所以還是希望我的分享能幫助到未來想自行開發遊戲的創作者。我的工作主要以視覺小說遊戲腳本、輕小說創作為主，所以之後分享的內容也會以腳本創作為主。

我很不擅長整理房間。

雖然也會想：「差不多該來整理房間了……」，但房間就是很髒亂。我也希望房間可以很整齊，真的。所以每逢假日就會打掃房間。但是房間還是一下子就變亂了。明明我也不想弄亂房間，壓根就不想弄亂房間呀。

有一天，我認識了一位愛乾淨的朋友。我想只要時常和他在一起，一定能學會讓房間常保潔淨的方法。可是房間還是很亂。我努力了，但我想我就是沒有整理房間的才能吧。

不過有一天我突然頓悟了。我察覺我和他的房間有著絕對性的差異。或許有人會認為「每個人的房間本來就不同，有差異很正常吧」。但我主要是想討論打掃這個議題，所以就聚焦到打掃的差異上吧。

我們的房間有數個差異點，分別是垃圾筒的數量、打掃用具的位置、打掃用具的種類。

原來我一直都不知道打掃房間的方法。正確來說，是不知道讓房間保持乾淨的方法。

學會朋友打掃房間的方法後，我還深入研究要如何才能不弄亂房間。

結果，現在我的房間比朋友的房間還整潔呢。從這點看來，我想要「保持房間乾淨」的念頭一定比他更強烈。

寫腳本也是同一個邏輯。各位一定都經歷過這種時期，雖然想著「想讓腳本更有趣，我要寫出超精采的腳本！」但是卻沒能獲得相應的成效、或者成果不如預期。明明遊戲設定很精采、故事很新穎、遊戲角色也很有魅力……為什麼最終腳本卻一點也不扣人心弦呢？各位應該都有這樣的經歷吧。

其實這沒有什麼特殊原因。單純是還不知道如何寫出妙趣橫生的腳本、讓玩家感受腳本的醍醐味罷了。只要各位懇切地抱持著「我要寫出有趣的腳本」的心情，接著學習「寫出有趣腳本的方法」、「感動玩家的方法」，就能創造出有趣的作品了……應該啦。

世界上沒有「學會了某某技巧，就能寫出精妙絕倫腳本」這種事。很有可能看了我之後的分享，仍舊寫不出精采的作品。換句話說，就算看了這篇文章，可能也會覺得自己是白忙一場。但現實生活就是這樣。遇到這種情況時，建議您就接受現實放下執著吧。

創作時最重要的是「取悅讀者」以及「金錢考量」。

創作的目的不該是為了獲取他人評價、或是向他人炫耀自己的能力。

如果您是為了這兩個目的閱讀本書，我想我的分享應該對您沒有什麼幫助。

不過，如果您是想透過創作取悅他人，我會很希望未來能和您一起工作。衷心期

盼之後有機會能與您共事。

 ## 成為遊戲編劇的契機

　　首先想向大家分享我成為遊戲編劇的契機，以及一路走來的經歷。

　　我其實是在公司的一次荒唐事件下成為遊戲編劇的。並非被人「拔擢」或「挖角」，也不是被某人發現「這傢伙有編劇的才華」才成為遊戲編劇。真的是遇到一個非常荒唐的情況。

　　當時我受命寫出一個初版腳本，再由其他人幫忙修改。結果沒想到我寫的劇情頗受肯定，於是也就此踏上遊戲編劇一行。說真的，這種入行方式非常少見。在此要說明，我當時並不是突然發揮什麼編劇神力寫出超熱銷的厲害遊戲，這種事情只會在漫畫、動畫中出現。當時的情況是遊戲銷售情況尚佳，被認為「你寫得很不錯嘛」。換句話說，他們只是十分驚訝我居然能寫出還算有趣的作品。

　　我那時還只是在遊戲公司兼職打工(打工仔是香港用語且指上班族吧?)，一切的契機來自某天上司對我說：「你來負責第二女主角的路線劇情吧。」當時心想：「既然公司敢這樣亂搞，不如就試看看吧……」於是臨危受命接下這個任務，從此成為遊戲編劇。

　　立志成為遊戲編劇的人如果遇到同一個情況，或許會認為：「這就是人生的轉捩點」、「要把握機運啊」。但當時我根本無暇出現這樣的念頭，只覺得這間公司真是太胡來了。所以接下任務時，想說就豁出去好了。

　　印象很深刻，當時根本不覺得「我要升職了」，所以也沒有產生任何喜悅之情。反倒是十分煩惱「怎麼辦……我寫得出來嗎？我能寫出引人入勝的作品嗎？」為此還亂讀了好幾本腳本教學書籍呢。

　　那時候我對遊戲編劇這一行有多陌生呢？當年的我根本不知道刪節號是「……」，一直誤用成「‧‧‧」。甚至也不知道腳本中的陳述句是什麼。換句話說，我是在對遊戲編劇一無所知的情況下臨危受命成了遊戲編劇。現在回想起來，指派我擔任編劇的上司、大膽接下編劇工作的我，精神狀況應該都不太正常。不過，

至今我仍十分感謝那位上司。

這就是我成為遊戲編劇的契機。

有許多人成為遊戲編劇後，因為覺得自己獲得大眾認同就變得驕矜自滿。事實上，我這種傢伙也可以成為遊戲編劇，所以希望大家可以保持謙遜。像這種只知道沾沾自喜的遊戲編劇，最終能賺得的薪資大多比一般上班族還不如。

可是如果您是開心自己能從事一份帶給人喜悅的工作，並喜悅自己能獲得相應的工作環境與契機，那麼我也會衷心為您感到高興。

繼續從事這一行的原因

當時寫出的腳本獲得了公司好評，所以我就繼續做下去了。但在公司無論做什麼都只會換來主管責難，唯獨遊戲腳本獲得了肯定。於是想：「那我不如就繼續做遊戲編劇吧——」，接著就與主管協商並成為了遊戲編劇。只因為一度獲得肯定，就選擇要走這一行，連自己都覺得這個決定實在太輕率了。

雖然第1次的作品反響不錯，但實際要著手寫第2個腳本時，我又因為焦慮不安，跑去看了各種類型的腳本教學書籍。畢竟那時真的是一個大外行。於此同時，我也接獲了腳本指令的工作。我猜這本書一定有介紹何謂腳本程式指令，所以就不贅述了。

當時這款遊戲十分注重腳本內容與腳本演出，還邀請業界頂尖的腳本演出協助製作。當時光是要寫出與演出相襯的腳本就已經拚盡全力，但據說合作廠商私下告訴公司，我似乎有編寫腳本指令和腳本演出的才能。加上我的主管也期許我能做腳本演出，所以我就開始埋頭努力提升腳本演出的技術了。當時我甚至一度想過：「早知道之前就不要做遊戲編劇，直接做腳本演出算了。」

這點再次反映出我輕率的性格，無論過去還是現在，我都只是嘗試去做能獲得肯定的工作罷了。最後與主管溝通後，我的職務變成遊戲編劇兼腳本演出。

實際上，兼任腳本演出對我的腳本創作有莫大幫助。其中一個原因就是因為我有「可以逃避的藉口」。假如腳本沒有獲得好評價，那至少心裡可以自我開脫「大不了我就去做腳本演出啊」。

相反地如果腳本演出有瑕疵，也能轉念「反正我可以去當遊戲編劇啊」。說實話我也不知道這樣想是否是樁好事。可是如果面臨任何困難都必須正面對決，一定無法走得長遠。與其壓力大到罹患憂鬱症，不妨在心裡為自己創造一個開脫的藉口吧。

這個道理在肌肉訓練上也說得通。如果一開始就使盡全力做肌肉訓練，不僅容易受傷，一個不小心說不定還會過勞致死。所以訓練時的重點其實是要給肉體恰如其分的負擔。換句話說，適度施壓雖然能幫助成長，但稍有過度人就垮了。

順帶一提，我知道有不少職業編劇幾乎每天都在逃避問題，甚至很會為自己找開脫的藉口。但長此以往人是不會進步的，希望大家能拿捏好分寸。

幸運的是，我的上司是知道如何施加「恰到好處壓力」的天才，所以我才能慢慢成長茁壯。

腳本演出對我的另一項幫助，就是讓我能「從其他角度看待腳本」。多虧這項技能，才讓我能思考該用何種方式呈現自己的腳本、文章。同時也養成習慣，時時用其他角度觀察自己的腳本。

從非編劇的角度審視腳本是非常重要的能力。有許多創作者根本不知道自己的作品哪裡有趣或不有趣、哪裡需要修正。

能創作出熱銷作品的遊戲編劇，通常可以從「遊戲總監的觀點」審視自己的作品。如果是寫小說的人，則是擁有「編輯的觀點」。所以當時深有感嘆「原來人生每種經驗都有意義……」。於是立下一個奇怪的年度目標：「今年無論有什麼工作，都接下來做看看吧」，而得以累積形形色色的經驗。

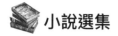 **小說選集**

　　我受邀參與小說選集的創作。正確來說，受邀請的對象不是我，而是我當時所屬的公司。當時這份工作交給了我的編劇同事，但他在參與幾本系列作品後他有意請辭，於是這份工作就落到我頭上了。由於我已經下定決心「今年無論來什麼工作都必須接受」，所以就接下這份差事了。

　　當時我雖然會寫遊戲的腳本，但寫小說又格外困難了。總之當時我完全無從落筆（單純是因為我不習慣小說的創作形式）。

　　我試著參考其他人創作的小說選集作品，但仍沒能抓到頭緒。

　　畢竟那些作品是「使用該遊戲角色後，創作出該作者風格的小說、文章」，所以沒有我可以參考之處。

　　當時（其實現在也是）我不是一個有明確風格、自我主張的創作者，所以實在不知道該從何落筆。像我這種僥倖成為寫作者（而且資歷才一年）的人，如果隨便套用人氣角色，讓他們隨自己喜好在故事中活動，只會玷汙這部作品吧。

　　於是我試著轉變思考方式。

　　「寫出遊戲原作的作者，這種情況下會寫出什麼樣的作品呢？」以此為概念切入，開始創作。

　　我大量閱讀遊戲類文章，研究原作是如何創造有趣的內容、用什麼方式書寫。徹底解析對話的結構、故事的結構、原著故事中實現之事與未盡之事的界線等等。以此為基礎寫出了自己的作品。

　　最終成品似乎頗受編輯與讀者喜愛，編輯並邀請我下次如果有意願請務必要繼續參與。這時我才終於敢鬆一口氣。

　　這本小說選集要出版的同時，該原作遊戲恰好也推出了 Fan Disk。為了宣傳，遊戲公司舉辦了 Fan Disk 的銷售活動，而我與小說選集的編輯就在活動出入口發送小說選集的宣傳文宣。

　　我自己是這家遊戲公司的忠實粉絲，當初也是因為受到該公司的遊戲啟發才

踏入遊戲業界。一方面很開心自己能參與這場盛會，一方面也深刻感受到自己與憧憬的遊戲公司之間的距離。活動當下眼前能看見的，只有專注欣賞舞台的觀眾背影。當然，根本沒有觀眾會回頭看我們。

說實話，當時由於現實與夢想的落差太大，根本不敢想像「總有一天我也可以寫出這麼厲害的作品」。但是對我這種「僥倖」成為遊戲編劇的人來說，那天正是讓我萌生此念頭的契機。

於是那段期間更加努力提升自己「模仿他人思考模式」的能力，並堅持筆耕不輟。幸運的是都獲得了不錯的評價，除了剛才介紹的遊戲小說選集邀請之外，還陸續從其他地方獲得了創作的機會。

其中不乏遊戲編劇的工作委託，結果又對自己的能力感到不安，更加努力進行研究與分析，復又繼續創作……大約3年間抱持著兢兢業業的態度，持續撰寫遊戲腳本、小說選集與擔任腳本演出。

後續我也參與了該款遊戲Fan Disk的延伸小說選集。該款遊戲的Fan Disk中，有一條遊戲路線是描寫原作遊戲的某位女主角的延伸故事線，當中也出現了幾個新角色。

Fan Disk中，主要是在日常生活中展現了兩位主角甜甜蜜蜜的模樣。但是我個人更喜歡原作遊戲和樂融融的氣氛，所以很好奇如果故事是用原作風格呈現會如何。於是在撰寫Fan Disk的小說選集時，故事概念就是「使用Fan Disk內的角色，但以原作風格演出」。這本小說選集後續迴響也很不錯，並且還為我帶來了其他工作機會呢。

原創小說

得益於創作功力提升，我獲得了出版原創輕小說的機會。當時又陷入巨大不安。一直以來我都沒有自己的創作風格，而且都是沿用別人發想的角色下去創作，不禁擔憂「我真的辦得到嗎」。於是又埋頭展開大量調查、研究。這也是重新思考「我的創作風格是什麼」的契機……

這時的我已經在持續創作原創作品，甚至已經出版了原創小說了，即使如此，不知為何仍不認為自己是個作家。

我推測這種自我懷疑源自於自己不知道如何寫出有趣故事的理論。說實話，我認為有不有趣會隨著時代演變，所以不認為世界上有一套理論能幫助自己創作有趣的內容。

即使到現在，我的內心還是會自我懷疑、對自己的能力感到不安。唯一能做的只有不斷整合自己的作業 Know how，並且大量吸收外在養分。

後來我又獲得出版其他書籍的機會。當時創作技巧比我更精湛、名氣也更響亮的作家雖然也提交了企劃案，但都被駁回了。於是想，要是只照平常的實力發揮那就更沒希望了。於是我又開始進行研究分析。

通過與未通過的企劃案有什麼區別？通過的企劃案有哪些要素？該作品的核心趣味性是什麼？我從通過的企劃案中淬鍊出多項作品元素，並分析這些元素為何可以讓作品變有趣。最後我將自己想寫的內容，套用同樣的模式和元素後繳交了。

令人驚訝的是這份企劃案居然一次就通過了。於是再次認識到研究與分析的重要性。

不過我寫的故事大綱被評得慘兮兮，編輯要求必須重新寫過再繳交。沒辦法只能跑去研究該如何寫出好的故事大綱。

熱門作品、引人入勝的作品會採取什麼敘事結構？故事第一集該發生什麼事件？有沒有什麼我沒觀察到的關鍵元素？鉅細靡遺地分析後，重新繳交了故事大綱。這次編輯表示：「雖然還需要做些微調整，但目前沒問題了。」

另外，我在這次研究故事大綱時總結出的作業原則，在後來提案其他出版社的企劃案時再次派上用場，並幫助我一次性通過企劃提案。這些經驗都一再讓我認識到世界上的確有作業 Know how、劇情黃金比例、容易通過提案的訣竅。

通過企劃案的居然不是比我技藝精湛的作家，而是自己。一時僥倖成為作家、並且始終無法自稱為「作家」的我，在那一刻感受到自己的確該做出決斷。

小說選集之後

回到前面提到的「Fan Disk延伸小說選集」，據說廠商確認稿件的時候，我的小說特別引起了負責人員注意。那天該位負責人恰好要委託新的插圖，於是到我任職的公司會議室開會。

他注意到展示在會議室的小說選集，主動向我們公司的人提起：「我們一直在找寫這篇故事的作者耶」，接著我被叫進會議室，與負責原作遊戲的遊戲編劇會面了。由於太震驚，我已經完全不記得當天發生什麼事情了。

這可是和啟發我踏進業界的遊戲公司的相關人士見面耶，而且與我會面的還是我一直都很景仰的編劇。沒想到會被他大力稱讚，甚至表示「如果有機會，我們很期待與您合作」。這番話當下雖然令我雀躍不已，但畢竟可能是客套話，所以我還是非常冷靜。

出乎意料的這居然不是客套話。這部Fan Disk作品後來決定推出家機版本，我則受邀撰寫遊戲腳本。雖然只負責很小的一部分，但何德何能居然有機會與憧憬的遊戲公司的人一起工作。

開始自由接案之後

後來因為身體健康問題離開公司，轉而成為自由接案的作家。幸運的是那時工作量也還算穩定。有天前往一家公司拜訪時，恰好遇見了一位很有意思的人物。

這號人物是美少女遊戲業界一家知名公司的前會長，我還在前公司時就曾因工作多次與他會面。當時與他合作了形形色色的專案，並從他身上學到許多關於金錢的觀念。

這位前會長時常掛在嘴邊的一句話就是「金錢是工作的感謝狀」。這席話令我不禁點頭稱是。

遊戲業界有個奇特的現象。這個產業中有許多「自以為沒有獲得合理薪資」的人，以及「不自覺正在被壓榨的人」。

前者明明沒幫公司賺多少錢，但總是覺得「我每天長時間被綁在公司，為何只給這點錢」；後者則是「只要能讓我創作，就算錢少一點也沒關係！只要可以讓我一起參與創作就好了」。

無論前者或後者，說實話都十分棘手。順帶一提，我本人恰恰屬於後者。

可是聽到金錢是工作的感謝狀後，我了解到薪資過高、過低都不合理。對您的勞動成果不知感恩的客戶，不會提供感謝狀；而一味拒絕要表達謝意的人的感謝狀，亦十分失禮。

認識到這點後，再回頭來思考金錢、公司、工作專案的關係，會察覺許多事情。那時我看見了作家這份職業與其生活方式，於是下定決心要自信地以作家身分活下去。

這是一個僥倖成為作家的人，終於認同自己是一名作家的瞬間。深刻意識到自己原來備受期許。從收到的報酬，我看見願意付錢請我撰寫角色延伸作品的人、看見讚許我的作品很有趣的人、看見對我的作品表示感謝的人。同時深刻感受到不能背叛這些人對我的期待。

從此落筆時總是在思考「該怎麼做才能讓客戶、自己、玩家都得利」。驚人的是，我從此獲得了消化不完的大量工作機會。現在我獲得的工作機會大約是普通作家的4倍左右。

現在的我正在為某部遊戲撰寫腳本。而且這款遊戲的製作公司，正是當年啟發我踏進遊戲業界的公司。當年那次小說選集的工作，居然延續到現在，讓我接到了更了不起的工作。

當年我只能遠望著參與活動的觀眾背影，但現在我卻與我憧憬的人一起工作。有時仍覺得這一切就像場夢。

我不是什麼天才，所以選擇潛心研究、學習不輟。

我也不是信念特別堅定的人，但是可以慢慢建立自己的信念。不曾想過「要成為厲害的作家」，嗯……也許有幾次吧。

基本上，我只是為了創作出玩家喜愛的作品，不得不逼著自己前進罷了。

```
作家的品牌力＞作品
```

請千萬不要變成作家的品牌力＞作品的作家，如此一來您將永遠止步不前。對於付錢請您創作的人也很不尊重。

```
作品＞作家的品牌力
```

永遠要以作品＞作家的品牌力為目標努力。

創作時不免有「讓你們見識我豐富的知識與實力」、「趕快認識我啊」的心情。但遭到批評時又會為了維護自尊找藉口「那是因為我沒有拿出實力」、「這次交期太趕了」、「是其他團隊成員的問題」。

可是這些都不是玩家需要知道的事情。請不要將「創作背後的問題」加諸在玩家身上。這也是一直以來我的自我提醒。

衷心期盼我的這些心得分享，能稍微幫助到每一位立志創作的讀者。

接著要向大家道歉，因為我的作業 Know how 實在太多了，有限頁數內恐怕無

法全部分享給大家。不過如果大家有興趣、願意繼續閱讀，實為我的榮幸。

 ## 辛苦不會白費

看完前面的前言，恐怕沒有多少立志成為作家的讀者會對我產生尊敬之情吧。

我剛開始撰寫腳本的時候，就和各位一樣先是閱讀了諸如《如何成為小說家》的書籍。當時我想，看來書中的每一位作家都是用自己的方法創作文章、寫出腳本的啊……

我一廂情願地認定他們一定沒有看過其他腳本教學書。甚至會想遊戲編劇如果還要看教學書、作業工具書，未免也太遜了吧……

精確來說，當時我認為作家這個職業「根本不可能有作業Know how！放棄教學書中的教條吧」。但這僅是我成為作家之前才有的想法。

事實上，我在多本教學書籍幫助下成為了小有成就的作家，還接獲各種工作邀約。再次澄清我並非寫作天才，也不是經驗豐富的菁英作家。我成為作家至今還不滿10年呢。

為什麼我可以有那麼多工作邀約呢？關鍵就在於建立了自己的一套作業Know how。我將從他人身上學到的事物、曾受到旁人好評的內容系統化，牢牢筆記後加以實踐。

沒必要重複產出前人已經發創造的內容，重點是要充分發揮前人的創意，重新打造出屬於自己的內容。

臨死之前還能創作多少部作品呢？沒有時間撰寫了無新意的故事，也沒有時間為自己的無能感到苦澀。希望各位能努力學習身邊一切能學習的事物，並致力創造更多別出心裁的作品吧。

接著要向大家分享我的思考Know how。

首先要教大家如何挖掘有趣的事物、用有趣的方式傳達給讀者，並告訴大家如何組織出有趣的文章。

為了寫出有趣的作品，我習慣不斷解析其他人的創作。

說是解析，其實也只是分析了很表面的內容，例如：「這個題材正流行我也來寫看看吧」、「大家好像都喜歡這種內容我也來試看看吧」。只分析了非常表象的現象，幾乎不會去探究中心的本質。可是正是這些想法，讓我挖掘出創作的 Know how。

作家這一行本來就是輸出個人思想的職業，所以這些思考過程絕對不會白費。不如說，如果一個作家什麼都沒想就開始揮筆創作，那反而是白費工夫。請試著解析自己的作品、看過的書籍、影視作品，並仔細剖析這些作品為何令人心馳神往，將這些原因歸納成一套 Know how 吧。請試著想一想：「這部作品為何引人入勝」、「這部作品為何令人動容」、「這部作品為何如此扣人心弦」。

從整部作品的角度解析，為什麼這部作品能引人入勝？

- 因為故事很有趣？
- 因為角色很有趣？
- 因為敘事方式很有趣？
- 因為對話很有趣？

區分出幾個大分類後，接著深入探討每個分類中令人感到有趣的原因是什麼？

為什麼故事令人感到有趣？

- 作品帶有懷舊風情。
- 內有賺人熱淚的劇情。
- 感動之餘還有令人發笑的段落。
- 屬於王道劇情，閱讀時令人心情舒暢。

拆解出故事令人感到有趣的原因後，還要繼續抽絲剝繭。

為什麼這部作品會帶給人懷舊的感受？

● 作者安排了讀者能產生共鳴的場景，令人不禁感嘆：啊……我小時候也做過同樣的事呢。

● 場景中有許多時代舊物，能勾起讀者的懷念之情。

● 故事中出現了祕密基地，看起來很好玩。

● 看到故事中母親發怒的場景，令人聯想到「好像很久沒有人對我發脾氣了」。

● 回想起來……自己好像許久不曾汗流浹背了。

● 到這把年紀已經無法沒命似地狂奔了。

● 故事裡角色一路走得跌跌撞撞，但我好像很少遇到類似的情況。

● 我好像許久沒有落淚、或者情緒起伏波動過了。

　　等等。

　　拆解懷舊風情故事背後的元素後，只要運用同樣的元素也能寫出令人感到懷舊的故事。進一步分析其他作品給人懷舊感受的原因，就能找到寫出懷舊故事不可或缺的要素。

　　如果單純是看完一個故事後，就憑著感覺隨意創作，作品很容易像是「劣化版的原著」、「抄襲之作」。不過，像這樣經過解析、重組，就能創造出全新的故事了。

　　接下來用同樣的道理，解析其他作品的角色和設定。久而久之，一定能找出一套自己的方法「創造同樣有趣的角色」。

　　很推薦大家使用這種方式「分析市面上的作品」，進而有效率地創作出專屬於自己的故事。

　　不需要重複解答前人解開的謎團、或者重新發明已經有人發明的事物。只需要充分吸收前人智慧，昇華、改造成其他內容即可。無論是什麼樣的作品，都能靠解析作品後，由自己創造出類似的故事，根本不需要逼自己從零起步。

　　舉例來說，「我想設計一個可愛的女性角色，該讓她有什麼個性呢？唔……有了！就設定她平時性格高傲，但是兩人獨處時就變得很害羞好了……」就算您是

自己絞盡腦汁想出這個角色性格設定，但事實上「這不就是個傲嬌嗎」？所以請盡情使用已經有人開創的點子吧。

不過也要留意，不要太快「停止思考」。傲嬌之中也分成超可愛傲嬌、有趣的傲嬌、奇特的傲嬌等等，您可以試著從這個起點開始發揮創意。

總而言之，我想與各位分享的 Know how 就是：

> 分析他人的作品，轉換成自己可以運用的要素。

 ## 我的創作方法

以下介紹我的創作方法

我的創作流程為：「訂定創作概念」、「擴寫靈感」、「用故事大綱、企劃書統整內容」、「將設定轉換成腳本」。前面已經數次強調了 Know how 的重要性。

或許有讀者希望「趕快告訴我統整後的 Know how 是什麼」，但就像趣味這種感受，是時時刻刻變動的事物。即使在這本書向各位分享我的 Know how，很可能等到書籍出版，我分享的 Know how 就已經過時了。「潮流會變動得這麼快嗎？」可能有讀者會這樣質疑，遺憾的是世事就是如此多變。

所以想向各位分享，我是如何找出作業 Know how。不過說老實話，其他作家並不太能認同我的理論……

讓我娓娓道來，我是如何撰寫腳本。

① 訂定「創作概念」

決定要寫出哪種類型的作品。

創作概念又可區分成「撰寫腳本之目的」、「作品內容」等2個項目。

例如：

- 想隨心所欲地創作。
- 想寫出熱銷的遊戲腳本。
- 為了提升作家知名度而寫。
- 想寫一個現在的遊戲開發成員才能一起實現的遊戲腳本。
- 想寫出符合遊戲總監想像的遊戲腳本。
- 腳本的內容要能搭配美術圖。
- 為了自我精進，這次要挑戰自己不擅長的領域。
- 想重新挖掘王道路線的優點。
- 無論如何都想嘗試全新挑戰。
- 必須能向大眾展現我的實力。
- 為了保持創作能量必須加快寫作速度，即使成品不盡完美也沒關係。
- 這款遊戲必須能賺錢。
- 想寫出只有自己才寫得出的劇情。

請參考上面的範例，釐清自己撰寫這部腳本的目的。

除此之外，也請思考作品內容。

- 獻給想感受懷舊風情的人。
- 獻給想要痛快大哭一場的人。
- 必須能讓人心跳不已。
- 必須放入能讓人發笑的元素。
- 要能展現出人性黑暗的一面。
- 有讓玩家動腦筋的成分。
- 讓每個人都能輕鬆讀懂。

　　一人獨立創作時，事前建立明確的創作概念十分重要。如果是團體創作，那麼預先統一創作概念又更重要了。實際遊戲專案中，通常會由多位作家一起撰寫一部作品。所以如果每個作家設定的創作目的都不同，那麼這部作品就要完蛋了。

舉例來說，「重新挖掘王道路線的優點」與「嘗試全新挑戰」的目的就自相矛盾。可是市面上真的有不少作家會同時設定相反的目標，還固執己見不肯妥協。如果目標是「寫出熱銷作品」，那創作時就該時時刻刻想辦法讓故事往這個目的靠近。反之，如果目標是「寫出只有自己才寫得出的劇情」，那麼創作時比起會不會受歡迎，有更應該優先考慮的內容。

如果目標是「這款遊戲必須能賺錢」，那麼創作時就該知道腳本應該要有足夠分量、遊戲要有豐富的出場角色，後續才有機會販賣周邊商品。

綜上所述，建議應事先為遊戲專案設定創作概念。如果是社團自製的遊戲，也應先訂定作品的創作概念。

● **只是為了興趣，就一起開心製作遊戲吧。**
● **靠這款遊戲商業化後出道吧。**
● **重點是要嘗試如何用遊戲說故事。**
● **只是打發時間罷了。**
● **希望用這款遊戲賺錢。**

一個團隊裡每個人一定都各有心思。如果團隊的創作概念是「一起開心製作遊戲」，但其中若有人希望「靠這款遊戲商業化後出道」，一起工作會很辛苦吧。

即使是職業作家，在制定遊戲專案的創作概念時，大約會有3成作家會希望「作品最終能動畫化」。

所以一定要先決定好作品的創作概念。

沒有明確的創作概念，作品會失去創作原則，變得無趣乏味。無論是自己創作或多位作家一同創作，一部作品沒有方向就很容易失焦。

例如在一段日常生活對話中，突然想出一句超脫現實的搞笑台詞，請問您會選擇寫進腳本嗎？

如果這是感人作品或者現實向作品，那麼這句台詞很可能將導致世界觀分崩離析。可是如果您很清楚作品的創作概念，就有判斷的基準，也就知道落筆時該往哪個方向強化了。

所以請好好想一想想用作品實現哪些目標，進而訂定作品創作概念吧。

②準備海量的創意靈感

每個人會採取的手法各異。但我自己開始創作時會暫時忽視作品的創作概念，並盡可能地丟出自己能想到的所有靈感。

很多人以為小說家要捕捉靈感，會選擇在房間中來回踱步或是到處散心。

但我自己完全不屬於這兩種類型。由於我在私人時間也會繼續構思腳本內容，所以只要坐到電腦前，就會一口氣將當下腦海中的想法通通記錄下來。我很少對工作感到苦惱，這時候也只是任憑雙手在鍵盤舞動而已。

前面提到「我的某種創作方式不太受其他作家認同」，以下就要來介紹這種作業方式了。假如要在作品中放入一名傲嬌的角色。所謂的「傲嬌」是指在特定人物面前，同時會展現具有攻擊性的「高傲」性格與友善「嬌羞」性格。

在發想靈感的階段，我會將傲嬌統整為下表的形式。

▼傲嬌的種類和成為傲嬌的原因

	天生性格使然（女主角的真實自我）	後天環境影響（生活環境影響）	旁人（受到旁人影響）	受到某事物影響（受到最左欄項目的影響）
對主角	討厭主角	因為家庭問題或各自的立場迥異，必須敵視主角	從旁人聽說了主角的奇怪傳聞	曾被主角做過某些事
對男性全體	生來就討厭男性	瞧不起委員會的人或者其他貴族	聽說男人很可怕	曾被男性做過某些事
相反的觀點	因為喜歡對方，所以不自覺擺出高傲的態度	雖然喜歡主角，但因為周遭人喜歡瞎起鬨，所以才會擺出高傲的態度	聽說男主角喜歡這種性格，所以刻意為之	希望主角能喜歡傲嬌的自己
玩家觀點（上帝視角）	其實是用高傲的性格在調教主角	因為在旁人面前容易緊張，所以給人感覺很高傲（可能是性格比較怕生）	因為和朋友同時愛上主角，所以才刻意保持距離	曾給主角帶來困擾，所以對主角感到虧欠才變成傲嬌

針對這些反應，後續有幾種不同的解決模式：「擺脫傲嬌性格」、「接受、克服傲嬌性格」、「維持現狀」。

從這張圖表可以清楚看到傲嬌擺出高傲態度的原因，隨手寫寫都能輕易歸類出16種分類。

嬌羞的方式依照高傲的成因可粗分成3種，分別是：「克服傲嬌的嬌羞」、「習慣傲嬌的嬌羞（找到折衷解決方法）」、「雖然還是覺得討厭，但開始會露出嬌羞的一面」。

- 「克服傲嬌的嬌羞」：克服了男性恐懼症，並開始在主角面前表現出嬌羞的模樣。
- 「習慣傲嬌的嬌羞」：仍有男性恐懼症，但唯獨不再恐懼主角，於是表現出嬌羞的模樣。
- 「雖然還是覺得討厭，但開始會露出嬌羞的一面」：對於主角仍認為「明明應該要討厭他……」，但還是會對主角表現出嬌羞的模樣。

16種高傲的原因，配上3種嬌羞模式。不必花費太多時間，就可以輕鬆整理出48種傲嬌性格。

實際上傲嬌的種類絕對不僅於此，我相信即使不用這種方式還是可以挖掘出很棒的傲嬌類型，或者想出新類型的傲嬌。可是就算您想自己創造全新的傲嬌類型，知道這48種基本款傲嬌也不會少一塊肉對吧。需要構思其他類型的角色時，也可以活用這種表單模式。

另外，我也會利用表單統整勝負的結果、現象的結果。

這份表單和前面的表單又不同了，這次的表單可以幫助您在眨眼間彙整出各種事件的結果，以及20種邁向結果的脈絡。如果繼續往下細分，甚至能夠創造出54種事件結果。雖然很想詳加說明表單的用法，但使用二次元的表單很難說明原理，就算用文字要描述清楚也不容易。

事先知道創作的方向，並用表單記錄。習慣了就能歸納出一套作業Know how，未來就能事半功倍。同時，這麼做還能有效地產出創作靈感。

不過有效率並不代表一切。創作的核心，還是要設法提供玩家扣人心弦的劇情。無論採用有效率、沒有效率的方法，我的工作宗旨都是為了取悅玩家。

請問壽司店如果要煮醋飯，最好的方式是什麼呢？

> 我認為不該使用電子鍋，還是使用釜鍋為佳。

不過若是電子鍋可以煮出比釜鍋更美味的白飯，應該要選擇電子鍋才對吧。刻意選擇不會讓白飯更加分的煮飯方式，能帶來什麼好處呢？

話是這麼說，我也認為釜鍋這類傳統作業方式一定蘊含著某些特殊要素。所以言歸正傳，無論是煮飯還是作家的創作策略，重點還是要看哪一種方式更能滿足顧客需求。

我的這一套理論受到其他作家大力抨擊。

「做這種創意相關的工作，怎麼可以一味追求效率呢？」

可是我認為，正因為大幅提升了作業效率，後續才有空閒可以創造全新事物。

③依照創作概念篩選合適的創意靈感

故事大綱就像是腳本的設計藍圖。

作家常說要「組合故事大綱」，原因是他們編寫故事大綱時會不斷補足故事內容。而我的做法則是先丟出大量創作靈感，再慢慢篩選。所以硬要比喻的話，我比較像是先「挖掘」、「開採」，接著再將創意修整成型。這種作業方式能避免出現故事漏洞、後續還要補足的問題，個人非常推薦這種方法。

順帶一提，許多作家會跳過「訂定創作概念」、「丟出靈感」的流程，直接組織故事大綱。

他們的創作方式是靈光一閃想到「來創作這種類型的故事內容吧」，才考慮「創作概念就該這麼安排吧」進而決定創作概念。接著又花費1至2週冥思苦想，將各種創意整合在一起，就完成故事大綱了。這種創意輸出形式大概只要半天，所以

很多作家認為靈感能憑空「從天而降」，從而苦苦等待靈感出現。

可是如果按照我前面介紹的作業方式，只要2天就可以完成一個故事大綱。我不會「等待靈感從天而降」，即使真的有這種福至心靈的時刻，也是配合浮現的靈感繼續丟出點子，並且時時確保點子與創作概念不會彼此衝突。

④ 配合創作概念進行創作

創作時請考慮要帶給讀者何種情感，並配合作品目標進行創作。

只要定義清楚並落實①至③的流程，我想後續創作並不會出現太大問題。相反地，如果創作時發生問題，就表示沒有落實 至 的要求。

①訂定創作概念

無論是整合階段或是延伸創作階段，都需牢記此時設定的原始創作概念。

②廣泛思考，丟出大量靈感

不必顧慮初始定義的創作概念，先無腦地丟出大量靈感。

故事設定、角色設定、台詞設定皆可如此處理。

完成的靈感筆記未來也可繼續沿用。

③配合創作概念，整合所需的靈感

依照創作概念篩選合適的創意靈感。

使用符合條件的靈感，組合故事大綱。

無須留戀拋棄的靈感。

④依照創作概念往下延伸創作

以創作概念為核心進行創作。

接著就是依照創作概念開始創作了。這時需要思考採取哪一種「文體」。

舉例來說，要如何描寫一個蹦蹦跳跳的女孩呢？

● **女孩輕盈地來回跳躍。**
● **女孩跳躍著，只見她的鞋子多次離開地面又落回原地。**
● **每次女孩跳躍時，裙襬就不經意跟著飛揚。**

女孩的舉動並沒有變化，但呈現的畫面給人的印象完全不同，這就是用文章進行演出。

如果只是敘述事實，讀者腦海中看見的畫面會很平板單調。就算是同樣的舉動，只要敘述時關注的焦點不同，呈現在腦海的畫面就完全不同。

提醒您挑選文體、畫面聚焦的位置時，同樣要以創作概念為核心來發想。

如果想寫出好文章、想成為更好的作家

前面已經說過我的入行經歷十分特殊，所以想從比較特殊的角度向大家分享一些想法。

如果您希望能持續精進，那我要提出警告，對作家這份職業的盲目憧憬和作家包袱將是成長的阻礙。職業作家之中，也有人因為太在意作家形象導致故步自封的案例。我很晚才開始執筆創作，所以沒有什麼奇怪自尊。總是盡力吸收所有知識，如果前人製作了作業 Know how 就心懷感激地使用。根本無暇考慮自己的作家形象，所以寫腳本時才能不拘形式地自由創作。

「作家包袱」是自我精進的大敵。

繼續以壽司店舉例。

一般來說大家對壽司師傅的印象，都是需要 10 年苦功才能獨當一面。但之前有一家蔚為話題的壽司店，該店的壽司師傅只在專門學校學了 3 個月壽司的捏法，一畢業後就開設自己的店面，最終只花 11 個月就成為米其林指南榜上有名的壽司店。

乍聽之下這實在是一樁非常不可思議的故事。

這間專門學校以扎實有效率的方式教授學生 Know how，讓普通人在短時間內成為壽司職人。這個案例徹底顛覆了「要成為壽司職人就必須先經過千辛萬苦的歷練」。

「作家就該這麼做」、「要當作家就得吃苦頭」，各位是否也為此感到迷惘呢？無論是捏壽司還是寫作，現代使用的工具與理論都不斷進化。要創造精彩的內容，或許的確要下一番苦工。可是這並不代表「只要下苦功，就能創作出精彩的內容」。說實話，創作過程辛不辛苦端看作家本人功力。如果最終成品不有趣，那對花錢購買的顧客可謂十分失禮。

話是這麼說，但我很清楚市場上有許多人都背負著沉重的「作家包袱」。即使可以透過製作表單有效且大量地刺激靈感產出，市面上仍有許多職業作家感性地堅持要「靜待靈感從天而降」。

5

我想對這些人說，不好意思請不要逕自耽溺在創作痛苦中、請不要徒勞無功地修鍊、請不要無端自我折磨、請不要枉然地受苦後自我滿足「我已經盡全力了……」。這一切都毫無意義，對顧客的需求也很不負責任。

作家的任務是藉由自尋煩惱來創作嗎？

還是為了取悅顧客呢？

有現成的 Know how 卻故意不使用，這才是不負責任的表現。我認為利用省下的時間創造全新的事物，這才稱得上是創意工作。每個人一生能寫的作品數量有限，不要只是徒勞地等待「靈感從天而降」，請主動去捕捉靈感吧。

開頭說我閱讀了許多創作相關的工具書，發現不同的作者建議的作業方式，有時候會完全相反。

有人表示應該多抄寫其他作家的文章，學習文章的速度與節奏感。同時也有人表示，根本不需要花時間借鑑其他作家的作品。可是這些人的建議中有一項共識，那就是創作的宗旨是「寫出感動讀者的文章」、「寫出感動玩家的腳本」。

這才是創作的核心宗旨。如果作品無法感動讀者，那就沒有意義。您的作品是否只是在自說自話？您的文章是否只想「彰顯自己頭腦有多聰明」？您創作時是否認為「即使沒有人能理解我的作品也無所謂」？這些道理其實都是很天經地義的創作原則，但很多人在創作過程中不自覺就會迷失。

感同身受與移情作用

如果想用作品傳達感動，可以活用「感同身受」、「移情作用」。

一個扣人心弦的腳本取決於可否讓讀者「移情」、「感同身受」，所以從寫作者的角度來說，能否讓作品產生「移情」、「感同身受」的效應格外重要。這兩種效果雖然很相似，但並不相同。

兩者大致的差異如下：

● **感同身受**

能產生與對方相同的感受，換句話說雙方擁有共同的感受。感同身受之下，玩家能夠被動地感受事情彷彿發生在自己身上，並因此能理解對方的情緒。

● **移情作用**

不自覺將自己投射在對方身上。主動地去同理角色的心情，並能站在角色的立場思考。移情作用下，玩家會想化身成遊戲角色，或者會想像自己若是角色，會如何採取行動。

關於這兩個詞語，建議大家可以再查詢詳細釋義。

例如在新聞上看到某個不知名國家的運動員在某項競賽打破驚人的紀錄，請問您對這則新聞會感興趣嗎？我猜大家頂多會覺得「真的假的」、「好強」。

可是如果打破紀錄的人來自您喜歡的國家，或者就是本國人，狀況又如何呢？我想即使不知道破紀錄的競賽是什麼，也會覺得與有榮焉吧。

假如破紀錄的是來自不知名國家的人，只要先聽到：「他從小就熱愛這項運動～」，因為認識到他人性的一面，也能讓我們對他的表現感到感動。

電視上時不時會播放不知名國家之人過往豐功偉業的VTR，在看影片時，您是否也曾因喜歡上那個人而為他熱淚盈眶呢？

我曾看過一個菜鳥作家寫的遊戲腳本，內容是以「努力玩社團」為主軸。可是這部作品卻沒能傳達出其中的動人情感，原因就在作品並沒有做到讓讀者產生「移情作用」、「感同身受」。

女孩為什麼要這麼拚命玩社團？是什麼動機讓她加入社團？女孩究竟想實現什麼？由於腳本沒有寫到這些內容，所以閱讀時只會讓人覺得像在看別人家的故事。

當時我從腳本只能感受到「遠方某個學校有個不知名女孩很努力」，僅此而已。看了「遠方某個學校有個不知名女孩很努力」的故事，能感動讀者嗎？市面上一大堆作品都有類似的問題。

可是有些作品明明每天都沒發生什麼事情，只是寫些日常對話，內容卻很引人入勝。這是為什麼呢？這是因為作者的敘事方式有趣，擷取的內容很有趣等等。作者寫出在平淡無奇日常生活中感受到的疑問，而這些疑問可能是讀者從未察覺到的。於是閱讀時，讀者不自覺會化身成故事角色思考、行動，並因此產生移情作用，對角色的心情感同身受。

這些就是這些作品引人入勝的原因。

該如何讓讀者產生移情作用、對角色心情感同身受呢？

我的做法是藉由「濃烈的感情」讓讀者對角色感同身受，然後「隱匿感情」讓讀者產生移情作用。

這麼說可能有點極端，但我認為腳本的深刻度取決於有沒有「愛」。例如這名角色有多愛對方？多愛這個場所？多愛這段關係？多愛這個事物？

如果沒有表現出角色對某事某物的愛、執著、慾望、野心、追求，故事就顯得單調無趣。日常類型的作品，也能表現出對日常生活的熱愛。而這些因愛產生的感受，就能引起讀者的共鳴。

角色為何而愛？為何去愛？或者角色為何為此感到討厭？只要有一個具說服力的理由，人類瞬間就能對角色的感受產生共鳴，並喜歡上那個角色。

　　例如有一個壞透的壞人角色，「只要他成為壞人的理由能說服讀者」，讀者就會一下子迷上這個角色。相反地，如果無論發生什麼事情，角色帶給人的情緒都「不慍不火」，那讀者就很難產生移情作用。

　　要讓讀者產生移情作用時，反而要將角色情感隱藏起來。我會在陳述句中刻意省略關於自我想法的描述，並且不解釋角色採取該行動的原因，只純粹寫下事實的部分。如此一來，讀者就會產生「不該這樣做啊」、「換做是我，我就會這麼做」等等的心情。

　　有人可能會質疑，為什麼這樣就能讓讀者對角色產生移情作用？事實上這完全是行得通的。

　　舉一則關於狗與主人的故事。

　　因為動物不會說話，所以讀者只能從牠的行動、叫聲，揣測牠的心情。「因為要去散步，狗狗好開心」、「要和主人分開了，狗狗在悲傷」，當讀者在思考狗會怎麼想的過程中，很自然就會開始想像「這種情況下我會選擇怎麼做」，進而將自己投射到角色上，產生移情作用。

　　這種敘事方式若沒處理好，即使玩家扮演主角，也會覺得自己好像只是在旁觀其他人的故事。

　　有時當其他作家在共同路線劇情中過分強調主角的想法時，我不禁會想：「這個男主角為何會愛上女主角呢？」如果角色本身性格就魅力十足，那麼即使玩家沒有對角色產生移情作用也無所謂。但如果角色無法吸引人，那麼主角喜歡的女主角也會連帶失去魅力。

作家容易陷落的陷阱

世界上門檻最低的職業應該就屬作家。

就算是隨便寫點東西，只要顧客認為：「反正全文是用日文寫的，故事也算有頭有尾。雖然劇情不深刻，但只要稍做修改應該還是能用吧」並支付相應的報酬，那這個人也能算是個作家。

另外，作家也是最無法認清個人實力的職業。

作家是發想故事的人，所以就算文字表達能力不佳，角色在作家腦海中還是充滿魅力，並會可愛、帥氣的行動。也因為如此，作家很難察覺自己的實力不足。如果有人稱讚一句「寫得真好」，作家就會沾沾自喜「我寫出不錯的東西啦」。

或者就如同前面寫的一樣，如果公司認為「反正修改一下還是能用」就收下作家寫好的成品，其實就表達出「這種內容沒問題」的訊號。作家很容易因此誤解自己「受到認可」。近幾年從社群網路遊戲領域轉職成作家的人，尤其常有這種現象。

如果是圖畫，通常一眼就能辨別孰優孰劣。所以畫師只要和更優秀的人比較，就能了解自己的畫技有多差勁。可是文章很難用主觀方式判別。作家只能透過閱讀其他人寫的文章，鑽研別人的敘事技巧、磨練自己的文章審美觀。

那些認為靈光一現的靈感是「從天而降」的作家，通常是憑感覺開始創作。寫著寫著只要出現「我想到了！這裡要加入這項設定」，就會開始追加其他內容。接著作家又愈寫愈嗨「角色活起來了」、「我現在運筆如飛」、「這部分雖然和故事世界觀不合，但因為很有趣，所以還是塞到故事裡吧」，最後就出現一部作家本人寫得心滿意足，但內容嚴重超載的故事了。

上述的故事成品會用超長篇幅描述某些不重要段落，導致後半段的重要段落必須縮短。或者會因為臨時追加的設定，出現自相矛盾的劇情。總之這種創作方式寫出的作品通常都是問題百出。雖然有時也可能出現不錯的成果，但從工作的角度來說，這仍舊是很有問題的創作方式。

不妨可以想像建蓋自己的房子。

假設今天我們支付了一筆不斐的費用請木工畫房子設計圖，並依照圖紙施工。可是正式施工時木工卻表示：「我知道了！不然我們來做個地下室吧」、「廁所就是要再加大吧」、「我的槌子停不下來啦」、「雖然這裡屋主說要做和室，但幫他加個暖爐吧」。整個過程木工忽視設計圖得意忘形地施作，還對自己的表現沾沾自喜。

最終得到一座和設計圖完全不符的房屋，而且這座房子還可能很難使用，甚至違反了建築法規。這種創作方式就是有這些風險。

作家想藉由看動畫、玩遊戲學習並非壞事，但就算能篩選出優秀作品撼動人心的段落，作家沒有相應實力也無法寫出感人的作品。

有很多作家明明沒什麼實力，卻整日想著：「怎麼都沒有好工作上門」。可是就算真的有工作上門，也會因為能力不足搞砸工作。他們從未察覺，問題其實出在自己的訓練不足。職業作家中這種人比比皆是。

有許多人認為「要成為作家的門檻好像很高……」。事實上成為作家的方法比大家想得簡單多了，所以才會出現上述那種自尊過高，本身實力卻沒幾兩重的作家。我自己並沒有什麼無聊自尊，但也不是不能了解這些作家的心情。

就像前面提到的，就算沒將故事寫成文字，作家還是能在腦內創作角色和故事，並堅信自己的故事精采可期。閱讀其他人作品時，作家難免會想：「如果是我可以寫得更好」、「這邊再加重一點力道會更好看」，幾次下來，作家不知不覺就會產生錯覺自己好像很會寫。

請各位讀者千萬不要掉入這些陷阱。比起作家包袱，希望大家能更重視自己的作品。

金錢是工作的感謝狀

本章開頭提到寫腳本也必須「考量到金錢問題」。應該有不少讀者會疑問「這是什麼意思」吧。

金錢非常重要。金錢重要的原因並非因為「賺不了錢人就無法生活」。嗯……雖然這也是大實話沒錯啦。

難以置信地許多作家做事時從未考量到金錢問題。如果沒有直接的現實範例，他們就無法感受到難關何在。當公司表示該遊戲、小說的企劃難以推動時，作家會主張：「這個企劃絕對會一炮而紅！ 100%會熱賣！」

可是當說到：「既然你這麼有自信，那借錢來投資吧」、「你可以考慮自費出版呀」，作家就啞口無言了。

如果一部作品保證100%會熱賣，那自己出錢投資絕對更有利吧。不然自費出版也行，就算要和銀行借錢來創作都很值得。

可是作家不會這麼做。

我理解大家都不喜歡借錢，但為什麼會對自己的作品如此有自信到覺得讓其他人去借錢也無所謂呢？為什麼要您自己去借錢時，就覺得遊戲賣不出去了呢？許多作家就是這麼沒有金錢觀念。

有人會說作品賣不出去也沒關係，我就是想創作而已。

如果是這種情況，那您並不需要特別開發遊戲、出版輕小說販售吧？有這種想法的人，我認為不該把創作與商業行為掛勾。您可以選擇投稿在自己的網站、網路小說網站，吸引志趣相投的粉絲。推出不賣出去也無所謂的商品，卻要消費者掏錢買單，難道不是很不負責任的行為？

另外，還有作家會表示「願意無酬接案」。但是有公司就表示他們不會採用這種作家。我自己也無法信任這種作家。

收取高額薪資，但實力表現卻與薪資不符的作家固然很有問題，但我認為那些分文不取的作家更不值得信賴。從另一個角度來說，這些人根本不認為自己寫

的文章有相應價值。

有些人或許覺得這種行為很崇高，那實在是大錯特錯。這種行為只傳達出「雖然我的作品沒什麼價值，但您願意採用嗎？」的訊號罷了。換做是您敢錄用這種作品嗎？

就算只收1日圓，都應該收取相應的工作報酬。抱持著沒錢也不在乎的狀態工作，對雇主或顧客都十分失禮。這種行為宛如在說：「我都沒收錢了，那成品的品質不佳也不能怪我吧」。

只要是認真創作的人，創作時一定或多或少會考慮錢的問題。

金錢是工作的感謝狀。遇見好的作品，別人自然會願意掏錢報答。這是作家寫出優秀作品、取悅顧客的謝禮。

拒絕收取謝禮，就像在向顧客表示自己從一開始就沒打算寫出認真的作品。

 ## 模仿

基本上模仿他人並非壞事。

不是要您去抄襲他人作品，或用仿作賺取利益。

而是建議可以模仿、取樣、參考其他作品。

許多遊戲編劇都致力追求原創性，尤其平時愈不看書的作家愈有這種傾向。您可能會驚訝居然有作家平時不看書，但這種作家其實滿多的。他們可能是覺得閱讀、模仿其他人的文章很遜，所以才不看書吧。從結論來看，他們就是沒有在學習。

許多人宣稱是擔憂「自己的文風會受到影響」。我認為如果只是閱讀其他人的文章文風就會受到影響，那這篇文章根本就不屬於您吧。這種說法只是在美化自己不學習的藉口罷了。這個問題也是遊戲編劇容易有的壞習慣。

希望大家都不要用這種方式為自己開脫。再者，剛開始寫作之路、書也沒出過幾本的人主張的原創性或文風，根本沒什麼價值。

沒幾次料理經驗的人，就算能做出富含原創性創意的料理，也不可能會是什麼驚人美味。這種行為不僅對無法展現真正美味的食材很失禮，對來用餐的食客也很不負責任。

如果廚師已經掌握基礎食譜、料理原則，那麼運用技巧追求原創性當然很好。可是如果沒有先學習基礎，只一味追求原創性是非常危險的。

想寫出優秀的作品、精進個人能力，就必須挑戰各種從未做過的事。千萬不要因為有穩定案源，就一直接同類型的腳本，這麼做根本無法成長。

就算您寫了十道、甚至一萬道小學一年級的數學題，也只會提升計算的速度。不可能因為大量練習，就突然能跳級解開高中生的數學問題。想進一步提升能力，就必須一點一滴練習更困難的題目。

在同一個地方拚命打轉，根本不算是努力付出，這種行為只是在應付「工作」。到頭來，如果只是每天麻木地完成名為腳本的工作，根本不算有付出創意行為。我要澄清並不是在鼓吹大家不要接不起眼的工作。如果您有設定更高的目標，那麼即使是小工作也很有意義。

有時顧客委託的工作的確要求不高，但不應該因為顧客的要求不高，就太過放鬆。而且如果工作已經要求不高，卻沒有創作出更優秀的內容，那更容易讓顧客看破手腳。

時常聽到菜鳥作家表示：「我想寫出類似○○老師寫的故事」、「我也想寫出○○老師風格的故事」。在寫小說選集時，我也是出於同樣的想法模仿了原作者的風格。

這種念頭本身沒有問題，可是要寫出類似別人風格的故事並沒有太多方法。

我認為想學習別人的創作風格，唯一方法就是模仿。模仿並非是憑直覺寫出那個人可能會寫的內容。我自己的做法是會先去品評那個人的小說、遊戲腳本，例如哪裡寫得特別優秀？故事節奏感如何？故事結構為何？接著並模仿這些要素，

寫進故事中。

如此一來，這個作家的作品優點、缺點就很清楚了，接著就是按照自己的感受、知識活用這些內容。如果只是單純閱讀作品，因為作家是自己尊敬的人，很容易優點缺點都一起接納。所以請確實研讀作品，找出作品中的優點與缺點，並思考要怎麼寫才能將故事說得更好。

這樣一來，就能有邏輯地釐清這個作家的長處與短處，並取長補短了。

 ## 有時要試著轉換觀點

我在寫腳本時不時會轉換角色性別，審視劇情是否夠感人、令人動心，並確認故事是否合乎邏輯、具有可看性。尤其是描寫戀愛場景、同性友人間的友情時更常這麼做。

成為職業作家後，第一次寫的故事是在描寫女孩之間的主從關係。

努力刻劃感人的場景，實際也寫出了不錯的內容。可是自己很清楚，這個劇情還不到可以賺人熱淚的程度。總覺得故事過度依賴女孩角色本身的可愛度，在某些地方描寫不夠細緻。

就在我為這個段落心煩、苦思不得其解時，突然想到真正感人的故事，就算將角色換成男性應該也會令人動容吧？於是試著將角色性別改成男性，並努力研究怎麼寫才能更感人。

作品完成後，我將角色性別切換回來，動人心弦的故事就完成了。用這種方式完成的作品，不再只是因為角色本身惹人憐愛才教人感動。而是確實描寫出兩個角色之間的張力，才令觀眾感動落淚。

用不同視角觀察自己的作品，相信您會看見事物真正的本質。

不要再找藉口了

　　我曾負責撰寫《為什麼勇者大人會這麼弱呢？》的遊戲腳本。這是SYUPRO-DX公司開發的應用程式遊戲。SYUPRO-DX只有3名員工負責開發遊戲，但卻陸續開發出下載超過10萬次的遊戲。

　　現代網路有許多投稿原創小說、腳本的網站。請不要再用沒有技術、沒有工作委託當藉口了。只要肯下苦功學習、創作不輟，現在多得是發表作品的平台。相信一定有機會創作出獲得大眾喜愛、取悅大眾的作品。

　　如果有心那就去做吧。如果什麼都不做，只會在腦海裡空想，那您絕非真心想成為作家，也沒有足以實現目標的幹勁。

　　說實話，這種人在職業作家中比比皆是。

> 我想出版輕小說。
> 我想出書。

　　這些人嘴上說：「為了實現目標，要我做什麼都願意」，實際卻從未投稿小說過。
　　明明沒有投稿小說新人獎，卻一個勁想著：「出版社什麼時候會給我工作呢？」然後麻木地度過每一天。
　　現在市面上多得是這種作家。

> 你們真的有心想當作家嗎？
> 你們真的有心要當作家嗎？

5

我認為這種人想當作家的意志絕對不夠強烈。

可是即使如此,他們還是做為一名作家掙錢生活。

所以我才說市面上多得是這種惡質作家,他們進入業界後從不思成長,光是賺取最低限度的報酬就心滿意足。而且一旦得逞就不會再回頭,因為他們也做不了其他普通工作。

他們不專心鑽研腳本創作、不精進工作表現,只是馬馬虎虎地完成他人委託的工作。他們不需要吸取更多知識或打磨創作感性,也不需要對作家的職責負責。

可是,如果想一輩子吃這行飯,那您就必須做好覺悟。

我很樂意分享自己的作業Know how給有決心的人,能與這樣的人合作也會讓我備感光榮。

我製作遊戲的方法
都乃河勇人

參與作品：《Rewrite》、《Rewrite Harvest festal》、《校園剋星》、《校園剋星EX》、《智代 After ～ It's a Wonderful Life ～ CS Edition（Key）》。

「撰寫遊戲腳本」乍聽之下很容易，實際上絕非輕鬆的工作。雖然依照遊戲規模不同，狀況也不盡相同。但在所有創作類型工作中，開發一款遊戲直到推出市面所需的時間、精力絕對是數一數二驚人。我想各位讀者閱讀到現在，應該也隱隱約約或者直接感受到這一點了吧？要投身這麼艱鉅的工作，需要非常強烈的原動力。

撰寫遊戲腳本的起點

購買這本書並耐心閱讀到這裡的讀者，應該都玩過遊戲、也喜歡玩遊戲吧？其中或許有人對自己熱愛遊戲的程度引以為豪。這種意志十分重要，對遊戲的熱忱將成為您的力量，也將是創作的一大原動力。我自己就屬於這種類型，我在人生中花費最多時間的娛樂非遊戲莫屬。

可是光憑「喜歡玩遊戲」就要投身腳本創作，恐怕無法支撐從無到有製作一款遊戲。因為「閱讀」和「書寫」是完全不同的兩回事。要熬過漫長的遊戲製作過程，必須「喜歡製作遊戲」。您在玩遊戲的時候會思考「如果是我，我會這麼做」、「這麼製作遊戲應該更有趣」嗎？這種想法其實就是創作者思維。先從培養這種思維開始吧。當您成為職業編劇時，這種思維仍十分關鍵且實用。創作的根基就是要能從「製作者」角度觀察事物，這同時是創作者最重要的技能之一。當您能擁有製作者的觀點，相信就能明確找到自己想製作的主題。這才是開始創作的起點。

浮現創作的念頭時，下一步就要思考如何讓創意成形。我浮現創作念頭並試圖組織故事輪廓時，通常成品就像是拼湊了當時迷上的遊戲、漫畫、動畫的精彩之處後組合在一起的混合物。這種拙劣的成品完全是個人黑歷史，可是每個創作人的創作之路或多或少都是這麼開始的。這種行為用抄襲來形容就太負面了，所以讓我們換個說法，請先從大量模仿他人開始吧。如果您才開始創作就想創造出空前絕後的原創內容，難度未免太高了。創作天才或許的確該以此為目標，但我建議起步時還是先降低難度比較容易著手。將喜愛的事物按照喜好組合拼裝，那該有多快樂呀。建議可以藉由模仿，體驗創作的快樂並愛上創作過程。

　　實際開始模仿後，您會開始觀察到原本觀眾身分所看不見的訊息。例如「這個角色突然說這句帥氣的台詞好像有點突兀，如果要讓觀眾對這句台詞更有共鳴，前面應該先讓角色有〇〇體驗會更好」，這時您就能學習到創作者的創作手法。如此一來在愉快地模仿他人作品時，也能達到學習的功效。接著，請重新玩一遍您喜歡的遊戲，這時就不會情緒性地讚嘆作品的「感人之處」，而能聚焦在技術的「卓越之處」了。喜歡的遊戲也可以是您學習的教科書。

　　不過，毫無目的地效仿「卓越之處」並不能幫助您成長。關鍵還是要進一步思考「這裡自己會怎麼做」，這才稱得上活用「創作者思維」來創作。建議大家試著採用創作者思維審視作品，汲取作品中的技術。相信這些都將成為各位撰寫腳本時的養分。（這種訓練方式的風險是可能會喪失純粹製作遊戲的樂趣。最理想的狀況是區分出訓練狀態與享受遊戲的狀態，並在享受遊戲時放空腦袋專心享受……）

 ## 請旁人閱讀自己的遊戲腳本

　　正式開始落筆後，每個人都會希望能讓「旁人閱讀完成的作品」。近年來任何人都能輕鬆在網路發表個人創作，可是願意閱讀半成品的讀者可謂少之又少。所以我會建議大家至少要寫到一個段落再停筆。（要完成一部作品非常困難，若是您有能力完整闡述故事目標並寫到目標的結局，我想就足以表示您有強大的寫作天賦。）

另外，如今這個世道，一般人對素不相識的人可不會客氣。當然世界上也不乏心地寬厚、溫暖的讀者，能像至交好友般毫不在意地閱讀半成品，但這類人真的屈指可數。世界上多的是言詞辛辣、熱愛批評的讀者。如果將來您想從事創作類型相關的職業，那麼勢必會遇上這群口無遮攔的人。他們很可能會讓剛起步的您產生陰影，所以請慎選發布文章的平台。

我非常幸運能在網路認識願意閱讀我文字的網友。他不是那種突然稱讚我「好厲害」、「你是天才吧？我覺得你應該成為職業作家」的讀者，而是會用（相當委婉）的方式給我改善的建議。其中許多建議仍是我至今「引以為戒」的作業準則。尤其當時他曾表示：「這種手法喜歡的人應該會很喜歡，但我對這種類型比較感冒，我想看的不是這種內容」，至今我仍引以為鑑。

當時我請他閱讀的故事極為黑暗，主旨是「世界上有一種自殺病以極快地速度蔓延，唯一保持正常的只有主角一行人，故事將描述他們會如何繼續求生」。熟悉我近幾年創作風格的讀者，可能會對這個風格感到驚訝。不過當年我癡迷於描寫人類內心的黑暗面。這主題雖然用膝蓋想就知道不是大眾偏好的主題，但當時我執著撰寫自己認為有意義的事物，所以根本沒有意識到「是否有讀者想閱讀」。

順帶一提，我後來就不創作黑暗類型的作品了。因為自認能力沒有強到不喜歡黑暗風格的讀者也會被我的作品吸引，所以轉而開始創作新奇的作品、看了會欲罷不能的作品。也從此養成習慣，在寫作時努力摸索人們會愛看的內容、大眾會喜愛的內容。（雖然實際上不是真的大眾都喜愛啦）

這項原則在我初次出社會工作後幫了我很大的忙。當時我受託為一個現成的腳本撰寫追加劇情。說實話該腳本本身已經非常精彩，所以在下筆前十分糾結：「我到底該傳遞什麼資訊給讀者……」。當時為此感到十分煩惱。

「閱讀到這裡的讀者他們最想看的是什麼？如果能追加這些劇情，讀者應該會很開心吧？」

於是根據「自己做為讀者時最想深入了解的地方」寫了追加劇情。由於我自己也是該腳本的讀者，所以我的觀點似乎與其他讀者十分吻合。最終該劇情獲得了不錯的評價，市場反應也讓我很有成就感。我認為這一切都歸功於當時有站在

讀者的立場思考，才能有此成就。

　　說句題外話，我除了撰寫追加劇情之外，還根據追加劇情寫了其他路線的結局，但是並未被採用。當時經驗尚淺，對此事感到很不甘心。畢竟是難得想出來的故事，就此廢棄實在可惜。可是一旦採納我寫的這條遊戲路線，整個故事的根基都將被翻轉。所以回過頭來看，幸好當時這一段劇情路線沒有被採用……站在讀者的立場換位思考十分重要，但如果過度傾向讀者的立場，遊戲的主軸勢必會偏移。不要忘記創作者的自我主張才是作品的驅動力，所以關鍵還是要拿捏立場之間的平衡。

小說和遊戲腳本是截然不同的創作

　　前面向大家介紹的比較像是針對創作文本的整體建議。但如果聚焦在遊戲獨有的要素，會發現許多遊戲獨樹一格的創作處理。以故事為主體的娛樂，除了遊戲之外還有電影、小說等媒體。電影、小說所蘊含的要素不僅遊戲中都有，遊戲還具備他們所沒有的要素。所謂的遊戲，是將「文章」用「圖畫與音樂」演出，並可「展現玩家行動意識」的一種娛樂項目。

　　遊戲編劇的基本工作是撰寫文本，這些文本內容會顯示在遊戲畫面，並直接由玩家閱讀。乍看之下，遊戲編劇的工作似乎和寫小說沒什麼區別，實際上這兩種創作物可說是天差地別。假設要用小說的方式，描述高中生正樹與美咲這對兄妹（隨便設定的）在玄關撞見彼此。

「我要出門了～」

我向在廚房的母親道別後，就套上皮鞋衝向玄關。推開近日剛修好的玄關大門，邊移動腳趾，讓腳掌能正確塞入皮鞋中。倏然，我抬頭看向門的旁邊……

「啊。」

我的妹妹美咲恰好看見我，並對著我露出笑臉。明明是快要遲到的關鍵時刻，她卻一副悠哉的模樣。

「妳在幹嘛啊……」

我嘆息地對她說道。

如果將這個場景改用冒險遊戲的形式呈現，則會變成下面的模樣。

【正樹】「我要出門了～」

（效果音：轉門把的聲音）

（畫面轉暗）

（場景切換成「家門前」）

【美咲】「啊。」

（美咲出現　表情：基本➡笑臉）

【正樹】「妳在幹嘛啊……」

明明是快要遲到的關鍵時刻，她卻一副悠哉的模樣。

您會發現遊戲幾乎不需要陳述句（說明的文字）。小說必須放入動作與場景的描述，並用精練的文字呈現，遊戲卻只要切換場景圖就解決了。另外，小說必須讓讀者清楚知道出場的角色分別有誰。但遊戲的遊戲畫面不僅會顯示角色名字，還會出現角色圖，所以根本無須對此費心。

　　我預設剛才的範例文章會加入遊戲語音，所以連「嘆息地對她說道」這句話都省略了。因為就算沒有文字說明，玩家只要聽到語音也能知道說話的語氣。這次的範例是用比較極端的方式省略了不必要資訊，即使如此您仍能察覺遊戲幾乎不需要說明文。實際需要陳述句描寫的，大多是角色心情而已。

　　如果是以搞笑角色為主軸的遊戲，使用以台詞為主的敘事形式就能維持角色的搞笑節奏。如果再加上遊戲的角色語音，一定輕而易舉就能抓住玩家的心。不過在劇情為主的遊戲中，如果想要烘托故事莊重的氣氛，建議陳述句的數量要比照小說處理，才更能有效呈現劇情氛圍。請視遊戲劇情選擇您的敘事形式。

　　無論選擇哪一種敘事形式，創作時都請務必要先想像「這些劇情會如何在遊戲畫面上呈現」。當然，如果有遊戲畫面無法顯示的資訊，請務必要轉換成文字。以剛才的範例來說，其實省略了穿鞋的場景。由於穿鞋方式無法用遊戲畫面呈現，所以可以改用精練的文字寫成陳述句展現。這種可以自由取捨的創作方式，可以說是遊戲獨有的做法之一。

　　說個題外話，我因為太習慣遊戲文本的創作方式，所以曾經不小心挪用遊戲的敘事方式撰寫小說。遊戲的對話框通常會顯示「發話者是誰」，然而小說並沒有這個功能。於是當時寫下的大段對話就「很難判斷是誰在說話」。其中固然有我自己技巧不夠純熟的問題，但這個案例也佐證了「遊戲和小說的敘事方法差異之大」。

　　前面是用冒險遊戲為例，但如果是以RPG遊戲為例會如何呢？RPG遊戲通常沒有陳述句，只會用台詞推進故事。同時，遊戲畫面不會出現角色表情圖，只會出現角色頭像。甚至有些遊戲連角色頭像都沒有呢。現代採用3D模型展現遊戲角色演出的方式並不少見，但也有些遊戲的遊戲畫面連台詞都不會顯示。

　　像這種無法放入陳述句的遊戲環境，就只能想辦法在台詞中放入動作指令（也

就是說明台詞），來確保玩家能準確理解正確資訊。接著以遊戲畫面只有角色動畫與台詞，但沒有角色表情的遊戲環境來做範例吧。這是以幻想世界為背景的故事，時間是遊戲開始後的早晨，場景是見習勇者萊德與青梅竹馬的女主角莎夏（也是隨便設定的），正準備要參加冒險旅途啟程前的儀式。

5

【萊德】「哈啊～天氣真好……今天要是能一直這麼悠哉就好了……」

（莎夏切入畫面）

【莎夏】「萊德，你在說什麼傻話呀！你怎麼還沒有打包呢？啊！該不會起床以後連臉都還沒有洗吧！」

（莎夏走到萊德身邊）

【萊德】「莎、莎夏……幹嘛啦，怎麼突然發火啊？」
【莎夏】「今天有出行前的儀式，你還不快去準備？要是遲到了，你就丟臉丟大了！」

從這段內容一下子就能了解角色之間的性格與關係，乍看之下似乎是很適切的遊戲腳本。但其實這個文本完全失敗，只能拿0分。遊戲編劇如果太迫切用角色台詞說明故事情境，很容易設計出不自然的角色台詞。如果能寫出「自然的角色台詞」，同時若無其事地讓玩家接收到遊戲情境資訊，才是展現專業的編劇實力。

以下示範我改寫的版本。

【萊德】「哈啊～今天天氣未免也太好了吧……」

（萊德漫無目的地左右移動）

【萊德】「這種天氣最適合悠哉地過了……」

（莎夏切入畫面）

【莎夏】「你這傢伙！！！」

（莎夏走到萊德身邊）

【莎夏】「你一個人在那裡自言自語什麼呀！？現在是做這種事的時候嗎！」

【萊德】「喔，早呀～莎夏。」

【莎夏】「早·安·呀……等等，你的行李呢！？」

【萊德】「咦？什麼行李？」

【莎夏】「啥！？」

【萊德】「妳幹嘛這麼生氣？今天是什麼特殊的日子嗎？」

【莎夏】「今天有儀式呀，儀·式！今天會舉辦出行儀式，是非常特別的日子呀！」

【萊德】「啊～是喔。」

【莎夏】「你也太悠哉了吧！我昨天可是緊張到晚上都睡不著……你這傢伙該不會什麼都沒準備吧！？」

【萊德】「我什麼都沒準備啊。」

【莎夏】「真是不敢置信！而且你沒洗臉，對吧！」

【萊德】「洗臉啊～我覺得莎夏妳的笑臉比臭臉好看喔，露出笑臉會更可愛的。」

【莎夏】「……你要不要趕快收拾行李？要是遲到了，你就丟臉丟大了！」

【萊德】「呃、結果笑臉反而更恐怖了……」

不小心就寫太多了，不知道各位覺得如何呢？比起第一個範例，角色性格是否更鮮明、更活靈活現了呢？先來看範例中萊德第一句自言自語的台詞。在我修改之前，範例寫的是很普通的「哈啊……」，這種打呵欠的表現形式也太過時了吧，簡直是「舊教科書的文本」才會出現的狀聲詞。

我刻意拆開第一句話，藉由改寫的台詞加強角色的「怪胎」形象。說句題外話，平時我不會自言自語，所以這個段落其實是憑空想像的。

接著是莎夏出場的場景。我認為莎夏出場時劈頭那句「你在說什麼傻話呀」十分突兀，所以改寫時有盡量用較自然的方式呈現。同時也藉由台詞加強莎夏的角色形象，展現莎夏愛照顧人的性格，以及她會時常訓斥主角的一面。

另外增加了更多動作與台詞，強調萊德慵懶的性格。如此一來，玩家就會自動聯想：「面對這種性格的男人，難怪莎夏要生氣」。易怒角色生氣的理由如果不能說服玩家，那角色只會顯得很歇斯底里、不討玩家喜歡。建議您創作時也要記得考量每件事情背後的連結。

整體來說，我個人的寫作手法是「盡量展現雙方對話過程」。我會避免一個角色單方面不斷說話，但習慣用短文反覆堆疊會話。這種形式不見得是最正確的，這裡單純是想向大家分享我自己的習慣做法。

我會這麼做是因為角色台詞的文本，是最直接展現角色靈魂的媒介。以電影為例，演員會用細微的動作、表情演繹角色的性格，所以演員一舉一動蘊含的資訊量都十分龐大。無論是演員搔頭的動作、搔頭時的表情，甚至演員動唇的方式，都是展現角色性格的一環。

遊戲編劇應該用文本傳達的事

如果是使用3D遊戲角色的遊戲，角色可以演繹出細緻的演出，所以遊戲呈現形式會更接近電影。可是如果遊戲畫面只會有角色頭像與對話視窗，那麼文本就是最可靠的武器。

因此請不要只顧著輸出遊戲資訊，請多多思考如何才能寫出有愛的角色。如果希望文章有效觸動人心，創作時就要仔細琢磨用詞遣字。換句話說，最好多多

使用修辭技巧。設計角色台詞時善用修辭技巧是很重要的一環。寫作時，角色台詞不應從頭到尾只有平淡無奇的客觀描述。視場景做出效果差異，或者刻意分解資訊再描述，都能產生不同的戲劇效果。

手腕高超的作家通常善於活用這種技術，創造令人印象深刻的台詞。請留意，過度修飾的文章很可能令人產生突兀感，所以僅限特定場景適合使用。

另外前面的範例中，莎夏有一句台詞是「我真是不敢置信（しんじられない）」，這裡刻意不將平假名轉換成漢字（信じられない）。原因是這個角色未來一定還會在各種場合使用這句台詞，所以我故意用平假名撰寫讓文字比例比較平均，進而達成軟化台詞情緒的效果。這也是「刻意分解資訊」的技巧之一。

雖然這麼做遊戲測試員應該會多次抗議，因為這句台詞內含漢字的轉換錯誤。不過只要讓這句台詞像關鍵台詞一樣反覆出現，問題總能迎刃而解吧。由於這並非正確的作業方式，所以請小心不要讓玩家察覺異狀。想要邪魔歪道也要適可而止喔。

寫腳本時能體驗各種場景真有趣

以前寫作時我會限制自己的寫作字數，以免自己像範例一樣在寫自我流文本時不小心爆字數。但現在我再也不這麼做了，編劇就應該盡情振筆創作，並為能賦予角色生命而開心。這種狀態非常關鍵，千萬不要讓遊戲變成從頭到尾都是一堆說明文。

遊戲一個封包中的文字量非常龐大，只要想像遊戲全通關為止所需花費的時間，就可以想像會有多少字數了。而且這麼龐大的字數，幾乎都是用遊戲畫面呈現。對一個遊戲編劇來說，最大的災難就是玩家不是在玩遊戲，而是在機械式地閱讀文章。所以編寫腳本的重點，就是盡可能細緻地在每個角落藏入細節，取悅玩家。←負面創作時就請斟酌再三吧。

除了故事主線務必要下苦心編排台詞，這種在主線之外的支線、日常生活場景的細節處理也十分重要。過多細節在篇幅要求甚嚴的媒體可能會被剪掉，但遊戲對這部分十分寬容，或許該說正因為是遊戲才能做到這些細節處理。

遊戲的一項特色就是可以堆疊豐富的支線，很多時候遊戲支線正是展現遊戲角色人性的時刻。如果您能巧妙地展現角色在故事主線中看不見的別種面貌，讀者很快就會為角色著迷。如果讀者能深陷角色魅力，回到故事主線時就能更沉浸到故事之中。比起觀賞陌生人的故事，人類更容易為動情對象的故事所感動。這些場景編排絕對不是在給劇情灌水，而是創造令人喜愛的遊戲角色時非常關鍵的一環。請盡情振筆創作，並精心設計每一句角色台詞吧。

 ## 將遊戲腳本轉換成選項時應抱有玩心

　　如果腳本要更進一步轉換成遊戲，這時就會出現「分岐」。分岐是玩家在故事中可任意執行的操作，可說是遊戲獨有的要素。前面介紹的是如何從修辭、文字牽引出遊戲角色的魅力。不過想要「牽引出角色魅力」，「選項」也是至關重要的一環。

　　例如可以在不起眼的環節也故意設置選項，並針對選項讓遊戲角色出現完全不同的反應。這樣一來玩家就會慶幸自己有點擊選項，才能看到這些精采設計。在設計角色的反應時，每個選項的反應差異愈大愈好。如果點擊選項後的反應看起來只是在灌水，那不如不要設置選項，直接讓玩家進入精采劇情還比較好。

　　建議設計選項時可以往「好想知道選擇這個荒唐的選項，那個角色會出現什麼樣的反應」的方向設計，如此一來玩家就會對選擇的結果產生期待，同時選擇這件事本身也被賦予了意義。設計這些選項固然要考慮「有不有趣」，但我很鼓勵大家安排這種不會影響故事發展、又充滿趣味性的選項。通常玩家也很喜歡這些小花招，因為從中彷彿可以看到遊戲創作者的玩心。我自己也很喜歡這麼做。

　　手機的社群網路遊戲很常會設計主角不必開口說話。這麼做有兩種效果，一種是強調主角的角色性格，一種是主角可以直接反映出玩家的偏好。遊戲主角不必說話的情況下，通常畫面是以玩家＝主角的方式呈現，這是因為主角需要和其他角色互動，所以畫面只能這麼呈現。

這時撰寫腳本的重點就是「如何設計出玩家會想選擇的言行舉止」。如果玩家在面臨選擇時，選項盡是些令人不想點擊的內容，久而久之玩家和角色之間就會產生鴻溝。

考慮到故事發展，我相信主角總有些無論如何都得採取的行動，在設計這些選項時，請務必多下苦功。相反地，如果能編排出足以反映玩家意志的選項，就能有效幫助玩家沉浸到遊戲世界之中。

這種主角不會說話的遊戲，我印象最深刻的就是《東京魔人學園劍風帖》。這款遊戲設定中，主角與角色對話時「可以從8種情緒選擇要表達哪一種情緒，繼而產生反應」。遊戲中玩家雖然看不到情緒對應的實際反應會是什麼，但仍能藉由選擇角色情緒打造出符合自己喜好的主角性格。

我非常喜歡這項遊戲設定，但很可惜當時並沒有引起風潮……我認為這是非常有趣的嘗試，如果編劇之外您對遊戲企劃也有興趣，或許也可以挑戰這個設定看看。

如果是足以左右故事發展的選擇，也就是會深遠影響故事路線的選擇，那設計選項時要考慮的事情又更多了。由於這是能左右遊戲角色命運的重要選項，所以也必須讓玩家知道這次的選項意義重大。如果這時只能選擇「往左前進」、「往右前進」，玩家一定看不出來這個選項居然能左右故事的發展方向吧。

如果遊戲的主題是生活中偶然的選擇也會帶來劇變，情況又不同了。這種狀況下選項自然是愈平凡愈好。或者該款遊戲本來就不可能發生超出現實世界日常生活以外的發展，也就很難設計出令人感到意義非凡的選擇吧……

左右遊戲路線的選項中，讓我印象最深刻的作品是《皇家騎士團》。這款遊戲總計有4章，在第1章最後出現了某個選項，而這個選項的結果將大大左右遊戲後續的劇情。這個選項內容是「為了促使民眾起義，請問您是否要選擇屠殺居民、焚毀村莊」，是一個令人左右為難、無法馬上下決定的選擇。那個年代還沒有攻略網站，我的手邊也沒有拆解遊戲劇情的說明書籍可以參考。

「到底該怎麼做才好……」當時我真切地陷入煩惱，像這個例子就是「關鍵的選項就應包含重大決策」的最好示範。這是能自由操縱玩家意志的遊戲才能展露的高超技藝。真的是非常精采的一款遊戲作品。

 ## 如果腳本內容必須被剪掉

撰寫遊戲支線時，有時會發生因為事前沒有限制腳本篇幅，導致腳本完成後必須剪掉部分劇情的情況，又或者是完成的腳本在遊戲中沒有可以置入的位置。

發生這種情況時，當然要針對遊戲支線的劇情做修調，但請注意，千萬不要恐懼寫好的腳本會報廢。一般來說，如果您寫了一整部遊戲的文本量，最糟糕的情況會有一半的內容都必須報廢。如果是遇到二擇一的情況，也就是遊戲只能放入兩個場景中的一個場景時，建議試著轉念「真正好的場景才夠格被選入」。採用正向的態度看待結果會比較舒坦。

對創作者來說，每個文字都是他們費盡千辛萬苦、反覆琢磨修改才能完成，所以很難客觀地判斷成品。事實上，如果過幾天再重頭閱讀當時的文字，很多時候自己也會覺得內容寫得有些微妙……即使是費盡千辛萬苦、反覆琢磨修改才產出的作品，也能夠適時捨棄。這才是職業遊戲編劇該有的表現。

有時還會發生藏有伏筆的場景被剪掉的情況，這時只能想辦法把該伏筆藏到其他的場景……像這種絕望的時刻，最重要的就是永不放棄。我自己負責編劇的專案就曾發生過這種案例。

當時我設計了一個小把戲，「玩家只要回去看遊戲前半段的某個場景，就能明白遊戲後面這個場景的謎底」。可是卻發生遊戲前半段的場景必須被剪掉的窘境。

由於遊戲後面這個場景無法一起剪掉，所以我只能盡力調整內容。遺憾的是，因為伏筆藏得太不明顯，導致遊戲最後彷彿留下一個未解之謎。一個作品要臻至完美真的是不容易啊……

 ## 從文本的顯示方式也可看出編劇的手腕

接下來向大家介紹更進階的技術。在業界工作之後，有許多機會能看到同業撰寫的文本。文本不僅可以看出每個編劇的性格，光是文字訊息在畫面的顯示方式，每個人採取的做法就都不盡相同。

其中最大的不同點大概是「訊息確認鍵」。基本上大部分的遊戲都是採取「不能使用滑鼠點擊，只有點擊按鍵才能顯示下一段文字訊息」。視情況有些遊戲會使用定時器，延遲文字訊息的出現時間（又稱為 Wait）。像這種不是單純一行一行出現文字的手法，就可以看出每一位編劇的個性。

例如有個場景是角色們聚在一起開心玩耍，這時可以分派短台詞給多位遊戲角色，這樣每次點擊按鍵後，就會有不同的角色出現在遊戲畫面上說話。這種精心安排的設計可以讓畫面的動作變得豐富，並營造出日常生活的氛圍。

相反地，如果是莊重肅穆的場景，會用長篇文字盡量塞滿訊息視窗，來打造厚重苦悶的氛圍。而玩家在閱讀文字時，遊戲畫面不會切換這一點也恰好適合營造沉重感。

如果想在感人的場景慢慢堆疊情緒，則可以安排一個單字就切換下一個文字訊息。

這些手法還可帶來其他效果，例如可以用來展現角色的特性。例如：讓笨蛋角色使用短台詞，並逐次切換訊息視窗；聰明角色則會在訊息視窗出現長篇台詞。這樣一來就能從視覺凸顯「愚笨」、「聰慧」的差異。

但不管採取哪一種手法，請大家都不要忘記初衷是要幫助玩家舒適地往下閱讀。插入太多、太少次訊息確認鍵，都有可能影響讀者閱讀的便利性。所以寫腳本的過程中，請務必實際玩過才進行測試。

現代手機的社群網路遊戲，也可以活用這種訊息視窗、訊息確認鍵的使用手法。基本上市面上有品質的遊戲一定會非常留意訊息的顯示方式，建議可以實際觀察自己玩過的遊戲是如何處理腳本文字，應該就能清楚這些手法差異了。（如果事前疏忽確認，最後很可能會受限於遊戲規格而發生無法挽救的錯誤，最終導致極為悲慘的結果。可以上網搜尋「FF6 わ！」，就能看到可能出現的悲劇結果了。）

另外，訊息確認鍵和遊戲音效的關係非常緊密，舉例來說：如果有倒數 爆炸的場景，在「3……2……1……」時可以用「Wait」控制文字出現的時間，並在最後一個「……」時插入訊息確認鍵，如此一來當玩家按下按鍵就會發出爆炸聲。這是很簡單的手法，這麼做能讓玩家在操作的同時，耳朵也接收到聽覺的反饋，玩起來更有回饋感。有效使用這種手法也能帶給玩家節奏的爽快感。

我自己十分講究訊息確認鍵的使用方式，曾花費超過1個月的時間，不斷重複測試自己撰寫的遊戲段落。即使進入遊戲測試階段，還是會不斷進行微調。我覺得遊戲測試員應該非常討厭我。（遊戲測試員的工作需要先找出檔案差異，所以他們必須使用比較工具，一一找出前一天文本變更處再做遊戲測試。換句話說，文本修改愈多次，遊戲測試員要測試的地方就愈多。遊戲測試是很辛苦的工作，請大家千萬不要忘記對遊戲測試員抱持感恩的心。）

不過我敢保證，堅持做好細節處理，一定會為玩家帶來更好的遊戲體驗。「掌握訊息確認鍵的人，就掌握了遊戲腳本的天下。」

遊戲腳本不只是文本 能展現演出才是關鍵

遊戲編劇的主要工作是撰寫文本，所以實際演出通常是由腳本演出人員、程式設計師負責（有時候也可能另有專門編排演出的負責人）。不過想到事前必須大費功夫逐一口頭說明腳本概念、仔細提出作業需求，那還不如自己寫腳本指令比較能做出滿意的成果。

尤其當製作遊戲的團隊成員人數有限時，每個人能身兼多少工作，將關係到遊戲開發的戰力。一般遊戲編劇的基本素養，是先掌握最低限度「可以使用」的音樂、場景等素材，再往下編寫腳本指令。若行有餘力，建議直接寫成腳本指令會更有效率。

大部分情況下，只是要標記遊戲的顯示指令並沒有那麼困難。只要知道開發遊戲的引擎指令寫法，多少就能減輕腳本演出的工作負擔。

加上腳本是遊戲編劇所撰寫，是團隊中最清楚遊戲角色心情的人。如果腳本規格必須包含表情指令，那麼建議還是由遊戲編劇自己撰寫腳本演出最合適。（我任職於遊戲公司時，這些都屬於遊戲編劇應負責的範圍。）

以我主要撰寫的冒險遊戲為例，每一種角色表情都會展現出角色的不同個性，所以只要由不同人寫入表情指令，角色會出現的表情就截然不同。

例如您可能故意保留某一個角色表情，想著「這是該角色的招牌表情，等到關鍵時刻再使用吧」。結果由另一個人寫入指令時，卻將這個表情大量使用在各個地方。又或者您明明指定「角色感到煩惱的時候，請使用這個表情」，但對方卻沒有遵照使用。如果要將這些問題點一一改正，整個過程將非常費工。

整段文章閱讀下來，如果對指令有諸多講究，好像是自己動手會更快。但是有時候交由其他人作業，賦予遊戲不同的感性也很重要。

 ## 遊戲測試

先前有稍微提到，請大家千萬不要疏於遊戲測試。就像前面訊息確認鍵中介紹的一般，遊戲有許多內容如果沒有實際測試，根本無法知道效果是否能如預期，例如：每個場景的演出效果是否順暢，是否有更好的訊息彈出時間點等。

實際測試後會時不時發現「這篇文章應該截成兩段……」、「應該取消Wait，讓訊息節奏更快速」等需要再調整的地方。而且跳脫看慣的文字編輯器畫面，改在遊戲畫面一行一行確認文字後，抓出錯字、漏字的機率也會提升。

遊戲文本的字數繁多，無論經過多少人檢查一定還是會有錯字、漏字。這些錯漏字不僅不美觀，如果剛好出現在感動場景，那整個場景就都毀了。建議直到最後一刻都不要輕忽大意，請反覆進行遊戲測試，調整演出內容並揪出錯漏字吧。

我曾在語音錄音完成後，發現「這句台詞應該分成兩段才對」。於是跑去學了音訊編輯軟體的使用方式，自己裁切語音內容。學會音訊編輯軟體後，甚至進一

步開始「自己製作遊戲音效」，所以我認為嘗試多方學習非常重要。

　　某個遊戲開頭畫面中，鐘聲般「噹噹噹——」的音效、縮略語的迷之音、RPG 遊戲的戰鬥效果音其實都是出自我手。（雖然許多音效只是使用免費素材加工而已。）

　　有時遊戲中出現搞笑音哏的場景，之後也能成為腳本的劇情之一，所以創作者的才藝愈廣，就能創造出更豐富的作品。另外，「既然沒有我想要的東西那就自己做」，這種積極進取的精神對創作者來說非常重要。製作遊戲時請保持這種開拓創新的精神吧。

尾聲

　　不知不覺就寫了好多，或許有些讀者看到前面的筆者經驗分享，已經開始懷疑「這個人失敗這麼多次，真的沒問題嗎……」。一方面是因為我主要都是在分享失敗經驗，看起來才會這麼驚人。不過另一個原因其實是因為遊戲製作的確是一個不斷失敗、妥協的過程。

　　尤其遊戲必須在有限的預算、天數內完成，所以大部分遊戲成品都不可能如最初的預期一般完美誕生。「如果還有時間就能再做修正……」、「如果有足夠預算，就能在這一段加入更有震撼力的演出……」製作完一款遊戲後，最後或多或少都會留下這種悔恨。

　　時程基本上不太可能有調整的餘地，但針對預算限制的部分，只要下點苦工，有時即使沒有豪華背景反而能創造更好的效果。例如「這個場景沒辦法插入場景圖，不然就放個天空的圖片帶過吧……」這種無奈之舉，有時反而能營造出更好的故事氛圍。

　　我聽說過很多受限於現實條件最後反而創造出名場景的案例。與現實妥協很重要，但妥協與放棄並不相同。常聽到人說這個不夠那個不夠，其實是你下的苦功不夠。發揮您的創意，我相信最後問題一定能迎刃而解。（說真心話，我也希望能體驗在充裕的時間、豐厚的預算下自由地製作遊戲。）

　　回過頭來看，我分享的內容幾乎都是個人自成一派的做法，比例上來說大概 1 成是前人的分享，9 成是自己摸索出的原則。事實上，遊戲製作過程需要自學的地

方非常多。但是我對各位讀者很放心，畢竟各位都願意自掏腰包買下此書學習了，學習熱忱絕對沒有問題。

另外就像前面提到的，製作遊戲時需要大量學習不同事物。建議可以積極接觸其他的娛樂媒體，培養豐沛的知識。腦袋內的養分、經驗愈豐富，絕對是好處多多。有時就算乍看之下沒有什麼關聯、似乎沒有什麼幫助的經驗，在未來都有可能派上用場。

如果您是學生且週末找不到事情做的話，建議可以「去圖書館慢慢地瀏覽平時不會有興趣的領域書籍，如果有看到吸引您的書籍，就拿起來閱讀幾頁」。有時會從名不見經傳的書籍中發現一句引起共鳴的文字，進而燃起「我應該安排一個場景，並在場景中使用這句台詞」的想法，如此一來能創作的範圍就又更廣泛了。

這些練習能刺激創作者的靈感，而對創作者來說，創作靈感當然是多多益善，同時這也是一種「找出作品優點」的訓練。增加學識絕對是百利無一害，我認為放鬆地去圖書館閱讀書籍，絕對是非常有效的一種練習。

話是這麼說，但如果一味地做些不開心的事情，那只是徒增痛苦而已。加上遊戲製作本身就是很辛苦的一份工作，不建議什麼訓練方式都嘗試。最好還是選擇一些自己做得開心，又能對工作有助益的事情。

我自己樂於製作遊戲音效。過程中不僅可以轉換心情，完成的成品還可以使用到遊戲上，而音效本身又與腳本相輔相成，簡直完美。「遊戲編劇的工作就是寫腳本而已」，建議可以放下這種成見，放寬心胸挑戰各式各樣的工作。我相信這些體驗、刺激，在未來都能幫助創作者更上一層樓。漫長的遊戲製作期間，如果只能持續做同一件事情那未免太痛苦了，勢必需要轉換心情的良方。

之所以選擇在尾聲告訴各位這個忠告，是因為遊戲開發時程漫長，如果中間還發生什麼辛苦的事，一般人單憑興趣其實很難支撐下去。人在長時間辛苦工作、又看不到成果的情形下，本來就容易感到挫折。如果是全職靠製作遊戲維生的人，甚至會出現精神衰弱的情形。創作者「遲遲無法完成作品」的主因，大多來自這個原因。

世界上最痛苦的事，莫過於跑馬拉松卻看不到終點。不過，前期有多痛苦，遊戲完成後的喜悅就更巨大。那份喜悅帶來的無上感動，讓一切都值回票價。當看到遊戲成品實際運作，您將感受到無盡的成就感。我認為這正是人類創造事物的原點。

雖然跨出「第一步」後，後面還有一條漫漫長路，希望各位不要忘記完成一項事物的喜悅。創作者的工作固然是以思考為主，但完成遊戲才是工作的目的與關鍵。我認為體驗創造的喜悅，才算是真正成為創作者的第一步。

相信您一定能創作出空前絕後的優秀作品，衷心期待有朝一日能開心地體驗您開發的遊戲。請繼續加油吧！

我製作遊戲的方法
川上大典

參與作品：《ONE ～光輝的季節～（Tactics）》等。曾在遊戲公司 SEGA 擔任遊戲編劇暨遊戲企劃一職，後成為自由創作者。

前言

因痛苦而快樂，因快樂而痛苦。這是遊戲《下級生》的南里愛（與摯友陷入三角關係戀愛的少女）的台詞。我總覺得這句話用來形容遊戲編劇創作腳本的心情也十分貼切。寫腳本真的是痛苦伴隨著快樂著的一件事。

創作的過程就像行走在漫長蜿蜒的隧道。靠近結局時，就像穿過黑暗的隧道後眼前倏然一片光明，這一切種種所累積的成就感真的是無與倫比。又很像親手混合咖啡豆，經過烘豆、磨豆後，手沖咖啡給顧客品嘗時帶來的成就感。期盼自己的作品能讓顧客細細品味，於是我踏上了遊戲編劇之路。

或者又像是建造一棟房屋，一路自己畫設計圖、製作模型、現場勘地、思考家具配置、招募木工一起塗水泥。每個階段都必須謹慎完成作業準備，但因為腦海有清晰的竣工圖，所以最終總能做出自己想像中的模樣。過程不免有出乎意料的疏漏，但自己撰寫的腳本就像自己蓋的房屋一般，能長時間留存下來。所以最終完工的喜悅就更為深刻了。

> **《下級生》**
> 一款以校園為背景的戀愛冒險遊戲，由élf遊戲公司出品。

話說回來，各位想寫哪種類型的遊戲腳本呢？

遊戲有豐富的領域類型，例如：「戀愛」、「冒險」、「幻想」、「歷史」、「喜劇」、「SF」、「恐怖」、「懸疑」，每個人想挑戰的遊戲類型都不相同。有「想撰寫的事物」是非常珍貴的事，希望各位都能將自己的靈感化為有形的成品。

> 「我想讓腦海的遊戲腳本化為一款遊戲！」

衷心期盼我的分享，能幫助到每一位擁有這種純粹、率直念頭的讀者。

既然有機會與各位展開這段創作之旅，我希望能讓大家習得「創作技法」、「帥氣台詞」等技巧。拿份三明治、小瓶威士忌，讓我們一起享受這趟邁向遊戲編劇的旅途吧。

 ## 遊戲腳本的要素分析

一言以蔽之，遊戲腳本就是指「遊戲故事的原始文本」。

> 好喜歡這款遊戲的那句台詞。好喜歡那款遊戲針對這件事的描寫。

各位是否曾體驗過這種感受呢？
我自己非常喜歡《同級生2》中杉本櫻子（體弱美少女）的這句台詞。

> 「我喜歡開朗、活潑的人，或是不在人前輕易落淚的堅強男人。其中最重要的是，我喜歡無論多麼辛苦也能堅強以對的人。我最喜歡這樣的人了。龍之介，希望你永遠都能像現在這樣。」

我喜歡這段台詞的原因是因為將牽扯出後面一段重要的伏筆。

我也非常中意《夜行偵探》（EVE burst error）普琳的台詞，這句台詞設計得露骨又可愛。

> 「你們這些想偷走小次郎大人錢財的犯罪者，我已經請阿拉降下神罰了！」

這句台詞充分展現出成人遊戲的幽默感，令人不禁讚嘆。雖說普琳是伊斯蘭教徒，但在現代看來仍舊是十分露骨的一句台詞。

另外《同級生2》中，男主角對著（非正面）繼妹鳴澤唯喃喃自語的台詞。

> 「唯居然要做便當？明天太陽該不會從西邊出來吧～」

我認為哥哥角色對妹妹說話特別毒舌的設定，就是從這款遊戲開始變成常態（固定）設定。（當然這個設定的前提是妹妹必須非常可愛。）

Memo

《同級生2》
一款以校園為背景的戀愛冒險遊戲，由遊戲公司élf出品。

《夜行偵探》
美少女冒險遊戲，由C's ware出品。

這些台詞都是「組成遊戲劇情的文本」，不過如果要細緻地分析其中的要素，基本上可畫成一個五角形雷達圖，分別是「遊戲系統」、「世界觀」、「遊戲角色」、「故事」、「主題」等五大要素。雷達圖的五項要素如果比例勻稱，則遊戲各方面都會很均衡。

▼ 組成遊戲的五大要素（因子）

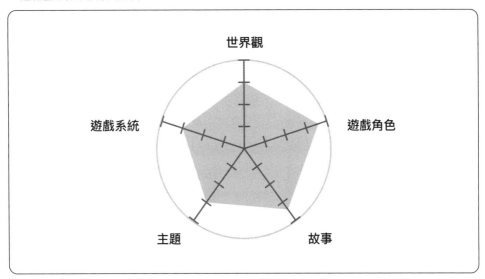

但這只是個理想圖罷了。如今這個時代，就算只強化遊戲某項要素的魅力，也能找到支持受眾。尤其狂熱型（極端嗜好）玩家的基數可不容小覷。

除了五角型雷達圖標示的項目之外，有時也要考慮到「戰鬥」、「機關（花招、把戲）」等要素，還有其他幾項比較顯著的要素是「音樂」、「美術」。不過這些內容與遊戲腳本較無關，所以就不贅述了。（話雖如此，製作《地球冒險》（MOTHER）的遊戲編劇系井重里，據說在開發遊戲時也負責提供音樂製作人有關BGM的關鍵字）

▼各種狂熱（極端）要素

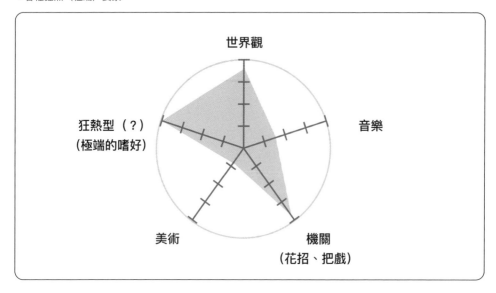

　　不過遊戲企劃（包含遊戲編劇）還是有必要意識到這些遊戲的不同要素，這是因為遊戲企劃必須考慮BGM、角色圖在遊戲畫面如何呈現，有時還要負責腳本演出（簡單的程式指令）等職務。

　　一般來說，遊戲編劇主要負責撰寫遊戲腳本，有時也會幫忙寫故事大綱（故事設定、概要）。當然也有例外的情況，近幾年十分流行聘請多位專職遊戲編劇一起共同撰寫遊戲腳本。以往遊戲企劃「也」要下海撰寫遊戲腳本的情況並不少見，但是這幾年業界追求作業效率，分工制於是成為業界主流。

　　分工制最大目的是為了縮短編劇作業時間，但是這麼做其實有利有弊。

《地球冒險》

這是一款RPG遊戲，描述住在美國某小鎮的主角遭遇各種離奇現象，於是選擇要出發一探真相。有人如此評價這款遊戲：「看到結局之前，都還不到哭的時候」、「保證是名作」。

多人合寫腳本的優點，就是每個人分配到的腳本量會減少。加上多位編劇一起創作，所以能在很短的時間內完成長篇腳本。

這麼做的缺點是遊戲角色之間的互動會減少，從整個故事的角度來說，多人創作時故事的統一性、完整性都較差。

由單一遊戲編劇（遊戲企劃）負責編寫腳本的那個時代，曾孕育出多款被譽為名作的遊戲。在現代，即使多位遊戲編劇的協力創作成為主流，仍不乏有遊戲的名作誕生。所以未來如果想解決這項課題（多人合寫腳本的缺點），就需要一位主遊戲編劇負責整合所有腳本。

建議大家無論是獨自撰寫腳本或是與他人共同創作，都要在腦海中記得這兩種創作方式的優缺點，並努力成為無論哪種創作形式都可以配合的創作者。

想像自己想製作的遊戲

首先，想像自己想製作什麼類型的遊戲。

RPG遊戲、視覺小說遊戲、動作遊戲、解謎遊戲、模擬遊戲，市面上遊戲的類型眾多，每個人想製作的遊戲都各有不同。其中需要專職遊戲編劇的遊戲類型，就屬「RPG遊戲」、「視覺小說遊戲」。

話雖如此，近幾年戰鬥遊戲、解謎遊戲對腳本需求量也逐年上升，所以許多遊戲在遊玩過程中，也開始會出現類似視覺小說遊戲中的「劇情片段」。我甚至看過明明是解謎遊戲，但中間會穿插搞笑短劇（漫才）片段的遊戲。由此可知與過往相比，如今的遊戲編劇簡直十八般武藝都得樣樣精通。

● 「RPG遊戲」或「視覺小說遊戲」
➡脚本量多的遊戲，遊戲編劇需求量大。

● 「格鬥遊戲」、「解謎遊戲」 等等
➡最近這類型遊戲與腳本結合，有變成綜合型遊戲的趨勢。

➡做為遊戲編劇必須十八般武藝樣樣精通。

應該有不少讀者至今仍在苦惱「不知道該做什麼遊戲」、「覺得創作方向很模糊」。

不過各位都有自己喜歡的遊戲吧？您可以試著回想自己曾為哪些遊戲著迷。是否曾遇見扣人心弦的遊戲、影響自己最深的遊戲、感動人心的遊戲呢？

就算只想得出隻言片語也沒關係，電影《E.T.》一開始的創作核心也只有「如果外星人迷路的話會發生什麼事」而已。所以就算只想得出簡單的關鍵字也無妨，重要的是請先想想看自己「究竟想製作什麼類型的遊戲」。

建議在筆記本、記事本上將思緒記錄下來。就算只是模糊的念頭也值得記錄。試著寫下「關鍵字」、「遊戲角色（出場角色）」、「故事概要」，接著就能組織成「故事大綱」了。

行有餘力也可以繼續書寫「遊戲名稱」、「遊戲類型（種類）」、「遊戲系統（也可以參考其他擁有類似系統的遊戲）」、「遊玩方式（遊戲規則）」。

▼ 可以將思緒記錄在筆記本、記事本上

```
「關鍵字」
「遊戲角色（出場角色）」
「故事概要」

「遊戲名稱」
「遊戲類型（種類）」
「遊戲系統」
「遊玩方式（遊戲規則）」
```

完成各個項目內容後，粗略的遊戲「企劃書」就完成了。透過遊戲企劃書便可確保遊戲製作的前進方向。如果是團體一起開發遊戲，那遊戲企劃書就是供所有人參考的遊戲藍圖。

以往遊戲開發者大多是一人獨力作業，現代的主流則是團隊一起製作遊戲。不過智慧型手機盛行後，現代也不乏許多「個人開發的遊戲應用程式」。可是能夠一個人獨立完成遊戲程式、插圖、美術、音樂、腳本的遊戲創作，可謂鳳毛麟角。

所以這幾年市面上的遊戲，幾乎都是遊戲製作團隊同心協力完成。

說到這裡，各位是否對想製作的遊戲有具體輪廓了呢？

 ## 遊戲開發流程

既然已經想好要製作哪種遊戲了，接著來認識「遊戲的開發流程」吧。遊戲的開發流程依遊戲類型、遊戲公司不同，會產生巨大差異。後面要介紹的遊戲開發流程中，也會介紹一些不屬於遊戲編劇範疇的工作。不過既然想製作遊戲，那麼熟悉完整的遊戲開發流程絕對能幫助您事半功倍。事實上，思考自己想製作什麼遊戲，也是遊戲開發過程中的一環。

基本上，整個遊戲開發流程的關鍵就是要與人「溝通」，這也是寫腳本時的關鍵。一個好的腳本，目的就是要讓玩家產生玩遊戲的興致。

如果是獨立製作遊戲，基本上只需要與自己「溝通」；但如果是團隊一起製作遊戲，狀況就不同了。前面已經向大家介紹過，遊戲編劇（或者是遊戲企劃）必須製作「企劃書」，企劃書通過後則要製作規格書（也有可能不需要規格書）。

▼遊戲開發流程

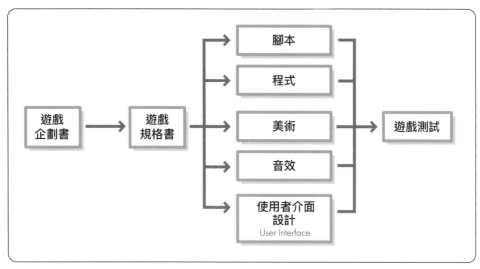

規格書就像是遊戲的設計圖，依照不同的遊戲類型，規格書的內容也會不同（雖然其中也有不少共通項目）。假如您是與團隊一起開發遊戲，那麼勢必要與程式設計師、美術設計師、音樂人（作曲家）等團隊成員鉅細靡遺地溝通想開發哪一種遊戲。所以製作規格書可說是相當吃力的工作。

　　要溝通的事項包含：想製作的遊戲類型、遊戲系統、遊戲規則（遊玩方式）、操作方式、遊戲畫面等等。遊戲角色則需要說明：遊戲有幾個角色？角色之間的人物關係圖？遊戲角色擁有怎樣的外貌、髮型、服裝造型？需要幾張插圖？針對音樂部分，需要哪種風格的音樂？需要幾首？除此之外，還要考慮遊戲中會有幾個敵人（怪物）？希望關卡如何設計？等等。如果有預算、開發時程（日程表）考量，或者遊戲中有設定分歧，也可以繪製流程圖做為輔助。

　　如果要提供更縝密的內容，有時遊戲編劇甚至要構思「公司LOGO」、「開頭畫面」、「開始」、「繼續遊戲」、「設定」等的畫面構圖。可以先體驗其他款遊戲、認識其他遊戲會如何操作，或者閱讀遊戲說明書、攻略也會很有幫助。這些經驗或許在您未來要製作規格書時，都能派上用場。

　　如上所述，遊戲編劇要和其他團隊成員溝通的事項可說是多如繁星，所以規格書的目的就是詳細記錄這些細節。規格書就像是張遊戲設計圖，能幫助您與程式設計師、美術設計師、音樂人進行溝通。（有些遊戲、遊戲公司的企劃書就兼具規格書的功能，所以不需要另外製作規格書。）

　　遊戲編劇寫好企劃書、規格書之後，必須向團隊成員傳達作業內容、程序。接著就是展開遊戲腳本、程式設計、美術設計、音效設計、使用者介面設計、遊戲測試等過程。（每一款遊戲、每家遊戲公司的作業方式可能都不盡相同，但通常各部門成員都是同時進行作業）

寫得出故事大綱的遊戲編劇都是高手（頂尖老手）

遊戲編劇第一次接到的工作，最常被要求撰寫故事大綱。

故事大綱非常重要，在其他領域（戲劇、電影等），甚至會聘請專門作家擔任「故事大綱作家」一職。故事大綱寫得不好，故事劇情有很高的機率會是一灘爛泥。相反地，如果故事大綱足夠精彩，那麼有很高的機率故事將十分精彩可期。

遊戲的情況又如何呢？遊戲的故事大綱通常是由遊戲總監撰寫，畢竟他們是最清楚遊戲全貌的人。有時他們也會請遊戲企劃在工作之餘完成，但最理想的狀態還是要由頂尖的遊戲編來劇撰寫為佳。

話是這麼說，菜鳥編劇如果不會寫故事大綱，那要完成一本遊戲腳本就又更困難了。由此可見，日常的寫作訓練十分重要。

您可以書寫比故事大綱更短的「故事摘要」（概要）來做為練習。所謂故事就是由一個一個場景累積而成。說得誇張一點，只要訓練得當，等您學會撰寫故事摘要應該也能撰寫一個遊戲場景了。反覆累積經驗後，相信就能自行完成一個故事大綱了。

▼故事大綱的寫作訓練

> 故事大綱➡場景➡故事

以《ONE ～光輝的季節～》為例，可以這麼寫：「高中少女里村茜，每逢雨天就會一個人撐著傘，佇立在公園空地。」接著可以進一步擴充內容，往下延伸劇情：「茜這麼做是因為，當年她的戀人（嚴格來說是青梅竹馬）就是在雨天突然從這塊公園空地消失了。」

現代的故事（如小說、電影、舞台劇、戲劇、音樂、演藝表演等等），大多會採用「起承轉合」、「序破急」的「敘事結構」。起承轉合是將故事切分成4個段落，

序破急則是三幕劇結構。說個題外話，據說起承轉合來自中國漢詩的結構。

　　簡單來說，起承轉合的起是「故事的開端（抓住讀者眼球）（發現問題）」、承是「沿著問題做進一步的劇情鋪陳（發展故事主題與目標的段落）（需安排謎題、機關或圈套）」、轉是「足以翻轉故事的轉變（顛覆讀者的觀點來吸引讀者）」、合是「收回伏筆後收尾（結束故事）（揭開謎底）」

▼起承轉合、序破急

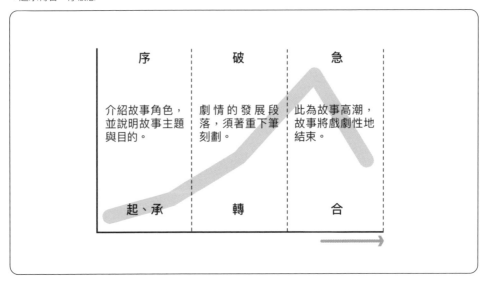

　　如果將起承轉合套入序破急的結構，那麼序就會對應「起、承」、破會對應「轉」、急會對應「合」。

　　所以序必須「介紹出場角色，說明故事主題與目的」；破則是「劇情的發展段落，須著重下筆刻劃（安排機關或圈套來發展故事）」；急是「進入故事高潮，故事將戲劇性地結束，並揭開謎底（哏）」。

　　據說技藝高超的編劇會進一步靈活應用敘事結構，採取「轉起承轉合」、「轉起承轉合轉」的敘事手法。

　　如果您想培養撰寫故事大綱的能力，研究他人的作品是不二法門。親自去體驗被譽為名作的遊戲，或者也可以選擇大量觀賞電影、戲劇，或是閱讀小說、漫畫。

故事大綱一般約為數百字。有些人會按照「第1章」、「第2章」、「第3章」的順序，仔細地將每個章節分成數行書寫，也有人會在故事大綱中放入角色台詞。每個人書寫故事大綱的形式都不盡相同，您可以採取自己習慣的方式。

向大家分享另一種故事大綱的範例。在製作《ONE～光輝的季節～》時，由於前作《MOON》的故事基調比較灰暗，所以一開始就決定續作的執行方向是「溫暖明亮的故事」。

經過幾次討論會議後，我們將遊戲名稱訂為《ONE》。這是因為「ONE」一詞中蘊含著「世上獨一無二珍寶」的涵義（遊戲主題）。

據說構思遊戲故事時，其中一位主遊戲編劇久彌直樹先生是先想到了主角消失那天，里村茜在空地說的台詞（是十分富含詩意的一段話）「現在我能夠忘記你了……再見了，我曾喜歡的那個你」，接著才開始規劃茜的性格（遊戲設定）。這種從最後一個場景往回書寫的手法稱為「歸納法」，各位也可以參考看看這種創作手法。

主題、靈感和遊戲系統

主題就是指「故事主題」。

故事主題就像是作者透過主角、出場角色的台詞、場景（場面），呼籲、傳遞給讀者的訊息。也可以比喻成是作者送給讀者的熱烈情書。

故事的主題、腳本，都能一窺撰文者（作家）的人性與人生哲學。所以遊戲主題可謂是遊戲極為重要的要素。結合遊戲系統與主題，就能孕育出全新的概念、藝術性。大家也知道「命題」的重要性，所以有時遊戲名稱也會刻意緊扣遊戲主題。

舉例來說遊戲《痕》的主題為「家族羈絆」，《ONE～光輝的季節～》的遊戲名稱中則蘊含著「世上獨一無二珍寶」的意思。就算遊戲主題無法用一句話歸納也沒關係，而且一部作品可以有多個遊戲主題。

遊戲《痕》的主題為「家族羈絆」，所以最一開始的暫訂遊戲名稱其實是「絆」。

　　《痕》屬於「視覺小說遊戲」，一開始開發遊戲時，團隊就希望用家機遊戲（家庭用遊戲機）最常見的遊戲類型來開發遊戲（代表性的遊戲有《弟切草》、《恐怖驚魂夜》）。

　　當時成人遊戲皆以冒險遊戲類型為主，幾乎沒有成人遊戲採用以文字描述為主的遊戲系統（曾這麼做過的只有《痕》的前作《雫》），所以這對遊戲製作團隊來說也是一大挑戰。

　　那個年代的小說遊戲重點通常放在文字內容，人物只會用剪影圖表示。但是《雫》用心為角色圖（立繪）上色，開創了全新類型的「視覺小說遊戲」。

　　不過比起前作《雫》，《痕》加強了遊戲娛樂性，並設置了多重故事結局。

　　最後因為《雫》是校園故事，所以遊戲團隊決定《痕》要擴大到以整個城鎮為背景。

　　另外再分享個幾個案例，希望能幫助各位創作。據說《痕》的遊戲企劃在刻劃其中一名角色柏木楓的「鬼族公主VS武士」故事時，是由「前世的思念」為主題發想的。然後設計柏木楓的角色關鍵字有「冷漠的眼神」、「日式娃娃頭造型」、「水手服」。

　　《YU-NO在這世界盡頭詠唱愛的少女》（以下簡稱YU-NO）屬於「A.D.M.S（Auto Diverge Mapping System）（自動分歧繪圖系統）」，這種系統讓遊戲系統、遊戲主題、遊戲故事會相互連結、密不可分。這款遊戲雖為18禁遊戲（編註：18歲以上才能閱覽遊玩的遊戲），但並沒有出現激烈到需要馬賽克的性描寫。換句話說，遊戲的美術圖都是用意象的形式呈現。從這點可以看到作者在遊戲藝術性的企圖心（將18禁美術圖昇華成藝術展現）。同時，遊戲的開頭影片也並非採用展示影片，而是融入原創性在「影片中加入遊戲故事的提示」。

　　此外，《YU-NO》講述的並非只有「戀愛」，其中還混合「人與人之間強力的連結」、「因果輪迴與命運」、「永不放棄的決心」等小主題。劇情甚至涉及「強姦

的恐怖」、「食人（以哲學探問形式）」、「近親相姦（在愛情裡，有必要限制血緣、年齡嗎？）」等禁忌的主題（遊戲以18禁才能詮釋的手法呈現）。遊戲中也提及了政治、學科等時事問題。

這兩款遊戲都是在故事中隱含數個小遊戲主題，並與主要遊戲主題銜接的實際範例。

 ## 戀愛（美少女）遊戲是心理學。
為女孩進行心理諮商

所謂青春是「青澀之春」，而戀愛（美少女）遊戲可說是戀愛心理學、戀愛哲學的結晶。這種遊戲的內容就是不斷讓出場人物產生互動，過程中有時要逗女孩開心，有時要傾聽她們的煩惱，再慢慢迎向最終結局。

日本大約在90年代後期開始進入「心靈時代」，當時不少遊戲編劇在大學上過心理學課，我若沒記錯，《ONE ～ 光輝的季節～》、《CLANNAD》、《痕》、《To Heart》的主遊戲編劇都是如此。

或許是因為這樣的知識背景使然，美少女遊戲的遊戲主題有愈來愈深刻的趨勢，例如《CLANNAD》的遊戲主題就是以「家族」為核心。一路發展下來，這幾年的美少女遊戲開始變成主角要「傾聽女主角的煩惱，幫忙排解女主角的解疑難雜症（為女孩諮商）」，之後才會發展出「戀愛關係」（這是戀愛遊戲發展出全新故事模式的轉捩點）。

在此之前，戀愛遊戲以「搭訕遊戲」為主流，每一個女主角都有個典型框架，所以出現的角色類型十分固定。

例如，眼鏡女孩脫掉眼鏡後會變成美少女，但她最討厭別人以貌取人；真正的女主角不僅是班上的資優生，還心地善良；隱藏角色要不是體弱的美少女就是幽靈等等。從社會學角度來說，可以說這些都是「約定成俗的角色」。

約定成俗的角色＝常見的角色形式

例如：

女主角

資優生、
黑直長髮、
青梅竹馬

女配角

金髮、
雙馬尾、
傲嬌

「我這麼做才不是
為了你，少往自己
臉上貼金了！」

　　過往的美少女遊戲，基本上就是玩家到處與女主角相遇，想辦法提升角色對玩家的好感。遊戲過程可能要在紀念日送禮物、或從台詞選項中選擇女主角聽了會開心的台詞，從某種意義上來說，這的確是很寫實的戀愛過程。

　　可是《同級生2》中隱藏女主角杉本櫻子的出現，打破了這種規範。以往戀愛遊戲的最大目的就是要看遊戲的H畫面，遊戲類型也多以校園、懸疑、科幻類型為主。但杉本櫻子則推動遊戲轉變成「享受為女主角排憂解難的過程」。

　　自此，享受為女主角（或主角）心靈諮商過程的美少女遊戲從此成為主流。我認為這個趨勢在《To Heart》問世時特別顯著，同時這也是遊戲編劇第一次在遊戲中融入輕微的文學性質。

　　這時，遊戲畫面以文字和角色立繪為主的「視覺小說遊戲」開始盛行。由於遊戲的主體（重點）是文字，所以開發遊戲時字型、排版成為設計重心。這時也開始有人主張影片與角色語音不再是遊戲必需品。某種方面來說，這使得視覺小說遊戲又更加靠近「小說」的形式。「應重視遊戲腳本」等說法也是在這個時期開

始出現。

　　我認為就是先有這個脈絡，才使得許多喜歡小說的文學男子（女子）立志要成為遊戲編劇。

　　遊戲與各種娛樂媒體都是能夠「反映時代的鏡子」，在注重心靈互動的這個時代，說不定遊戲類型會出現此等變化也是很理所當然的事。

　　過去所謂「攻略女主角」，是指女主角對主角告白、或者主角向女主角告白後即可達成戀愛成就，最後兩人就會親密結合。可是現代的美少女遊戲所謂的「攻略女主角」，則是指玩家是否蒐集完該女主角的故事片段（段落、章節），或者玩家是否解決了女主角的煩惱。與其說遊戲宗旨是在談戀愛，玩家的感受更像是看了一部動畫作品……有時候這些遊戲內容甚至不會談及愛情。

　　這種遊戲已經稱不上是「戀愛遊戲」，只能稱為「美少女遊戲」。因為遊戲中已經沒有任何戀愛成分，只是一款出場角色都是美少女的遊戲罷了。

▼心理學與角色內心的深層想法

例如

輕微的煩惱

今天中午該吃什麼呢？

他會想收到什麼禮物呢？

等等

深刻的煩惱

自卑感
家庭環境問題
死亡、犯罪

等等

藉由傾聽女主角或輕微或深刻的煩惱，以戀愛為名，實質探討「心理學」、「哲學性」。
經過類似心理學的諮商手法，分析角色（人物）內心的想法，進而展現作品的文學性。

不過這種做法也擴大了遊戲的可能性，真是相當有趣的時代。或者遊戲編劇也可以設計一個故事，讓玩家可以用心理測驗分析遊戲角色，接著再幫角色做心理諮商，應該會別有趣味。（看得出來我在開玩笑吧？）。

　　這幾年也陸續出現「世界系」、「角色小說」、「中二病」、「病嬌」等詞語，從這些衍生詞語來看，我預測心理學方面的知識仍會是遊戲編劇的一項創作利器。

關於視覺小說遊戲、有聲小說的音樂

我很榮幸能編寫視覺小說的遊戲，視覺小說的遊戲主體是文章，但是在感動的劇情背後，另一個功不可沒的角色就是「音樂」。我和製作遊戲時很照顧我的兩位朋友，一起討論了音樂、BGM的重要性。川

音效設計師：戶越馬込
參與作品：《AIR》、《CLANNAD》、《校園剋星（Key）》

川上：請問什麼是「BGM」、「遊戲音效」呢？

戶越：以書為例，如果單靠文字想吸引讀者沉浸到故事裡，並牢牢抓住眾多讀者的心其實十分困難。尤其年輕人的人生經驗較短，很難想像某些場景畫面。漫畫之所以能如此受到大眾喜愛，就是因為讀者可直接從漫畫的圖片讀懂劇情內容。而視覺小說遊戲則在圖文基礎上，又搭配了語音、音樂、音效等從耳朵獲取資訊的內容。所以說這些元素其實都是故事演出中的一環，這也是我在製作音樂時不斷提醒自己的一件事。

川上：製作音樂時請問會有「指示書」嗎？

戶越：有時有，有時沒有。如果有指示書，通常會具體描述是哪一個場景、需要哪一種曲調、加入哪些樂器，內容可說是非常詳盡。有時候也會收到形象相似的現成範例曲目，做為作業參考。

川上：請問製作BGM、遊戲音效時，需要注意什麼呢？或者您會在哪裡下苦功呢？

戶越：如果有範例曲目，我會先向下指示的人確認他是想保留曲目中的哪些要素，接著再思考要如何加入自己的原創性。視情況，有時候我會刻意製作近似範例曲目的音樂。遊戲音效的部分，我會事先製作各式各樣的音效，接著再請遊戲總監篩選。

川上：遊戲總監、遊戲企劃曾向您提出作業要求嗎？

戶越：當然有呀。例如他們會說希望這個段落的樂句可以改成別種樣式、或者想要替換這個地方的音色、或者希望樂曲長度可以減少2小節，這些作業要求其實滿多的。

川上：製作音樂時，您會收到插圖、文字分鏡的說明嗎？還是對方會直接與您口頭討論呢？

戶越：有時有，有時沒有。通常我取得實際要轉換成遊戲的腳本後，會自行想像可以做哪些音樂，如果不順利，就會請遊戲編劇與我一起腦力激盪，所以每次狀況都不盡相同。

川上：製作音樂時，請問您會一併考慮角色、世界觀、腳本、場景嗎？

戶越：通常不會耶。我的經驗是多數遊戲編劇直到遊戲測試之前都不會對我們破哏，所以即使需要編製高潮片段使用的樂曲，遊戲編劇也不會告訴我們該段落的具體內容。甚至有時候，遊戲編劇是從我們提供的音樂獲取靈感、撰寫腳本呢。所以實際上我作曲時不會想得太深入，只要致力考慮可活用性，創作在各種場景都可以應用的通用音樂即可。

音效設計師：M.S
參與作品：《ONE～光輝的季節～》

川上：可否請您和我們分享製作「看見彩虹的小徑」（《ONE～光輝的季節～》內的樂曲）的過程？

M.S：我與折戶先生是網友，我記得當時就是折戶先生介紹我這個專案（編註：折戶伸治是《ONE～光輝的季節～》的主要作曲家之一）。那時正是視覺小說遊戲最為盛行的年代，我自己也躍躍欲試要挑戰這個遊戲類型。於是馬上就接下了這項委託。

川上：他們委託您時有提供哪些資料嗎？

M.S：當時我沒有收到指示書或分鏡。不過因為事前有得知預定要販售的遊戲名稱、委託遊戲品牌名稱，所以就自己上官網查詢資訊，憑想像創作了這首樂曲。當時創作時的主要參考對象，就是遊戲中角色長森端佳的軟綿綿外型。

川上：請問製作這首樂曲時有特別注意什麼嗎？或者您會在哪裡下苦功呢？

M.S：在接案之前，我曾為某款視覺小說的同人遊戲製作音樂，當時我很煩惱自己寫的曲子總有種虛張聲勢的感覺。但是這次編曲時，最一開始的樂句就已經定義出整首樂曲的氣氛，所以後來順著氛圍繼續編曲之後，意外地沒有卡關、很順暢就完成了整首樂曲。

川上：遊戲總監、遊戲企劃曾向您提出作業要求嗎？

M.S：我印象中沒有。現在回頭看，正是因為遊戲總監、遊戲企劃沒有作業要求，我才能發揮想像力創作出這麼好的樂曲。他們不僅沒有提出額外作業指示，還直接錄用了我提議的樂曲名稱，讓我超級開心。

川上：製作音樂時，請問您會一併考慮角色、世界觀、腳本、場景嗎？

M.S：當時我的確有試圖製作符合角色溫婉柔和形象，且在生活場景中出現也不突兀的樂曲。遊戲問世後實際聆聽遊戲樂曲時，固然也會自我檢討若這個段落能用更柔的弦律就好了、這裡應該加強層次起伏等等。不過另一方面，我自認里村茜生活場景中的樂曲都編得滿恰到好處的。

川上：請問您聽到玩家對樂曲的評價後，有什麼感想呢？

M.S：當時編的樂曲中不乏有實驗之作。但這些樂曲在大眾的反響似乎很不錯，有時在遊戲販售會現場也會聽到玩家們的心得，讓我深受鼓舞。

我製作遊戲的方法
平川RAIAN

參與作品：《觸摸偵探　小澤里奈　Rising 3 菇菇會夢見香蕉嗎？》、《戰國修羅SOUL》等。曾在多家公司擔任遊戲總監，例：Hudson Soft、Taito Corporation，後成為獨立製作人。在修曼綜合學院擔任講師。

 致每位有志成為遊戲編劇者

相信每位讀者應該都是抱著「我想成為遊戲編劇」的心情，才拿起這本書，並一路追逐答案才閱讀到這裡吧？我也很開心能和大家分享成為遊戲編劇的方法。但在那之前，我想針對遊戲編劇這個工作說幾句話。

與一般工作比起來，遊戲編劇是一份有些特殊的工作。除了寫作能力之外，還需要淵博的知識、優異的溝通能力。閱讀本書的讀者，應該有不少人正是討厭人際溝通才會立志從事這份職業。可是對遊戲編劇來說，溝通能力可謂至關重要。尤其想自由接案，更不能忽視與人的人情交往、交際往來。

投身遊戲編劇一職後，我曾被交期追趕、費盡千辛萬苦交稿後又屢屢被要求改稿。有時候一個字都寫不出來，只能抱頭苦思。即使如此，我仍能堅定地掛保證，遊戲編劇是非常棒的工作。創作過程固然有許多痛苦，但最後玩到遊戲成品的喜悅仍令人難以忘懷。除此之外，當遊戲成品送到玩家手中，吸引無數玩家隨著您創作的腳本心境起伏。想著玩家隨著腳本有時歡欣、有時憤怒、有時悲傷、有時淚流，您應該也會同意這是一份很有意義的工作吧。

您是否曾在悲傷痛苦時，因遊戲而獲救呢？
遊戲是否曾帶給您勇氣呢？

您是否曾在遊戲中學到珍貴的事物呢？

只要成為遊戲編劇，下次就能換您用自己的腳本感動大眾了。

成為遊戲編劇絕非易事，這條道路不僅險峻，還需要日夜努力下功夫。可是只要實際踏入這一行，我想您一定會慶幸自己走上了這條路。

衷心期盼各位閱讀我所傳授的成為編劇的方法後，都能美夢成真。

 ## 這就是成為遊戲編劇的方法！

成為遊戲編劇的關鍵，就是「有目的性地創作」。什麼？您早就知道了？不對不對，事情不是您想的那麼簡單。只要產出創作，就能成為編劇；如果不產出創作，那就不能成為編劇。這是相當簡單的道理，實踐起來卻沒那麼容易。其中的關鍵就在是否擁有「目標」。如果創作時能謹記自己想成為遊戲編劇並「有目的性地」創作，就能成為遊戲編劇。或者說即使沒有馬上成為遊戲編劇，至少也更加靠近這個目標了。

舉例來說，想成為棒球選手的人如果整天都在練習足球射門，那再怎麼練習也是徒勞無功。很多人以為自己明白其中道理，可是事實上在執行時很多人都不得要領。有些人在大量閱讀書籍、參考朋友意見後得知「只要產出創作，就能成為遊戲編劇」。於是他們以為「只要我能產出創作就沒問題啦」，結果開始落筆後，許多人只寫了世界觀、角色設定就心滿意足了。但這些內容並不算腳本呀。以棒球為例，這個狀況好比是想好球隊名稱、選手簡介、打擊順序，但卻不下場比賽。這樣的人怎麼能說是棒球選手呢？

如果不確定遊戲腳本的敘事形式，那至少挑戰寫下故事並好好寫完吧。這就是成為遊戲編劇的第一步。

就算是簡短的故事也沒有關係，應該說故事愈短反而愈好。即使您能在腦海架構一個壯闊的故事，如果不能寫成文字那就沒有意義。所謂遊戲編劇的工作就是要構思故事、訴諸文字、圓滿收尾。

只要完成一則故事，這之後就能自由地編排故事，或者追加段落增加故事篇幅。如有需要，可以用這個故事改寫成遊戲腳本、或者當成下一次創作的靈感。做為一個遊戲編劇，創作的靈感是愈多愈好，因為您永遠也不知道這些靈感何時會派上用場。

去遊戲公司應徵時，請也要有目的性地創作。如果將美少女遊戲、色情遊戲的腳本投遞到正統RPG遊戲的公司，會落榜也是意料之中的事。您都不清楚自己寫得出哪種類型的腳本、擅長哪種類型的腳本，那怎麼可能知道該去應徵哪些遊戲公司呢？

所以這個階段請先以「我想知道自己寫得出哪種類型的腳本」為目的創作，找出自己的創作偏好與擅長領域吧。下一個階段性目標則是「我要寫出能夠踏入遊戲產業的腳本」。請深入了解您想應徵的公司、喜歡的遊戲，進而思考自己要編寫哪種類型的腳本。這些事前調查能幫助您找到創作的方向。

像這樣持續有目的性地撰寫腳本，有朝一日一定能成為遊戲編劇。實際成為遊戲編劇後，也請繼續設定創作的目標。創作時如果沒有目標，總有一天您會忘記自己創作的目的與意義。遊戲編劇的工作就是持續書寫，並將理念傳遞給玩家。如果創作的目的只是要應付工作，那創作時勢必會忘記珍惜玩家的存在。永遠都不要忘記您的創作是要滿足玩家。只要謹記這一點，我想您一定能成為優秀的遊戲編劇。

 ## 啊！忘記自我介紹了！

對不起，剛才只顧著耍威風，忘記自我介紹了。大家現在應該很莫名其妙這個傢伙到底是誰吧？其實我的入行經歷有些特殊。如果有讀者因為沒有相關背景、經驗而想放棄成為遊戲編劇，希望我的經驗可以帶給大家一線希望。那麼請各位聽我娓娓道來我的個人簡介與經歷。

我在2001年進入Hudson Soft，但沒多久就離職並於2002年進入Taito Corporation就職。後來在2007年獨立門戶成立株式會社Megg。創業之後仍持續從Taito Corporation接案，並參與多間公司的遊戲開發專案。同時還在遊戲專門學校

擔任腳本企劃的講師。不僅如此，還以顧問身分協助電視台等媒體開發企業遊戲、設立遊戲部門。

我擔任遊戲編劇時創作的代表遊戲有：任天堂3DS的《觸摸偵探　小澤里奈Rising 3 菇菇會夢見香蕉嗎？》、手機遊戲《戰國修羅SOUL》等等。

閱讀到這裡，或許有人會羨慕我的人生真是一帆風順。但其實我只有高中學歷。既沒念大學、也沒念專門學校。也就是說，就算您沒有念大學、專門學校，也有機會成為遊戲編劇！

而且我高中畢業後其實先跑去當廚師，所以當年真的是從毫不相干的產業一躍成為遊戲編劇。

接下來要進入課堂重點了喔。當時我除了當廚師之外，還一邊在當藝人。是真的在當藝人喔，搞‧笑‧藝‧人（笑）。可能有人想問，當藝人和當遊戲編劇有何關聯？其實這是因為當時我熱愛撰寫短劇腳本、設計漫才的哏，所以拚命寫了各種腳本。而這個過程無形中成為我的寫作訓練，並因此愛上創作的樂趣。

可惜沒沒無聞的我無論如何都爭取不到上台表演的機會，只好自己創立短劇團，並自行舉辦公開表演、喜劇現場演出。令人驚訝的是，這段經歷也在後來成為我的一項助力。

我應徵Hudson Soft時，除了寄送遊戲企劃書之外，還一併寄送了所有的表演宣傳單與演出腳本。面試時他們對我說：「你的遊戲企劃書可說是一踏糊塗，但看你在做的事情好像滿好玩的，不然你就來我們公司吧。」於是我就進入這家遊戲公司就職了。真搞不懂他們是看中了我什麼。

我在Hudson Soft的職位是遊戲企劃。當時適逢手機遊戲崛起的時期，Hudson Soft早早便投注資源要開拓手機遊戲市場，所以我進入公司就被分派到手機遊戲的部門了。當時手機應用程式的最大記憶體容量只有20KB（下載10KB、暫存空間10KB）。所謂的暫存空間就是放置儲存資料等數據的空間，這表示我們必須將遊戲的程式、影像、文字數據通通塞入10KB的容量之中。為此著實煞費苦心，最終也的確開發出不會占用太多記憶體容量，但又有一定水準的遊戲。沒想到這時PS2等

家機遊戲卻成為遊戲的主流，同時線上遊戲的熱度也愈來愈高。說實話，當時我工作的時候也滿心只想去製作家機遊戲或線上遊戲。所以我是在正式進入踏入遊戲產業後，才認識到自己其實想撰寫國民RPG遊戲的腳本。順帶一提，不知道大家心目中的國民RPG遊戲是哪一個呢？我自己是太空戰士派（笑）。

幾經煩惱，我在隔年就選擇加入Taito Corporation，職位是線上遊戲企劃，所以進入公司後每天工作都覺得很開心。可惜我遲遲無法提升線上遊戲的銷售額，所以意識到這點時，已經又被調去開發手機遊戲的部門了（笑）。

後來回想起來這段經歷其實惠我良多，原因稍後再繼續說明。

我的職務主要是監製手機遊戲的開發，在這段期間有幸參與了多項遊戲專案。由於遊戲總監是發派工作的角色，因此可以主導自己的工作。而我也是在這時終於獲得撰寫腳本的機會。

這個時期手機的記憶體容量擴大，手機遊戲開始可以使用3D美術圖，並且有多款經典RPG遊戲推出手機重製版。有些重製版的遊戲會改變部分劇情、新增遊戲角色，我因此獲得創作這些角色故事的機會。這類型委託案件愈來愈多，後來我不僅為恐怖故事界的十分出名的某名人撰寫遊戲腳本，還在小說衍生推出的遊戲中幫忙設計遊戲角色。最後終於獲得機會，可以自己完整撰寫一款原創RPG遊戲腳本。

進入遊戲產業第6年，終於能撰寫原創遊戲腳本。說實話，進入夢寐以求的遊戲產業，並不代表就能做自己想做的工作。尤其假如您在公司還是毫無經驗的新人，那基本上幾乎很難接到的喜歡的工作。不過，只要心中還有創作的慾望，持續有目的性地撰寫、展現您的能力，一定能實現夢想。因為這不僅是我個人的經驗寫照，事實上也看到許多因努力實踐夢想成真的人。

在這段期間遊戲產業也發生許多大事。首先最令人驚訝的就是Enix和Square兩大遊戲公司的合併。從來沒人想到，推出2大國民RPG遊戲的這2間公司居然會合併。但同時這也是非常吸引人的消息。一直以來我都希望能撰寫國民RPG遊戲的腳本，所以認為這恰恰就是跳槽的大好時機。這時Square Enix正在招募討伐惡

龍類RPG遊戲的編劇，我便下定決心要拚一把手氣。正當寫完招募需求中指定的課題腳本，準備連同履歷表、經歷表一起寄出時，突然收到通知說社長有一個消息要告訴大家，就緊急召集了公司全職員。做夢都想不到，這個消息居然是我們Taito Corporation要成為Square Enix的子公司！

這真的是一枚超級震撼彈。當時我的第一個念頭就是：幸好我還沒投稿（笑），不然就要被公司知道原來我打算跳槽啦。當下我的內心可說是五味雜陳，但由於我隸屬於線上部門，專案的機動性、執行力都很強。所以公司很快就決定要成立共同專案，而我也因此有幸參與其中。

在遊戲公司工作固然辛苦，但快樂的時間更多。我時常感嘆能進入遊戲公司就職真的是太棒了。在這裡工作時可以接觸喜歡的遊戲，開發出來的遊戲還可以供人遊玩、取悅消費者。雖然有時也會收到玩家的嚴厲批評，但我能拍胸脯掛保證，這是一份充滿內涵與意義的工作。

前面有提到，回首來時路後認為「幸好我曾做過手機遊戲」。接下來想和大家分享這是怎麼一回事。我大約入行7年後就開始獨立接案。而在這7年間，做為主遊戲總監、主遊戲企劃、主遊戲編劇，經手的遊戲就多達30多個。

1個手機遊戲的開發時程約為半年，長的也會超過1年。而當遊戲還在企劃、監製的過程中，時常會有待機時間，所以通常會調整行程，讓多個遊戲專案可以同時進行。當時那個年代，想要開發一款家機遊戲，動輒就需要2年至3年。這樣換算起來，我這7年頂多只能做3款家機遊戲。考量業界生態，新人做第1款遊戲時幾乎只能負責打雜，第2款遊戲時勉強能做一些和遊戲企劃類沾邊的工作，第3款遊戲時才可能有機會成為遊戲總監吧。可是就算能當上遊戲總監，如果馬上想要出來獨立接案，這時的經驗和技能都還是很不足。

手機遊戲雖然遊戲內容與規模都較小，但製作方法與一般遊戲無異。只要持續累積專案經驗，遊戲開發技術一定會顯著提升。不僅如此，由於過程中勢必會遇到各種遊戲類型，所以自然而然就會習得各種遊戲製作技巧。

獨立出來接案後因為可以自由掌控時間，所以我再次展開短劇劇團的活動。人在工作之餘總是要有一絲喘息空間，所以培養個人興趣也很重要。但沒料到這項個人興趣居然也能帶給我意外的幫助。劇團的工作讓我與電視局、媒體搭上線，因此獲得機會製作電影、動畫的衍伸遊戲，甚至還幫遊戲節目撰寫節目企劃和腳本。

　　我貪婪地嘗試每一次挑戰全新領域的機會，每次經驗都為我帶來豐富的刺激與體悟，並反映在我的腳本創作上。

　　我還試著寫小說，很幸運也得過幾次獎。2017年參加「復古遊戲小說大賞」且獲得了獎項肯定，這是指定以萬代南宮夢的遊戲為題材的小說創作競賽。這個獎恰恰顯示出我對遊戲、創作的熱愛。

　　剛成為遊戲編劇時，大家應該只顧著拚死度過每一天，沒有閒暇思考未來吧。不過建議大家行有餘力時，可以試著想像自己未來的模樣。接著請您以此為目標，體驗自己想做的事、挑戰自己能做的事，並展現給大眾吧。前面曾提到要做一位遊戲編劇溝通能力也至關重要。如果您不擅長人際溝通，那請用您的作品和世界交流。「讓世界看見我的創作」也是一種溝通方式。具體地勾勒自己想實現的目標並持續努力，相信您一定能逐漸靠近自己夢想的模樣。

 ## 明明都是腳本，怎麼差這麼多？！

　　前面自我介紹時有提到我成為遊戲編劇的過程比較特殊。但這些經歷讓我得以接觸各種產業的腳本。簡單來說，每種產業所需的腳本其實都不盡相同。

　　簡單和大家分享不同產業的腳本特徵，希望各位撰寫遊戲腳本時，這些知識能成為作業的參考。而且認識腳本的差異後，或許您會產生新的體悟，並掌握新的創作訣竅。又或者，說不定有讀者想從其他產業轉到遊戲產業寫腳本，希望這些資訊能為大家帶來幫助。提醒各位，這只是我簡單粗略的分類方式，但不代表每種產業的腳本必定都有這些特徵喔。

- 電影、戲劇、動畫
- 舞台
- 電視節目
- 遊戲腳本

電影、戲劇、動畫

　　這類型的腳本為直書，並會依場次分段書寫。所謂的場次是依「地點」、「時間」切分。例如：「場次1」是「公司、室內、白天」，「場次2」是「公司、屋頂、白天」。光是從場景就能想像這間公司可能發生某些事，角色們到屋頂說悄悄話的模樣。

　　場景通常會寫在一個框格中，這個框格叫做「柱」。所以這種類型的腳本都是從「柱」開頭，接著放入「動作」、「台詞」。

　　「動作」就是標記演員表演時所需採取的行動，或者是燈光、聲音指令的文章。例如「社長用力推門而入，公司的門發出巨大聲響」。從這個敘述就知道演社長的演員必須大力推開門，做出情緒與聲音的表演。

　　拍攝或錄製節目時，通常會將同一場次的內容一次收錄完成，而不會按照場次出現順序進行。所以如果要錄製「公司、白天」的內容，那麼拍攝時就會採取「場次1」、「場次10」、「場次12」的跳躍式順序進行。演員必須在不連貫的場次中表演出相應的情緒，著實不容易。

　　創作這類型腳本時，就需要考慮場景和台詞是否吻合。例如「圖書館的場次」就要考慮到環境需要「小聲說話」，所以腳本的內容也必須以此為前提書寫。

　　腳本的格式十分固定，所以通常會採用Microsoft Word或專用軟體撰寫。有些製片公司會提供自家的文字編輯工具，以便後續腳本能直接印刷成冊。

1

株式會社Megg公司、上午

上午11點，公司職員都對著電腦辦公。

秋山社長用力推開大門，瀟灑地進入辦公室。

秋山「喂！笹野！」

笹野停下工作的動作，轉過身慢慢站起來。

笹野「社長好，您找我有事嗎？」

秋山「我們拿到次代鋼彈的版權了，趕快整理一份企劃案給我看！」

聽到秋山的話，辦公室一陣騷動。

笹野「我……我嗎？！」

秋山「就是你，我想讓你試看看。那就萬事拜託囉！」

2

株式會社Megg公司、上午

秋山拍拍笹野的肩膀後離開。笹野握拳做出小小的慶祝手勢。福永面無表情地看著自我慶祝的笹野。

福永和西田邊抽菸邊聊天。

福永「可惡！笹野那個渾蛋！」

舞台劇

　　這類型的腳本為直書。腳本整體由「動作」、「台詞」組成。舞台劇不像電影、連續劇一樣需要頻繁更換場景，就算變換場景通常也只會用「動作」表述。例如：「學校的教室、放學後3個女孩討論著彼此喜歡的對象」。如範例所示，舞台劇的場景、狀況、人數都會用「動作」呈現。

　　舞台劇的腳本可以配合演員的性格、擅長的演技「量身訂做」。另外每次排練時，舞台劇腳本都會繼續微調台詞。以編劇的立場來說，每次要更改腳本都是一種痛苦，但在正式演出前反覆排練、修改台詞，能讓編劇對演出更有參與感。

　　舞台劇腳本也有一些既定格式，但有些劇組、劇團會製作自家原創的格式。這種腳本幾乎都是用Microsoft Word撰寫而成。

《你就是吃掉披薩的那個人》

聖誕節當晚，一群好友打算在「B男」的房間開派對慶祝。「B男」一人在房間等待其他人。

B男：大家也差不多該到了吧～

叮咚！玄關的門鈴響了。

B男：來了！

B男小跑步走到玄關開門。

B男：你們終於來了，我等你們好久了！

「C男」、「A女」、「瑪丹娜」三人一起進入屋內。

C男：抱歉抱歉，A男說要和我們一起過來，結果等了老半天他也沒出現。他說等一下會直接過來這裡。

B男：這樣啊。

A女：咦，你是不是有偷偷整理房間呀？房間變得好乾淨！

B男：還好啦，難得大家要在我家辦聖誕派對，總得整理一下吧。

瑪丹娜：這個給你。

瑪丹娜遞給B男一個盒子。

B男：這是什麼？

瑪丹娜：這是我親手做的披薩喔。

C男：親手做的！披薩！

電視節目

這類型的腳本為橫書。電視節目腳本的要素繁多，依照節目內容不同，所需的要素也不同。必定會出現的要素為「時間」、「台詞」、「動作」。其他很常同時出現的要素為「攝影機」、「BGM」。

腳本段落會依節目環節切分，所以會有「節目環節和時間」、「台詞與動作」2部分。其中有時會再加入「攝影機」、「BGM」。

例如「開場、3：00」、「攝影機1定點」、「BGM」、「（主持人進場）晚安，遊戲道場要開始啦！這個節目的宗旨是立志以遊戲挑戰金氏世界紀錄！（鼓掌）」。「動作」會寫上節目演出者的進場、退場時機、站位移動等資訊。

各家製作公司多數都有自己的節目腳本格式，撰寫腳本時通常會使用Microsoft Word，或使用製作公司自製的文字編輯工具。

電視節目的「腳本」和遊戲的腳本差異略大，但其中仍有一些相似之處，所以還是在這裡為大家說明。尤其寫台詞時要考慮「攝影機」、「BGM」這點，與遊戲腳本十分相似。遊戲腳本在創作時必須考慮到角色的動作與音效。

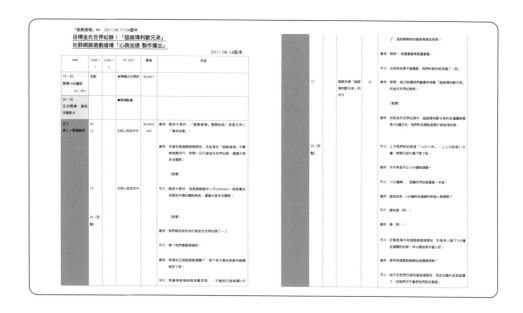

遊戲腳本

終於要介紹遊戲腳本了，遊戲腳本的特色是最鮮明的。首先遊戲腳本沒有固定格式。每間公司都有自己設計的格式，自由接案的編劇則會自製一套自己的格式。不過依照每次專案的性質、遊戲領域不同，可能都還是會變動。

沒有固定格式的原因是因為遊戲的歷史尚淺。遊戲需要腳本至今大約也才30年左右，加上這段期間遊戲的平台持續變動，從低階的電腦時代演變至今，電腦記憶體容量大幅增加。這使得遊戲內可以收錄的文章量增加、美術圖的規格也改變。遊戲腳本的呈現形式與以往相比，可說是經歷了翻天覆地的變化。順帶一提，遊戲中可以看到「漢字」，也是近代出現PC Engine和紅白機後期的事情了。

另外遊戲必須做分歧、旗標管理。旗標管理指「滿足條件A與條件B，就移動到C」。分歧、旗標管理需要用「腳本指令」這種簡單的程式碼控制，因此遊戲編劇除了寫腳本之外，也很常被要求寫腳本指令。

另外，遊戲類型不同，腳本的書寫方式、格式都極為不同。各位可以想像一下冒險遊戲與RPG遊戲的腳本內容，應該就能明白我的意思。

遊戲腳本通常是橫書，內容主要由「台詞」和「旁白、說明文」組成，有時裡面還需要寫上「畫面顯示的遊戲角色」、「場景」、「角色的動作」、「BGM」、「旗標管理（腳本指令）」。由於一句台詞就會影響每個項目連動，所以腳本需要記述的東西非常多。以下是我製作的範例，如果將每個項目的資訊都要放進腳本中，那麼光是2句台詞就會有這麼長。

範例)

SID:132

讓我來吧！你們都到後面去！

BG:12

Object:1

MOVE:FADE_IN,X=0,X=400

SE:17

BGM:18

NEXT:133

↓

SID:133

什麼嘛！我也可以啊！

BG:12

Object:2

MOVE:FADE_IN,X=0,X=200

SE:

BGM:18

NEXT:134

「SID」是腳本的ID編號，下一行則是角色台詞。「BG」代表場景、「Object」代表角色、「MOVE」代表角色的動作、「SE」代表音效、「BGM」代表音樂、「NEXT」代表移動到哪一個腳本。在腳本中加入腳本指令的工作，通常是由遊戲企劃、腳本演出等專門人員負責，但也有不少遊戲編劇會自己撰寫腳本指令。我通常會盡量自己作業，因為希望能自己調整角色動作讓動作與台詞更匹配。

書寫工具通常是用文字編輯器或Microsoft Excel。一般作業程序是先用文字編輯器寫入遊戲畫面內會出現的文本，例如：台詞、旁白、說明文等。接著再逐一填入腳本指令。

如果遊戲的分岐眾多，那麼就是在Excel寫上包含分岐與角色動作的腳本，接著再填入腳本指令。

這邊雖然只是概略說明，但大家應該都感受到遊戲腳本有多麼特殊且複雜了吧。建議大家可以先培養故事寫作的能力，接著再來學習遊戲腳本中腳本指令這些特殊書寫方式。

妄想萬歲！努力直到寫得出遊戲腳本為止

目前已經說明了何謂遊戲編劇、如何成為遊戲編劇，那麼下一步來談談成為遊戲編劇後的創作方式吧。

前面介紹了好幾種類型的腳本特色，並提到遊戲腳本不僅寫法特殊，而且沒有一套固定的格式。不過也因為如此，遊戲編劇在寫作時也更自由。您可以自己找出一套腳本寫作方法、格式並提案給業主，相信一定會受到重視，從而提升自己的職業價值。請參考遊戲編劇所需的技術、了解各種類型的遊戲腳本寫法，找出自己一套作業模式吧。

請確認自己的作業範圍

　　要開始書寫遊戲腳本之前，請先確認好自己的作業範圍。所謂「作業範圍」指的是您負責的段落範圍。家機遊戲等規模龐大的遊戲，通常會由多名編劇共同創作。除此之外，前面也說到有可能需要負責撰寫腳本指令。所以作業之前請先確認好自己的作業範圍、腳本分量，以及是否需要一併書寫腳本指令。

建立遊戲世界觀

　　有腳本的遊戲必定會有一個遊戲世界觀，請確定要編劇的故事來自什麼樣的遊戲世界。請留意有些遊戲是根據史實改編或是原作改編。或許有些聰明人即使不清楚原作內容也能撰寫腳本吧，但我認為了解原作後寫的故事會更有深度。並不是要求創作者事前一定要無死角地研究原作，只要事前稍微了解過原作內容即可。遊戲編劇的技術和經歷增長後，也會有機會自己構思原創的世界觀。親眼看到自己構思的世界變成遊戲，真的會超級感動。

確認遊戲角色的設定

　　確認遊戲世界觀後，接著請確認遊戲角色的設定為何。角色設定會涵蓋「姓名」、「性別」、「年齡」、「職業」、「臉」、「髮型」、「體型」、「服裝」、「性格」、「說話語氣」、「腳本上的設定」。如果事前已經有角色圖，那麼這些設定就很清楚了，但尚在開發中的遊戲有時不見得有角色圖參照。因此請務必要具備光憑文字敘述，就能想像出畫面的妄想能力。我認為想成為遊戲編劇的人通常本身妄想力就很強，這時候請盡情發揮這項能力吧。

　　如果事前已經有「人物關係圖」，那麼請不要忘記也一併確認角色之間的關係。因為角色與不同對象說話時，說話方式和語氣也會改變。另一個請務必要確認的就是故事中的「輔助角色」。輔助角色非常重要，能藉由輔助角色之口介紹遊戲世界觀、遊戲進行方式。輔助角色可能是與主角一起冒險的女主角、武術的師傅、小型機器人、擂台旁的助手、知識淵博的前敵人。如果光是閱讀到這裡，就能聯想到遊戲、動畫中的某些角色，那麼您應該很適合遊戲編劇這一行。

決定書寫格式

接下來要決定腳本的書寫格式,如果專案已經有決定好的格式,那當然就是參照格式書寫。如果不限格式,就必須自製格式。製作腳本格式時,建議要和遊戲總監、遊戲企劃先溝通過。如果有機會能和程式設計師直接討論,那麼建議事前一起討論為佳。這是因為要將腳本設置到遊戲上的人就是程式設計師,所以先確認他們的格式需求,實際要設置腳本時就能順利進行。不過要提醒,和程式設計師溝通時請確保遊戲總監和遊戲企劃也知道討論內容,否則如果遊戲總監和遊戲企劃不知道規格有變更,後續會造成更多麻煩。

邊妄想邊創作

接下來終於做好事前準備要開始進入創作了。下筆如神的人這時應該已經飛快地在發展故事了吧。遲遲無法下筆的人,這表示您的事前作業可能還不夠完善,請重新再確認一次遊戲世界觀和遊戲角色的設定吧。如果做好一切準備卻仍無法進入狀態,那建議您可以去閱讀參考資料。所謂遊戲編劇的工作,就是要精準掌握遊戲設定,深入閱讀相關資料然後發揮妄想能力。試著讓角色在您的腦海中活動起來吧。這和小時候玩「扮家家酒」時屬同一個概念。請盡情發揮想像力,接著腳本自然而然就會浮現了。

寫腳本時必須留意,不要第一人稱、第三人稱混用。第一人稱就是從遊戲角色的觀點書寫,第三人稱則是指出場人物之外的第三者的觀點。第三人稱又叫做上帝視角,在遊戲中通常是「旁白」、「說明文」。一般來說撰寫台詞滿並不困難,但如果不熟練「旁白」、「說明文」,要撰寫起來並不容易。另外,寫腳本時很常出現一個問題,就是編劇自己太熟悉遊戲設定,而忽略有些設定內容玩家並不知情。所以創作時請時常站在玩遊戲的玩家立場思考,或者把自己帶入玩家身分。請想像自己就是第一次玩遊戲的玩家,審視您的腳本有無完整說明遊戲設定、遊戲系統,或者腳本是否突然蹦出某些玩家不知道的設定、系統介紹。

另外創作時請務必注意「字數限制」。請先確認遊戲系統在一個畫面可以出現「多少字」、「多少行」。如果畫面文字多，表示會由同一個遊戲角色持續說話，玩家閱讀久了就會感到厭倦。請有節奏地發展故事對話，讓遊戲畫面能適時切換。要有節奏地進行對話，就要考慮到單一畫面的字數來安排對話內容。

　　不過還請留意，「遊戲畫面顯示的文字內容」與「用語音呈現的內容」兩者的設計方式並不相同。會在遊戲畫面顯示文字的內容，玩家比較能捕捉資訊，所以就算台詞長玩家也能輕鬆掌握內容。但如果只有語音，玩家無法從畫面捕捉資訊，台詞一長就容易聽不懂，所以內容必須簡單扼要。撰寫腳本時這些都是必須納入考量的項目。

確認故事方向性無誤

　　故事順利發展後，請寫到一個段落就先停筆。請與遊戲總監、遊戲企劃、專案成員做中間檢查。例如：確認世界觀和故事的調性是否吻合？角色的形象是否與設定有落差？腳本格式是否有漏洞？經確認沒有問題後，就可以繼續往下創作。如果故事與遊戲設定不匹配，還埋頭繼續創作，最後很可能就得面臨重寫或者大幅度改寫。這樣一來不僅遊戲編劇自己很辛苦，也會給其他團隊成員帶來麻煩。

完成故事

　　與團隊成員確認故事方向沒有問題後，就請將故事好好完成吧。到這個階段就是進入耐力賽，請想辦法在截稿期前完成腳本吧。理想的狀況是在截稿一周前就完成腳本。這是因為雖然開發時程中也有預留改稿的時間，但沒有人能預期最後改稿量到底有多少。趁早完成腳本，對自己、對團隊來說都是百利無一害。只是要在截稿日一週前完成腳本，真的很困難啊……

依照指令改稿

　　若能順利趕上交期，請自信地交出您的勞動成果。然後在等待腳本反饋的期間，請盡情享受短暫的休息時光吧。因為改稿風暴就在未來不遠處。腳本絕不可能一次性通過，而且遊戲編劇可能會收到許多難以接受的反饋。如果無法認同反饋結果，建議您可以直接詢問反饋的目的。改稿一定有其原因、目的，不過如果有無論如何都難以接受的反饋，都可以提出您的意見。費盡千辛萬苦交出的作品被人要求改稿，難免令人感覺自己全盤都被否定。這時請務必要冷靜下來，平靜地進行溝通交涉。

　　我認為創作沒有正確答案，故事是否動人，答案也因人而異。所以，如果遊戲總監無論如何都希望改正腳本，那麼就好好聆聽他的想法吧。我曾多次因此發現自己尚未察覺的新事物，最終寫出比原版更好的內容。

完成！

　　改稿完畢後，腳本就大功告成了。一路走到這裡真的辛苦了。進入這個階段後，整個遊戲就快完工了。您就好好地期待完工那天到來吧。

　　撰寫腳本的流程非常繁瑣，而且過程中必須時時與人保持溝通。或許不少人會認為遊戲腳本是由一個人獨立完成，但世上萬事光憑一己之力是做不出好成果的，每位工作人員付出的辛勞和努力都是關鍵。另一項成就好腳本的關鍵就是，您是否能牢記腳本的受眾是誰？考量到受眾再寫出來的文字分量將完全不同。最後提醒您，寫作久了難免會忘記一開始的創作初衷。這時只要回想起那些玩遊戲的玩家模樣，我想一定能打起精神繼續創作。

平川RAIAN的腳本創作方法

前面向大家介紹的是一般腳本的創作流程，接下來想向各位分享我自己寫遊戲腳本時格外講究的「原則」。這部分充其量是我個人的創作原則，如果您也有同感，歡迎拿去參考。請大量吸收您認為有益的資訊吧。對知識求知若渴的好奇心，能幫助您的能力再上一層樓。

我的原則「重要的事情要多說幾遍」

遊戲中有許多必須向玩家說明、介紹的內容，例如「遊戲系統」、「世界觀」、「遊戲角色」。近年遊戲會提供遊戲教學，方便玩家認識遊玩方式，可是很多時候還是會傳達不清。而且教學只有1次，不少玩家一不小心就會錯過。但是插入太多說明文章，玩家又會失去興致。所以這時候的關鍵就是要不動聲色地插入多次說明。

例如：RPG遊戲中當玩家要離開村莊前往戰場時，請不要讓玩家只是對村莊居民說：「各位，我這就出發去迎戰！」而是改成：「各位，我這就離開村莊，出發去迎戰！」將玩家要離開村莊的資訊隱藏在台詞。只是多加這一句話，搞不清楚該前往何方的玩家就會大量減少。遊戲編劇也要留心，不要理所當然地認為玩家就該知道下一步要怎麼走。

某遊戲曾有過一句知名台詞：「你知道嗎？只是拿著武器和防具不會有任何用處，記得要好好裝備到身上喔」。這句台詞不僅符合遊戲世界觀、角色形象，就算出現好幾次也不會令人感到突兀。如果這些台詞能設計到讓玩家認為是名言，那就太完美啦。

我的原則「誇張化」

遊戲中的角色眾多，所以建議最好誇張化遊戲角色的語氣、說話習慣。例如現實生活幾乎不會有人說：「ですわ」、「ざます」（編註：特殊腔調），但在遊戲世界中這一切都很合理。也可以用笑聲增加角色的特色，最常見的特色笑聲就是「嗚哈哈」、「嗚呼呼」。您或許會覺得這種笑聲很不現實，但這樣一來玩家就能從笑聲輕

鬆判斷這是哪個角色，並且也能清楚認識到角色的特徵。唯一要留意的是，語氣、說話習慣和遊戲世界觀息息相關，設計時請確保不會破壞遊戲世界觀的設定。

我的原則「描述必須簡單易懂」

當腳本出現「艱澀的漢字」、「艱澀的用語」，我一定會代換成比較容易懂的說法。如果是博學的角色說話，無論如何都會出現的專業用詞，也一定會讓其他角色做補充說明，並且讓不聰明的角色露出一副不解的樣子。遊戲的玩家族群很廣泛，設計腳本時必須盡量讓所有人都能讀懂。我曾開發過幾款戰國遊戲，當時無論什麼情況都讓角色姓名顯示「讀音」。這麼做一方面是考慮到有些戰國武將的姓名極其拗口，另一方面則是因為，我認為不該先入為主地判斷每個人就一定知道著名武將的姓名讀法。在那之後有許多玩家向我反應，這項設計讓他們終於讀懂武將的姓名，而且遊玩時也更容易移情到角色身上。同樣地如果遊戲出現英文字，一定會註記片假名的讀音。尤其遊戲名稱千萬不能漏掉這項設計，人類對自己看不懂的東西會敬而遠之，創作時請盡量使用大眾都能理解的詞語吧。

我的原則「文字造型和排列」

遊戲腳本基本上會以文本形式呈現在遊戲畫面。雖然有些場景只會出現語音，但大部分都還是用文本形式呈現。這時候，我會特別注意「文字的造型」和「文字的排列」。這一個項目與前一項「描述必須簡單易懂」很難兩全，但我仍會盡量找尋文字造型上比較「帥氣」、「可愛」，且適合遊戲角色、場景的用語。

為動畫命名時有一項出名的規則，那就是目標受眾如果是男性，那動畫標題通常會以「ガギグゲゴ」等字型四方、且有濁音的片假名為主；目標受眾如果是女性，則動畫標題通常會以「まみむめも」等圓圓的字型為主。從這項規則就可以知道，文字造型給人的印象有多麼重要。

文字的排列是指「換行」的位置，以及「換頁」的位置。例如：遊戲畫面若只能放入2行文字，那麼寫腳本時就要確保，得在2行內把一件事說明完畢。

另外請留意「ヴァ」的用法，使用這個詞雖然能呈現出某種異國風情，但玩家在記憶時容易與發音類似的「バ」搞混、記錯。這樣一來玩家在網路上傳資訊時，

資訊會分散成「ヴァ」、「バ」兩種。為了避免後續的搜索困難，建議遊戲名稱、角色名稱最好都不要使用這個詞。

我的原則「使用原創詞語」

「斯畢德艾提弗」您認為是什麼呢？是武器？必殺技？還是地名？乍看之下完全摸不著頭緒吧。這個詞語沒有意思，是我隨便編造的詞語。新造詞語能營造遊戲世界觀的氛圍，讓玩家感受到與現實不同的奇幻世界感。可是如果沒有事前說明就蹦出一個全新詞語，玩家將感到無所適從。如果真的有必要加入新造詞語，那請控制新詞語的數量並做好字詞說明。建議可以不動聲色地用台詞反覆進行說明，成效較佳。

我的原則「牽動玩家的心」

精彩的遊戲腳本通常會出現多次勾動玩家心神的場景，帶給玩家「歡喜」、「憤怒」、「悲哀」、「感動」等情緒。劇烈的情緒變化，能讓玩家對該場景留下深刻的印象。考慮到遊戲說明繁多，加上遊戲過程有許多促使玩家採取行動的文字選項，導致腳本被切割成好幾段，玩家很難只專注在腳本劇情上。尤其近幾年手機遊戲占據主流，腳本通常只出現在關卡、任務的前後，導致這種腳本被切割的現象更嚴重了。這時遊戲編劇能做的，就是盡量用腳本說明角色為何需要執行關卡、執行任務，並讓劇情可以與破解關卡的結果銜接。如此一來就能為角色的行動扣上情感目的，玩家在破解關卡的過程、RPG中戰鬥的過程都會化成遊戲劇情的一部分，玩家自然就會隨故事心情起伏了。這種腳本與遊戲系統結合的做法，也能幫助玩家沉浸到遊戲世界之中。

我的原則「不輕易發角色便當」

要牽動玩家心情，最便捷的方式就是讓角色「死去」。例如用重要伙伴之死讓玩家產生憤怒、悲傷，繼而產生動力推動故事發展。可是「死」本身帶有負面意義，只要有人死，整個遊戲故事就會變得灰暗，帶給玩家沉重的印象。所以我盡量不會發遊戲角色便當。

我的原則「提升遊戲角色的價值」

這是我撰寫手機遊戲腳本的次數增加後開始講究的事項。建議您可以深入刻劃角色設定，並讓角色確實發揮劇情的職責，這麼做能讓遊戲角色更有魅力，玩家也很快就能受角色吸引。當玩家迷上遊戲角色後，愛屋及烏就會愛上遊戲作品本身。不分主角、配角，只要賦予角色詳細的角色設定、劇情的職責，腳本就會變得更有深度。有時還會發生配角出人意表的爆紅事件呢。總之，請好好珍惜遊戲中出現的每一個角色。

我的原則「檢查腳本時，試著朗讀出來吧」

這並不是我創作過程中會做的事，卻是檢查腳本時堅持的一項原則。寫作的時候不管反覆閱讀幾次，都還是會發生錯字、漏字的問題。不過自從我開始用朗讀的方式檢查腳本後，這些問題就大幅下降了。

我剛進入遊戲公司時有次提交了一份有錯字的企劃書給程式設計師，結果對方連企劃書都沒讀完就退還給我了。當時他對我說：「程式設計師只要打錯1個字，就會導致程式錯誤、程式無法運作。遊戲企劃做為文字工作者，居然會出現錯字、漏字？我認為這樣的人不夠格成為遊戲編劇。」即使有數千數萬行的程式，程式設計師在工作時仍是抱著絕不能有錯誤的決心在工作。我認為以文字維生的遊戲編劇，也應抱持同樣的決心才對。

我的原則「故意寫到一半就停筆」

這一項是我針對書寫的流暢性想出的作業原則。規模龐大的遊戲腳本通常需要花費數日，每天一點一點慢慢書寫。當要暫時停筆時，一般人通常會選擇寫到一個段落再停手。可是當下次要重新提筆時，就必須從新的段落從頭開始，於是構思到實際下筆又會花上好一段時間。所以我會故意寫到一個不上不下的段落就停筆，這樣要繼續往下編寫時，就可以迅速沿著寫到一半的地方往下延伸。振筆疾書一會兒後您會驚訝地發現，自己寫出的內容比自己預期的還多。一開始我以為只有自己會這麼做，但似乎不少小說家也奉行這套原則。平常下筆較慢的讀者，或許也可以試試這個做法。

以上就是我個人寫遊戲腳本時堅持的一些「原則」。這些都只是我個人認為的原則罷了，或許有讀者對其中一些原則感到不以為然也說不定。說實話，如果有人創作時真的堅持上述每一項原則，那很可能最終只會寫出一個自相矛盾的腳本。基本上還是必須根據專案情況做取捨。建議您還是要多方參考每個人的腳本、創作方法，承襲其中的精華，並好好找出一套自己的創作方式。

 ## 當遊戲編劇能賺錢嗎？
令人好奇的金錢問題

接下來我想談談遊戲編劇這一個職業比較少聊到的金錢話題。夢想和自我實現固然對人生很重要，但那都不能當飯吃。金錢對人類來說非常重要，所以接下來就要單刀直入地告訴大家，做遊戲編劇到底能不能賺錢。

日本的遊戲編劇大致可分成幾種業務類型。

第1種是在遊戲公司中擔任遊戲編劇。這種情況下遊戲編劇等同於是公司職員，所以收入和一般上班族差不多，薪資也很穩定。可是公司體系內很難只做遊戲編劇的工作，而且因為是依附在公司之下，所以也不可能事事盡如人意。即使是以遊戲編劇入職，也可能因為人事調動被調去做其他業務。事實上遊戲公司內，能專職做遊戲編劇的人極其稀少。

第2種是在遊戲編劇專門公司內擔任遊戲編劇。因為是遊戲編劇的專門公司，所以這種體系下基本上只會做遊戲編劇的工作。有時雖然也會有遊戲之外的工作，但絕對都是與文字創作相關的工作。這種模式中雖然也有正職的工作機會，但幾乎都是契約人員為主。加上每年腳本的趨勢都不相同，如果不能寫出時下流行的腳本，就得面臨解約的危機。所以在這個體系中，千萬不能怠惰學習。最後，現在遊戲編劇的工作競爭激烈，要想進入這種遊戲編劇的專門公司可說是極其困難。

如果您能成為正式職員，那麼收入就和上班族差不多。所以進入這個體系不僅收入穩定，還可以做自己喜歡的工作。

第3種是自由接案的遊戲編劇。只要有意願，任何人都可以成為自由接案的編劇。可是自由接案就意味著您就必須自己爭取工作機會。這種工作模式的另一個問題就是：如果有工作時就有收入，沒工作就沒有收入。

自由接案可分成2種契約型態，一種是「月付」，一種是「專案」。

「月付」是不管工作量多寡，都會「按月支付薪資」的契約方式。由於每個月的薪資固定，即使中間有空白的等待期也照樣能領薪水。相反地，也很可能連續1個月都不能休息，必須持續工作。「專案」則是需繳交受託的作業量，並依照成果計費。

「月付」契約下，如果專案時程愈長能獲得的收入就愈高。可是缺點就是必須配合參與會議時不時要去公司，所以工作時間頗受限制。「專案」只要在交期前繳交成品即可，所以通常一次性就可以結束。

以收益來說，「月付」契約的市場價大約是「每個月30萬日圓至50萬日圓」。順帶一提，遊戲企劃是「每個月50萬日圓至80萬日圓」、遊戲總監是「每個月50萬日圓至100萬日圓」、遊戲美術設計師是「每個月50萬日圓至100萬日圓」、程式設計師是「60萬日圓至120萬日圓」。實際薪資依照您的技術與資歷還會調整，但非常遺憾，遊戲編劇的「月付」市場價非常低廉。原因可能是因為遊戲編劇的作業範圍與其他職業相比範圍較小，加上寫文章比較不是特殊工作技術之故。

「專案」契約則依照專案情況，可按「1專案」、「容量」、「字數」等方式計算價格。「1專案」指按單次專案繳交的作業量計費，同時這個價格還包含了改稿的費用。專案的市場價會依照遊戲的銷售平台、作業量而定，但因為每個人可以作業的分量有限，所以價格大約會落在「50萬日圓至100萬日圓」左右。

「容量」則是按文字編輯器中腳本的容量有多少「Kilobyte」計算。「字數」則是按實際總字數計費。換句話說，這兩種計費方式是按「1 Kilobyte多少日圓」、「1字多少日圓」計算。這兩種計費方式的專案價同樣是落在「50萬日圓至100萬日圓」左右。

自由接案的遊戲編劇如果能一直接到工作，薪資很可能會超過一般上班族。可是自由接案要接到工作並非易事，因為遊戲公司可能自己就有養遊戲編劇，或者腳本已經由遊戲企劃、遊戲總監負責。所以腳本會委外，通常是因為公司一時人手不足、或是公司特意想找能寫出動人腳本的遊戲編劇。即使終於等到工作機會，市場上自由接案的遊戲編劇那麼多，加上還有遊戲編劇的專門公司，要想從眾多競爭者中脫穎而出，要不是有一定的技術、資歷，要不就是需要有人脈。另一種方法是，市場上有專門幫忙媒合工作的公司，可以登記在這些公司名下爭取媒合的機會。

　　要努力爭取表現，這樣當有人在考慮要找誰接案時，才有機會進入候補名單。所以請積極與遊戲業界人士會面、參加交流會與聚餐活動吧，至少讓業界人士能對您的臉和工作資歷留下印象。

　　針對「做遊戲編劇能賺錢嗎」這個問題，我認為如果您是自由接案編劇，擁有豐富的資歷與人脈讓您能時常接到工作，加上創作技術高超又有忍耐力，且能同時多專案一起進行，月入超過100萬日圓不是夢。做喜歡的工作之外還能賺錢，世界上沒有比這更美好的事了。可惜要走到這個階段為止的路途又遠又長，也沒有捷徑。想實現這個目標，只能慢慢培養技術、累積資歷。

致想成為遊戲編劇的每一個人

　　我有一些「心得」，希望每位立志成為遊戲編劇的讀者可以銘記在心。那就是「請不要輕言放棄」。非常遺憾，沒有技術也沒有經驗的菜鳥遊戲編劇，基本上不可能一入行就有機會寫腳本。

　　只要轉換立場想一想，就能明白箇中原因了。假設今天您是遊戲製作人、遊戲總監，如果想要聘請遊戲編劇撰寫腳本，您會想找怎樣的編劇協助呢？

　　我猜您會選擇喜歡的遊戲或動畫的編劇，或者喜歡的小說家來撰寫吧。又或者會想邀請能寫出動人腳本的友人、網路上偶然發現腳本寫得很好的人。這些會雀屏中選的人也都曾有過菜鳥時期，每個人都是慢慢累積技術、實力，最後才創

作出人生代表作。

另外，也希望不要一個字都還沒動筆，就因為年齡、資歷自打退堂鼓。無論幾歲、之前做過哪些工作，您都可以寫遊戲腳本。固然年齡愈長，可能會不熟悉年輕人的口味，體力、精力也都不能與年輕人相比。但只要堅持繼續創作，一定能築夢踏實。

如今是只要有一台電腦，一個人也能製作出遊戲的時代。假如想做冒險遊戲，相關軟硬體工具也很多。如果您真心想成為遊戲編劇，就請抱著「不輕言放棄」的決心繼續創作吧。創作之餘也請不要忘記向大眾宣傳您的作品，即使有作品、創意，如果沒有傳遞給受眾那就沒有意義。

 ## 成為遊戲編劇之後

最後，我想告訴大家成為遊戲編劇後在這一行走得長遠的祕訣。那就是「找到伙伴」。同為遊戲編劇的伙伴、遊戲業界的伙伴、喜歡同類型遊戲的伙伴，請找到您的好伙伴吧。

我的建議是最好拓展工作同事之外的人際圈。開發遊戲時，因為長期看著同一款遊戲，當局者會漸漸對遊戲感到麻痺，開始搞不清楚遊戲到底有不有趣、也無法提出客觀的看法。雖然開發中的遊戲不能外洩給別人看，但遊戲完成後可以讓伙伴試玩，請他們毫無顧忌地提出建議。旁人提出建議時容易感覺作品價值被否定，但如果是抱有相同志向的伙伴提出的建議，比較能坦率的接受。

而且這些伙伴若同為遊戲編劇、同在遊戲業界，大家的煩惱十分類似。知道有人和自己抱有同樣的煩惱，心情上也會比較好過。建議可以向伙伴分享您的煩惱，您也可以適時傾聽他們的苦惱。

如果沒有靈感，就和伙伴一起喝點酒說些白癡的話吧。重整心情後就能繼續創作了。不會喝酒也不要緊，我也是滴酒不沾，但還是很常參加這些聚會。光是和讓您感到自在的伙伴聊一聊，心情就會好很多。

當伙伴結束一項大工作時，您可能會湧現開心又不甘心的心情。這是因為伙伴之間自然產生的競爭意識，讓您不願服輸，最後這些都會成為彼此的刺激。

有時候伙伴也可能會委託工作給您，或者舉薦您去做某些專案。我自己就曾經從編寫本書的其中一位遊戲編劇那裡獲得工作過。世界上無論哪一種工作，都會為了人聯繫在一起、為了人而誕生。所以請珍惜每一段人際的緣分。

每一種工作的終點都有人的存在，所以您的意念終將會傳遞到人身上。所以請好好思考，要以誰為受眾、傳達什麼理念，然後將這股意念寫到作品中吧。做為遊戲編劇的我也還有不足之處，但仍會繼續書寫，期盼我的意念能傳達給更多的人。也希望每一位閱讀本書後仍想成為遊戲編劇的讀者，未來能繼續致力於創作。

編寫腳本的 TIPS&技巧

編寫腳本的TIPS & 技巧

 ## 編寫腳本的技巧和用心①

只要是人，難免會好奇自己負責的遊戲腳本會獲得何種評價。在獲得好評時歡天喜地，獲得負評時憤怒沮喪。尤其近幾年，只要動動手指在網路搜尋，馬上就能看到遊戲上市後的感想。這種變化雖然很方便，但其實也很危險。

假設您製作遊戲的資歷有30年，這之間您可能會參與到電玩通遊戲評價認證的殿堂級作品，但有時可能也只獲得3分評價（編註：ファミ通クロスレビュー，網址：https://www.famitsu.com/review/，知名的電子遊戲評分網站，每款遊戲由一組4人電子遊戲評論家評分，每人給出1至10分（10分最高）評價，相加最高可得到40分，為殿堂級）；您可能會收穫玩家的美譽，同時也可能收到「寫這個腳本的人去死一死啦」的惡意評價。

對創作者來說，認真接受旁人建議後，活用到下一次的工作專案這件事十分重要。可是如果這些建議含有誹謗中傷的性質，一旦創作者把這些話放入心裡就會十分痛苦。接受旁人的意見固然很重要，但創作者在創作過程其實要先提高自己的興致，創作才會順利。所以我認為創作者應該以自己的內心感受為優先。如果有人要您「去死」就真的選擇自殺，我想有幾條命都不夠用啊。

「創作者應該用作品說話」，這是我的師父（其實是我自己擅自認的師父）廣井王子所說的話。這句話的意思是指，針對批評請吞下您想反駁的衝動，直接用作品給出答案即可。這是創作者應有的權利。

同樣的道理也可以放到社群互動上，不需要針對感想逐一回應「謝謝」，也不需要留言辯駁「您搞錯了」。創作者能做的就是好好接受市場的批評指教，並在下一個作品做出改善。我認為這才是面對批評時，最重要的關鍵。長

編寫腳本的技巧和用心②

「該如何避免被退稿」，我認為關鍵是找出「負責退稿的關鍵人物」，並盡量與這號人物頻繁地溝通。「您想製作什麼樣的遊戲」、「您喜歡哪種類型的腳本」等等問題的關鍵，在於事前應大量蒐集相關資訊。舉例來說，每個人對「王道」一詞的定義都不相同、每個人對「傲嬌」的印象也不相同。所以事前請確保雙方擁有相同認知，並維持相同觀點的狀態進行創作。

故事大綱的「清晰度」也很重要。不要只寫出故事概要，而是寫下代表性的台詞、搭配插圖，用各種具體的方式彙整出故事大綱。如此一來，在故事大綱的階段雙方就能先進行磨合，至少避免未來發生完全退稿的情形。

有些遊戲編劇還會注意到交稿後的溝通。也就是在遊戲總監讀完腳本後，馬上走過去說明：「這一段的目的是為了表達○○」、「這一段是根據○○所撰寫」。這麼做或許能有效減少退稿的問題，但我並不認同這種做法。因為遊戲編劇不該用自己的嘴巴說故事，應該用作品直接對決。

最重要的還是要不畏懼退稿，用自己拚盡全力想出的腳本與對方正面對決。即使真的需要改稿，那就重寫就好了。反覆改稿幾次後，會更了解對方的需求，同時改稿也能鍛鍊自己的寫作能力。如果害怕被退稿，在創作時過度「保守」，我認為反而更容易被退稿。長

編寫腳本的技巧和用心③

這個產業有一種現象，那就是優秀的人幾乎都是「和工作結婚」的狀態。就我觀察，遊戲產業中一直單身的人並不在少數。當然這是每個人的個人選擇，我並不打算多做干涉。但是這點對遊戲編劇來說，其實有點小可惜。

戀愛、結婚、懷孕、育兒，這些都是人生的重要經歷，經歷這些體驗收穫的「真實台詞」都會成為創作的養分，對遊戲編劇來說將別具意義。

舉例來說，我有個國中二年級的女兒，當我要寫小孩的台詞時，就會從記憶撈出「女兒6歲時的思考模式、說過的話」做為創作的參考依據。閱讀、看電影、玩遊戲當然也是很重要的學習方式。但將日常生活中累積的真實台詞鑴刻進心底，

也十分重要。

　　與陌生職業的人相遇後，聽對方分享他的故事；對某國家產生興趣，就算有些困難也嘗試實地拜訪；觀察難搞的人的言行舉止；體驗一般人無法體驗的事情；品嘗未曾嘗試過的食物等等，您會發現這些經歷都不會白費。或許應該說，您不該浪費這些難得的經歷帶來的體驗。長

編寫腳本的技巧和用心④

　　請停止討厭其他編劇或他人的作品。創作者中不乏熱愛批判他人作品的人，「那款遊戲很爛／那款遊戲只是剛好賣得不錯」，我認為這種看法不僅失準還很不妥當。無論您如何否定，「那款遊戲」就是賣得很好，也在市場獲得不錯的評價。如果您期許自己是能不斷自我成長的人，那就應該坦率地認同他人的成功，並謙虛學習。

　　當您把其他人當做笨蛋的時候，就不會想從對方身上學習。換句話說，將周遭的人都當做笨蛋，這種人將錯失繼續成長的機會。您不屑的「那款遊戲」真的有那麼糟糕嗎？真正糟糕的難道不是您自己嗎？長

編寫腳本的技巧和用心⑤

　　寫好腳本後，請將腳本靜置一段時間。創作的時候，人因為急於將內心浮現的念頭轉成文字，所以興致會特別高昂。（這個情況因人而異，但至少我自己是這樣）這時寫出的內容不僅紛雜、不能周到地照顧讀者的需求，還會出現諸多錯漏字。加上創作時感情凌駕於理性，所以寫出的內容多少有邏輯不通的地方。（這個情況因人而異，但至少我自己是這樣）

　　所以完成腳本後，請將腳本靜置一段時間吧。要是能蓋上棉被大睡一場會更好。等早上起床神智清醒後，請試著重讀一次腳本。您將會清楚看見其中說明不足的地方、錯字、過於繁雜的說明之處，並且發現某段落改變說明順序後會更便於閱讀。

　　您可能也會碰上無法從容創作的時候。這時就算5分鐘10分鐘也好，請去轉換心情再回到腳本上。可以逛逛網路、玩玩遊戲，等腦袋重啟後再閱讀完成的腳

本。這樣一來，您的審查能力會更精準。

話說我在公司上班時，如果有人看到我在逛網頁、玩遊戲、看漫畫等等乍看之下好像在摸魚的行徑，其實都是基於上述的考量才會這麼做呀。（假的）長

 ## 編寫腳本的技巧和用心⑥

有些遊戲編劇在腦內養著一個「評論家」。這種遊戲編劇在創作時，腦內就會浮現一個聲音：「這句台詞完全不行／這段話是在抄襲吧／這種設定太老哏了」。這個聲音在創作時不斷自我挑剔，導致無法往下創作。自我要求高並不是壞事，而且是值得稱讚的一種能力。但如果因此導致產出速度過慢，那很可能會被當成「無用」的人。

遊戲編劇工作中，最重要的事就是必須在交期前完成腳本。聖誕節事件的腳本如果延遲一日，無論腳本內容多麼精彩，玩家就是會生氣。當然，一味追求交期，反而忽略作品的品質也是一項大忌。專業的遊戲編劇應該同時顧及交期與作品的品質。

如果您還是業餘遊戲編劇，建議可以先以完成一部作品為目標努力，藉由模仿他人的作品，體驗持續且大量地產出創作是什麼感覺。就像畫家一開始畫圖也是從素描開始，循序漸進即可。畢竟學樂器的人也不會一開始就挑戰彈奏自創曲吧。

如果您覺得要完成一篇故事很困難，那我建議先試著做「文章素描」。換句話說，請像抄經一樣將您喜歡的作品抄寫到原稿紙上。這是一種很實務的訓練方式，在抄寫文章的過程中，慢慢地就會了解作者如何選詞、寫作的節奏為何。長

 ## 未來遊戲會如何變化①

在家用主機的全盛時期，我曾想：「如果任天堂、SEGA、SONY的遊戲都能在同一種硬體上玩就好了」；當我看到紅白機的卡匣售價超過1萬日圓時，心想：「要是有更輕巧的遊戲主機，並且在遊戲初期可以先免費試玩遊戲就好了」；神作遊戲玩到結局時，邊流淚邊想：「要是有永遠不會有完結的遊戲就好了」；一邊用電話

線接到遊戲機上一邊想：「要是有更輕鬆的網路撥接方式就好了」……您發現了嗎？當時我所想像的完美遊戲主機、完美遊戲環境，幾乎都在智慧型手機上實現了。

當然智慧型手機遊戲仍有許多缺點，對於手機遊戲的課金模式覺得感觀不佳的也大有人在。社群網路遊戲全盛時期，遊戲幾乎都是由「IT人」製作。這時遊戲開發會議幾乎都在討論「該如何讓更多人來玩遊戲」、「該如何靠遊戲賺錢」等令人厭煩的內容。可是當《龍族拼圖》風靡一時，社群網路遊戲的性質也跟著改變了。製作家用主機遊戲的人開始投入社群網路遊戲產業，遊戲開發會議也愈來愈側重討論「如何製作更精采有趣的遊戲」。

這個時期，我深切感受到無論是製作遊戲的創作者、或者推出的遊戲類型，家機遊戲（家庭用）、社群網路遊戲的界線都愈來愈模糊。而這個趨勢隨著智慧型手機崛起後，變化也愈來愈快速。

我並不確定VR遊戲在之後是否會成為風潮，可是未來每台手機如果都能搭載VR功能，我認為手機的VR遊戲很可能會成為新熱潮。長

 ## 未來遊戲會如何變化②

在遊戲業界打滾30年，我認為遊戲的進化可說是日新月異。那麼接下來遊戲還會出現何種變化呢？這種事情誰都無法保證。不過，我認為接下來遊戲的進化速度將不會像以往那麼快速。現在已經進入PS4、PS5的時代，我認為很難再出現劃時代的進化，現在這種用手指操作遊戲、從電腦螢幕輸出畫面的形式，已經是遊戲發展的極限。

還具有發展性的或許就屬YouTube。說實話我並不了解YouTube，甚至可以說是討厭。但是我的女兒愛死YouTube了。大人毫不關心、但孩子卻十分著迷的媒體，這與30年前的遊戲情況十分類似。當年任天堂的紅白機紅極一時的時候，大人們卻認為「這只是一時的潮流／未來紅白機賣不出去後，這個風潮就結束了」，或是「玩什麼遊戲，小孩就該好好念書／去外面玩／去看書」。可是當時的小學生、國

中生卻深深為遊戲著迷，並且持續到成年後這種熱忱也沒有改變。而現在雖然紅白機已經退出市場，但遊戲產業仍舊屹立不搖，好幾家遊戲公司還是上市公司呢。

　　我不認為未來的人會一輩子用YouTube觀看影片，但已經習慣看短影片的小學生、國中生成為大人後，影片、直播等內容將成為一個更龐大的媒體產業，甚至很可能遊戲也會與這些影片媒體結合也說不定。

　　當然這只是我未經整理、很粗淺的看法罷了，所以很多讀者對於我的分析可能會感到一頭霧水吧。總之我認為YouTube節目的崛起，是因為當年許多只能單向接受電視資訊的觀眾認為「我也能創作有趣的節目」，才會開啟這種趨勢。所以相同的現象如果能發生在遊戲產業中，那一定會非常有趣。長

 ## 家機遊戲與社群網路遊戲

　　社群網路遊戲剛崛起時，有許多人批判「這根本不算遊戲」、「這些遊戲只是利用轉蛋機制違法賺錢」。我20餘年來都是在製作家機遊戲（家庭用），所以一開始接觸社群網路遊戲時，內心也是有些抗拒。

　　翻蓋手機時期的社群網路遊戲，由於法律的相關規定不周全，的確耳聞許多公司藉由轉蛋機制做出許多狡猾的事。可是進入智慧型手機時代後，就再也沒聽過類似的故事了。我自己曾在2間大型社群網路遊戲公司、1間中型社群網路遊戲公司工作。這些公司從未使用任何惡質手段「操縱中獎機率」或者針對「廢課金玩家進行暗地操縱」（編註：指願意在遊戲投注非比尋常金額的玩家）。雖然有時發生因遊戲失誤而引起消費者誤解、騷動的事件，但絕對沒有遊戲公司在使用惡質手段進行營運。

　　以上是就我所知的資訊與各位分享，或許市面上的確有黑心公司、奸詐的開發商也說不定，但遊戲產業本身並不「邪惡」。如果現實是這樣的話，我絕不可能繼續在這個產業深耕。

309

如今比起家機遊戲，社群網路遊戲對腳本的需求量更大。所以我建議各位加入遊戲業界時，最好放下您的誤解與偏見。長

請加強語言能力

一個專業的遊戲編劇，其實只要能使用母語就足矣。說實話，我對自己的英文程度也相當沒自信，可是我撰寫的腳本已經被翻譯成英文、中文、韓文推出。只要有在創作社群網路遊戲的腳本，遊戲以多語言推出是件非常普通的事。所以時不時我也會接到「請確認這一段腳本內容」的要求，並附上英文的文本，說實話我根本無從確認起。

在現代製作遊戲必須放眼海外市場，已經變成是理所當然的事了。當您去遊戲公司求職時，如果會外語將十分有優勢。如果您有留學經驗，並擁有不錯的英檢、托福成績，光是將這些內容寫到履歷表上，都能讓面試官眼睛為之一亮。

近幾年還可以選擇到海外遊戲公司就業，就所我知，海外的遊戲公司待遇比日本的遊戲公司好多了。換句話說，如果您能用英語對話，那麼擁有的工作機會將十分寬廣。

可是要是您的語言能力太優秀，很可能時常會被委託語言相關工作，反而接不到腳本的工作也說不定……這或許是語言能力優秀的遊戲編劇會遇上的職業陷阱。長

後記

　　本書介紹了各式各樣「創作方法」。正因為遊戲腳本的寫法因人而異，成果才格外有趣。

　　一開始想挑戰製作這本書，純粹是覺得既然有機會製作遊戲腳本的寫作教學書，不如就讓這本書成為遊戲腳本寫作的教科書吧。

　　本書邀請了各種遊戲類型（領域）的遊戲編劇撰文，其中有多位是涉獵「視覺小說遊戲（冒險遊戲）、（美少女遊戲）」、「RPG遊戲（角色扮演遊戲）」的遊戲編劇，這些類型的遊戲腳本在遊戲所占比例都較為吃重。

　　我的師父是梅本龍，他專門製作粗曠、硬漢且偏大人風格的遊戲背景音樂（BGM）。在這個特殊經歷下，我很榮幸獲得機會撰寫《ONE～光輝的季節～》Another story的腳本。《ONE～光輝的季節～》是一款約20年前問世的遊戲，遊戲中「永恆世界」的特殊設定，收穫玩家熱烈的喜愛（甚至吸引了部分狂熱粉絲）。

　　幾經曲折，我加入遊戲公司SEGA株式會社的第一研究開發本部，擔任全職腳本類遊戲企劃。所以我曾經歷自由接案，也曾在遊戲公司任職。

　　我希望能將個人經驗總結成作業Know How，並以書本形式留存。但出版本書的另一個主要原因，是想藉由本書紀念我過世的師父梅本龍。雖然很遺憾，但我也明白人終將迎來一死。

　　現代不少遊戲編劇在小說（含輕小說）、動漫腳本等領域皆獲得崇高評價（也有實際獲獎經歷）。除了這些在各個領域活躍的創作者之外，也有許多遊戲編劇是一心一意專注在遊戲領域發光發熱。我們都很期待未來能有愈來愈多立志成為遊戲編劇的朋友加入，為大家帶來更多精彩的遊戲故事。

　　衷心期盼這本書能成為各位讀者的助力。

川上大典

作者簡歷

🖋 川上大典（Kawakami Taiten）

1980年生的鹿兒島人。遊戲作家。負責《ONE～光輝的季節～》（里村茜的Another story）、《降魔靈符傳》、《萌明星～萌東大英語補習班》、《魔法学園デュナミスヘブン》等遊戲的企劃、編劇工作。曾在SEGA Interactive Co., Ltd的第一研究開發本部擔任腳本類的遊戲企劃。著有《ゲームシナリオを書こう！》、《このアニメ映画はおもしろい！》（皆為青弓社出版）。

曾任修曼綜合學院的遊戲學院的特別講師，並從2019年4月開始在名古屋國際工科專門職大學的工科學部擔任專任講師。擅長「遊戲企劃」與「創意發想」。

🖋 北野不凡（Kitano Masaru）

生於1961年。大學一畢業因為就職的公司在製作紅白機遊戲，於是一腳踏入遊戲產業。在KEMCO、COMPILE皆有擔任專案組長、總監、製作人的經驗。負責多款光碟雜誌《Disc Station》提供的遊戲。之後成立遊戲開發工作室SOFTFACTORY。現於廣島市內大學、專門學校擔任講師，教授遊戲設計、腳本課程。人生的成就感就是把學生送去遊戲公司上班。

🖋 都乃河勇人（Tonokawa Yuto）

任職在Key旗下的VisualArt's時，曾在《校園剋星》、《Rewrite》等遊戲擔任遊戲編劇。離職後在《TRianThology～三面鏡之國的愛麗絲～（07th Expansion）》負責遊戲編劇。撰有輕小說《Farewell,ours～夏の僕らは瞬きもできない場所へ～》（Fami通文庫出版），現在是自由作家。

🖋 長山豐（Nagayama Yutaka）

參與多款遊戲製作開發，如：《伊蘇IV：太陽的假面（PCE）》、《空想科學世界》、《天外魔境：第四默示錄》、《北方戀曲 White Illmination》、《北方戀曲 Diamond Dust》、《陸行鳥與魔法繪本》、《陸行鳥的不可思議迷宮：忘卻時間的迷宮》、《陸行鳥與魔法繪本：魔女與少女與5名勇者》、《龍族拼圖Z》、《計步天使》等等。

曾任職於Hudson Soft、株式會社Rocket Studio，之後一度成為自由接案的遊戲編劇，現在則在f4samurai就職，並同時在SAPPORO VISUAL ARTS專門學校教授遊戲腳本的技法。目前在手機遊戲《蒼之騎士團》擔任遊戲編劇。

✍ HASAMA

自由接案的遊戲編劇。代表作為《Summer pockets（Key）》、《為什麼勇者大人會這麼弱呢？（SYUPRO-DX）》等作品。目前除了遊戲腳本的專案之外，也會書寫輕小說。

時常與各遊戲廠商攜手共創全新遊戲系列。擅長將寫作、思考模式、創意發想方式轉換成Know How，並撰寫相關專欄文章。

✍ 平川RAIAN（Hirakawa Raian）

曾任職於Hudson Soft、Taito Corporation，後自行成立株式會社Megg，並在修曼綜合學院擔任講師。參與作品有：《觸摸偵探 小澤里奈　Rising 3菇菇會夢見香蕉嗎？》、《戰國修羅SOUL》等。目前不僅挑戰與信託銀行等異產業合作，開發聯名遊戲，並跨足開發桌遊等全新領域。

✍ 米光一成（Yonemitu Kazunari）

曾在多款遊戲中擔任遊戲企劃、遊戲總監、遊戲腳本，例如：《魔法氣泡》、《罪惡默示錄》、《追寶威龍》、《King of Wands》、《魔導物語》、《赤い相撲》。並曾設計多款非電子遊戲，如：《はぁって言うゲーム》、《想像と言葉》、《レディースファースト》、《はっけよいゲーム》、《ベストアクト》。同時是數字好萊塢大學的教授，並在株式會社宣傳會議舉辦的《編集、作家養成講座 集戰力課程》擔任專任講師。是Ikebukuro Community College「遊戲創造道場」的道場主。Twitter：@yonemitsu

中日英對照表

中文	日文	英文
AVG 遊戲（冒險遊戲）	AVG．アドベンチャーゲーム	Adventure game
fan disc	ファンディスク	fan disc
PC Engine	PC エンジン	PC Engine
QB 表	クエストビートチャート	
RPG 遊戲（角色扮演遊戲）	RPG．ロールプレイングゲーム	Role-playing game
SB 表	ステージビートチャート	
Three-act structure	アクトシステム	Three-act structure
三幕式結構	3アクト方式	
三幕劇結構	3幕方式	
互動	インタラクション	"interaction"
分鏡圖	絵コンテ	storyboard
手機遊戲	スマホゲーム	
文本	テキスト	text
文字冒險遊戲	ノベルアドベンチャーゲーム	
文字編輯器	テキストエディタ	
主要衝突點	メインコンフリクト	
主畫面	タイトル画面	
主線	正規ルート	
主選單	メインメニュー	main menu
立繪	立ち絵	
遊戲任務	クエスト・ミッション	
企劃書草案	ペラ企画書	
向量圖	ベクター絵	
多重結局	マルチエンディング	
字元編碼	文字コード	
有聲小說	サウンドノベル	
改稿	リテイク	
系統條件	システム要件	
角色圖	キャラ絵	
事件圖	イベント絵	
物品清單	インベントリー	
非電腦遊戲	アナログゲーム	
待機狀態	アイドリングモーション	
後日談	エピローグ	epilogue
故事大綱	プロット	plot
故事概念	コンセプト	concept
段落大綱	箱書き	
流程圖	フローチャート	flowchart

穿戴式裝置	ウェアラブル端末	
紅白機	ファミコンゲーム	
美術	グラフィッカー	
音效	効果音／SE	sound effect
音效設計師	サウンドデザイナー	
原畫家	原画家	
家用主機	家庭用ゲーム機	
家機遊戲	コンシューマーゲーム	
射撃遊戲	シューティングゲーム	
核心概念	コアアイデア	
狼人殺	人狼ゲーム	
益智遊戲	パズルゲーム	
高概念	ハイコンセプト	
動作遊戲	アクションゲーム	
動畫／影片／開頭影片	ムービー	
情節、橋段	エピソード	episode
陳述句	地の文	
單人遊戲	ソロプレイゲーム	
場景／地點	シーン	
場景圖	背景絵	
掌上型遊戲機	携帯ゲーム機	
換行字元	改行データー	
短配樂	ジングル	
視覺小說／視覺小說遊戲	ビジュアルノベル．ノベルゲーム	
超級任天堂	スーパーファミコン	
閒角	モブキャラクター	mob character
腳本	シナリオ	
腳本指令	スクリプト	script
腳本演出	スクリプター	
遊戲平衡	ゲームバランス	
遊戲企劃	プランナー	
遊戲流程	ゲームの流れ	
遊戲參數	ゲームパラメータ	
遊戲情境	ゲームシチュエーション	
遊戲設計筆記	ゲームデザインメモ	
遊戲設置指令書	実装指示書	
遊戲測試員	デバッガー	
遊戲開發商	デベロッパー	Developer
遊戲編劇	シナリオライター	

遊戲操作流程圖	画面遷移図	
遊戲機制	メカニクス	
電梯簡報	エレベーターピッチ	Elevator pitch
電視遊戲機	据え置きゲーム機	
像素圖	ドット絵	
實拍影片	実写映像	
旗標	フラグ	flag
數值設計師	レベルデザイン	
數據建模	モデリングデータ	
調性	トーン	tone
獨立工作室	開発スタジオ	
獨立平台	インディーズマーケット	
頭戴式裝置	ヘッドマウントディスプレイ	
壓力摳米	やりこみ	
總監	ディレクター	

作品名稱 / 公司名稱 中文 / 英文	作品名稱 / 公司名稱 日文	備註
Compile Corporation	コンパイル	
CRUSH	クラッシュ	
Disc Station	ディスクステーション	
Hudson Soft	株式会社ハドソン	
ONE ～光輝的季節～	ONE ～輝く季節へ～	
PlayStation	プレイステーション	
SEGA Interactive Co., Ltd	セガインタラクティブ	
SEGA Saturn	セガサターン	
Taito Corporation	タイト	
TRianThology ～三面鏡之國的愛麗絲～	トライアンソロジー～三面鏡の国のアリス～	
VisualArt's ／ Key	VisualArt's ／ Key	
人中之龍	龍が如く	
上古卷軸 5：無界天際	スカイリム	
天外魔境：第四默示錄	天外魔境第四の黙示録	
太空戰士	ファイナルファンタジー	Final Fantasy Series
世紀末暑假	1999年の夏休み	
北方戀曲	北へ。	
伊蘇 IV：太陽的假面	イース4	
地球冒險	MOTHER	
巫師 3：狂獵	ウィッチャー3	

東京魔人學園劍風帖	東京魔人学園剣風帖	
社群遊戲	ソーシャルゲーム	
空想科學世界	空想科学世界ガリバーボーイ	
勇者鬥惡龍	ドラゴンクエスト	
為什麼勇者大人會這麼弱呢？	どうして勇者様はそんなに弱いのですか？	
皇家騎士團	タクティクスオウガ	
美少女遊戲	ギャルゲー	
計步天使	てくてくエンジェル	
重力異想世界	グラビティデイズ	
降魔靈符傳	降魔霊符伝イヅナ	
修曼綜合學院	総合学園ヒューマンアカデミー	https://ha.athuman.com/message/foreign-students/tc/
恐怖驚魂夜	かまいたちの夜	
校園剋星	リトルバスターズ	
株式會社 Megg	株式会社 Megg	
追寶威龍	トレジャーハンターG	
陸行鳥系列	チョコボシリーズ	
陸行鳥的不可思議迷宮：忘卻時間的迷宮	チョコボの不思議なダンジョン時忘れの迷宮	
陸行鳥與魔法繪本	チョコボと魔法の絵本	
陸行鳥與魔法繪本：魔女與少女與5名勇者	チョコボと魔法の絵本 魔女と少女と5人の勇者	
惡靈古堡	バイオハザード	
萌明星～萌東大英文補習班～	もえスタ ～萌える東大英語塾～	
罪惡默示錄	バロック	
夢幻成真	フィールド・オブ・ドリームス	
蒼之騎士團	オルタンシア．サーガ	
數字好萊塢大學	デジタルハリウッド大学	https://www.dhw.ac.jp/cn/
戰國修羅 SOUL	戦国修羅 SOUL	
龍族拼圖 Z	パズドラ Z	
鎖鏈戰記	チェインクロニクル	
觸摸偵探　小澤里奈　Rising 3 菇菇會夢見香蕉嗎？	おさわり探偵 小沢里奈 ライジング3 なめこはバナナの夢を見るか？	
魔法紀錄	マギアレコード	
魔法氣泡	ぷよぷよ	
魔導物語	魔導物語	

國家圖書館出版品預行編目資料

遊戲腳本教科書 / 川上大典，北野不凡，都乃河勇人，長山豐，HASAMA，平川 RAIAN，米光一成著；劉人瑋譯 . -- 初版 . -- 臺北市：易博士文化，城邦文化事業股份有限公司出版：英屬蓋曼群島商家庭傳媒股份有限公司城邦分公司發行，2022.02
  面；　公分
  譯自：ゲームシナリオの教科書 ぼくらのゲームの作り方
  ISBN 978-986-480-207-4(平裝)

  1.CST: 電腦遊戲 2.CST: 電腦程式設計 3.CST: 腳本

312.8   111000099

DA6003
遊戲腳本教科書

原 著 書 名／ゲームシナリオの教科書 ぼくらのゲームの作り方
作　　　者／川上大典、北野不凡、都乃河勇人、長山豐、HASAMA、平川RAIAN、米光一成
譯　　　者／劉人瑋
責 任 編 輯／黃婉玉

業 務 經 理／羅越華
總 編 輯／蕭麗媛
視 覺 總 監／陳栩椿
發 行 人／何飛鵬
出　　　版／易博士文化
　　　　　　城邦文化事業股份有限公司
　　　　　　台北市中山區民生東路二段141號8樓
　　　　　　電話：（02）2500-7008　傳真：（02）2502-7676　E-mail：ct_easybooks@hmg.com.tw
發　　　行／英屬蓋曼群島商家庭傳媒股份有限公司城邦分公司
　　　　　　台北市中山區民生東路二段141號2樓
　　　　　　書虫客服服務專線：（02）2500-7718、2500-7719
　　　　　　服務時間：周一至周五上午09:00-12:00；下午13:30-17:00
　　　　　　24小時傳真服務：（02）2500-1990、2500-1991
　　　　　　讀者服務信箱：service@readingclub.com.tw
　　　　　　劃撥帳號：19863813
　　　　　　戶名：書虫股份有限公司
香港發行所／城邦（香港）出版集團有限公司
　　　　　　香港灣仔駱克道193號東超商業中心1樓
　　　　　　電話：（852）2508-6231　傳真：（852）2578-9337　E-mail：hkcite@biznetvigator.com
馬新發行所／城邦（馬新）出版集團 [Cite（M）Sdn. Bhd.]
　　　　　　41, Jalan Radin Anum, Bandar Baru Sri Petaling, 57000 Kuala Lumpur, Malaysia
　　　　　　電話：（603）9057-8822　傳真：（603）9057-6622　E-mail：cite@cite.com.my

美 術 編 輯／簡至成
封 面 構 成／簡至成
製 版 印 刷／卡樂彩色製版印刷有限公司

Original Japanese title: GAME SCENARIO NO KYOKASHO
© 2018 Taiten Kawakami, Masaru Kitano, Yuto Tonokawa, Yutaka Nagayama, Hasama, Raian Hirakawa, Kazunari Yonemitsu
Original Japanese edition published by SHUWA SYSTEM CO., LTD.
Traditional Chinese translation rights arranged with SHUWA SYSTEM CO., LTD.
through The English Agency (Japan) Ltd. and AMANN CO., LTD.

2022年2月22日 初版1刷
ISBN 978-986-480-207-4（平裝）

定價1000元　HK$333

城邦讀書花園
www.cite.com.tw